各界讚譽

「曼羅迪諾總是有辦法讓科學顯得平易近人，妙趣橫生。」

——史蒂芬・霍金（Stephen Hawking），《時間簡史》（*A Brief History of Time*）作者

「引人入勝，發人深省……精妙地指引我們瞭解人類知識的累積，以及前瞻性科學發明的驚人特質……令人嘆為觀止的調查。」

——《科克斯書評》（*Kirkus Reviews*）星級評論

「我們如何從穴居迅速轉變成開車奔馳，從大草原進駐摩天大樓，從雙腳走路踏上月球之旅？讓我們聆聽曼羅迪諾娓娓道來人類的驚人演進，你將會發現，每一步突破都是源自於人類大腦對知識的無盡渴求。」

——大衛・伊葛門（David Eagleman），暢銷書《躲在我腦中的陌生人》（*Incognito: The Secret Lives of the Brain*）作者

「令人耳目一新的科學史研究……即使量子物理學及相對論令你感到一頭霧水也不用擔心，曼羅迪諾的解說向來淺顯易懂。」

——《圖書館學刊》（*Library Journal*）

「曼羅迪諾生動地勾勒出界定人類文明的思想與文化演進，呈現出趣味盎然的科學史觀及恢弘視野。」

——拉瑪錢德朗（V. S. Ramachandran），《洩密大腦》（*The Tell-Tale Brain: A Neuroscientist's Quest for What Makes Us Human*）作者

「從石器時代到量子物理學時代，深入淺出介紹西方科學史。」

——大衛．克里斯汀（David Christian），《大歷史》（*Big History: Between Nothing and Everything*）合著者及雪梨麥考瑞大學教授

THE UPRIGHT THINKERS

LEONARD MLODINOW

THE HUMAN JOURNEY FROM LIVING IN TREES TO UNDERSTANDING THE COSMOS

科學大歷史

人類從走出叢林到探索宇宙　從學會問「為什麼」到破解自然定律的心智大躍進

雷納・曼羅迪諾——著｜洪慧芳——譯

謹獻給賽門·曼羅迪諾

目次

Part 1 直立的思想家 009

Part 3 超越人類感官 263

Part 1

直立的思想家

「人類最深刻、最美好的體驗，是對奧祕的鑑賞力。
那是宗教的本質，藝術和科學的所有嘔心瀝血之作也是如此。
從未有過如此體驗的人，在我看來若不是行尸走肉，恐怕也瞎了眼。」

———愛因斯坦，《我的信條》（My Credo），一九三二年

第一章 求知的動力

家父告訴我，當年他在布亨瓦德集中營（Buchenwald）時，認識一位骨瘦如柴的數學家。你從一個人聽到「pi」（音同「拍」）所聯想的東西，可以對那個人略知一二。對數學家來說，他們一聽到「pi」，會聯想到圓周率 π。你若是問我爸，只受過七年級教育的他，會聯想到蘋果派。儘管數學家和我爸之間有很大的學歷落差，某天，數學家出了一個數學題來考我爸，我爸想了好幾天，百思不得其解。後來我爸又遇到那位數學家時，問他答案是什麼。數學家不肯說，只告訴我爸必須自己找答案。又隔了一陣子，我爸又問他答案是什麼，那個人還是死不肯說。我爸想就此放棄，但那股好奇心卻怎麼也揮之不去。在那個瀰漫著惡臭和死亡氣息的環境裡，他反而更迫切想要知道答案。最後，那位數學家提出一個條件——只要我爸肯把麵包讓給他，他就告訴他答案。我不知道當時我爸的體重是多少，不過美軍從集中營把他解救出來時，他只有三十九公斤。即便瘦弱至此，他想知道答案的慾望卻如此強烈，還是拿麵包去交換答案了。

忍飢受餓也止不住求知慾

我快二十歲時，父親告訴我這段故事，對我產生了極大的影響。我爸的家人都離世了，他的家當全被沒收，他挨餓消瘦，如槁木死灰。納粹剝奪了他的一切，但他思考、推理、求知的動力依然活躍。他身受禁錮，但思想仍天馬行空馳騁。我聽完那個故事的當下，領悟到求知慾是人類最人性的渴望。儘管我現在和我爸當時的情況截然不同，但我想瞭解世界的熱情，也受到同樣的本能驅動。

後來我上了大學，開始研究科學，我爸不太問我學習的學術細節，但他會問我根本的意涵，例如理論的起源、為什麼我會覺得那些理論很美、科學對人類的描述等等。數十年後，我撰寫這本書，就是為了回答那些問題。

＊＊＊

幾百萬年前，人類開始直立，改變肌肉和骨骼的運作方式，以便直立行走，騰出雙手來探索及操作周遭的事物。此外，直立也擴大了視線範圍，讓我們可以探索遠方。我們挺直身子的同時，大腦的運作也超越了其他的動物，讓我們不僅透過眼睛、也透過思想來探索世界。我們不僅身子挺立了起來，也開始動腦思考。

人類之所以是萬物之靈，是因為我們有求知的動力。人類的獨特之處，在於幾千年來我們破解的種種難題。你給古人一台微波爐，讓他加熱野牛肉，他可能會以為微波爐裡面有一群小精靈努力地生火烤肉，而且在微波爐的門打開時，小精靈就神奇地消失了。不過，跟這個事實一樣神奇的是，幾個簡單、神聖的抽象定律，就可以解釋宇宙的一切現象。從微波爐的運作到我們周遭的自然奇觀，都可以用定律來解釋。

我們對自然界的瞭解不斷地演進，以前我們以為潮汐是由女神管控，現在我們知道潮汐是月球引力的結果；以前我們以為日月星辰是神仙遠在天邊，現在我們知道天體是核熔爐對我們發送光子。如今我們知道數億英里外的太陽是怎麼運作的，也知道比我們小數十億倍的原子結構。我們能解開這些自然現象的奧祕不僅是奇蹟，也是引人入勝的故事。

我曾加入電視影集《星艦奇航記：銀河飛龍》的編劇團隊，第一次和那個節目的編劇及製作人一起開編劇會議時，我為某集內容提出了一個令我相當興奮的構想，因為那個概念牽涉到太陽風的天文物理學。大家都把目光集中在我這個新來的**物理學者**身上，看我興高采烈地發表構想，並解說概念背後的理論。我講完時（整個過程大概不到一分鐘），得意洋洋地看著老闆，他是個脾氣暴躁的中年製作人，曾擔任紐約市警局兇殺案的警探。他凝視我片刻，露出難以判讀的表情，接著對我大吼：「他媽的書呆子，給我閉嘴！」

我覺得尷尬極了，事後我才知道，他那段言簡意賅的訓斥是在告訴我，他們找我去編劇，是看中我說故事的能力，而不是要我去做天文物理學的課外實驗。他說得很有道理，我一直謹記在心，從此也影響了我的寫作模式。（他還有一個令我印象深刻的建議：你有預感自己快被開除時，就把頭泡進冷水池裡冷靜一下。）

科學若是遇到不懂得活用的人，可能會變得無聊透頂。不過，科學背後的故事與源起可一點都不無聊，反而有趣極了，裡頭充滿了各種奇妙的發現過程，其精彩程度比起《星艦奇航記》任何一集或人類首度登月，可說是毫不遜色。那些發明家就像藝術、音樂、文學界的知名創作者一樣熱情、妙不可言，他們都是充滿好奇心的探索者，帶著人類從非洲大草原進化到如今的現代社會。

他們是如何辦到的呢？我們是如何從一個剛學會直立步行，靠著雙手採堅果、漿果、根莖類果腹的物種，進化成為會開飛機、全球傳送即時訊息、在巨大實驗室裡模擬宇宙初期狀況的萬物之靈？

這就是我想講述的故事，因為只要瞭解這個故事，就能瞭解人類的悠遠傳承。

＊　＊　＊

如今「世界是平的」已是老生常談，但即使國與國之間的距離和差異縮小，今天和明天之間的差異反而擴大了。公元前四千年左右，第一批城市興起，當時速度最快的長程移動方式是駱駝隊，每小時的速度僅幾英里。一千多年後，發明了雙輪馬車，使最快時速提升到約二十英里[1]。十九世紀，蒸汽火車的發明才終於大幅地加快速度，並在十九世紀末把時速提升到一百英里。人類移動的速度從時速十英里進步到一百英里花了兩百萬年，但之後速度再進步十倍（飛機的發明使時速達到一千英里）僅花了五十年。到了一九八〇年代，太空梭的時速已超過一萬七千英里。

其他科技的演進也呈現相同的加速型態。以通訊為例，十九世紀初，路透社仍使用信鴿在城市之間傳遞股價[2]。十九世紀中葉，電報已廣泛使用。二十世紀，電話開始普及。不過，室內電話經過八十一年才達到七十五％的市場滲透率，但手機經過二十八年就達到了，智慧型手機更是在十三年內達到。近年來，電子郵件與簡訊先後取代了大部分的電話通話，成了主要的通訊工具，手機也從通話工具逐漸轉變成迷你電腦。

經濟學家肯尼斯．鮑定（Kenneth Boulding）表示：「現今的世界和我出生時的世界差異之大，就像我出生時的世界和凱撒的世界一樣迥異。[3]」鮑定生於一九一〇年，死於一九九三年。他目睹的變化，以及他過世後發生的許多變化，都是科學與科技的產物。那些改變對人類生活的影響比以前還大。我們在職場與社會中的成就，日益取決於我們吸收與開發創新的能力。如今即使你不在科學或科技界工作，若要維持競爭力，就得面臨不斷創新的挑戰。所以，對每個人來說，發現的本質都是一個重要課題。

人類漫長的發現之旅

為了客觀瞭解我們目前所處的位置以及未來的發展方向，我們必須先熟悉過去發展的歷程。以往我們談及人類歷史的重大成就時（書寫、數學、自然哲學、其他學科等等），常以獨立事件的方式來介紹，彷彿它們之間毫無關係。那種觀點往往流於見樹不見林，本質上忽略了人類知識的整體性。例如，大家常把現代科學的發展視為「個別天才」的成就（譬如伽利略和牛頓），但那些成果不是從社會或文化的真空狀態中冒出來的，其研究方式是奠基於古希臘發明的知識，其本質是來自宗教提出的大哉問，其發展是跟著藝術創作的新方法齊頭並進，其結果是受到煉金術的啟發，而且若缺乏種種社會進步（例如從歐洲那些卓越大學的發展，到串連城市與國家的郵政體系出現），那些發明根本不可能出現。同樣的，希臘的啟蒙也是源自於美索不達米亞、埃及等地的古代驚人發明。

因為有那些影響和關連，人類瞭解宇宙的過程並不是由獨立事件所組成，而是像最佳小說那樣，有連貫的敘事和統一的架構，裡面充滿了相互連結的關係，從人類出現開始延續至今。在後續的章節裡，我將以精心編排的方式，引領大家走一趟精彩的發現之旅。

這趟旅程將從現代人類的心智發展開始談起，逐一談及每個關鍵時期，以及人類以全新方式看待世界的轉折點。過程中，我會剖析幾位有趣的人物。他們獨到的個人特質及思維模式，在那些創新中發揮了重要的作用。

就像許多三部曲的故事一樣，這趟旅程也分為三部分。第一部分跨越了數百萬年，追溯人類大腦的演進，以及人類愛問「為什麼？」的偏好。那些「**為什麼**」激發了我們最早的心靈追尋，最終促使我們發明了書寫和數學，以及「定律」的概念——那些都是必要的科學工具。詢問「為什麼」也促成了哲理的發明，也就是說，物質世界可以根據原則上大家都理解的韻律與條理來運作。

第二部分的旅程是探索自然科學的誕生。這是有關革新者的故事，他們別具天賦，以與眾不同的方式觀看世界，他們也充滿耐心、毅力、才氣和勇氣，為了發展概念，始終持續努力，甚至耗費數十年。這些思想界的先驅——諸如伽利略、牛頓、拉瓦節（Lavoisier）、達爾文等人——長時間努力對抗那個年代根深柢固的信念，所以他們的故事免不了都是個人奮鬥的血淚史，有些人甚至為此賭上了性命。

最後，就像很多精彩的故事一樣，正當主角覺得旅程快接近尾聲時，突然出現了意想不到的變化。就在人類開始相信他們已經破解所有的自然定律之際，歷史突然出現了奇怪的轉折，愛因斯坦、波耳（Bohr）、海森堡（Heisenberg）等思想家發現一個新的存在領域，肉眼看不見，裡面的定律必須全部改寫。那個新世界有另一套自成一格的定律，其運作規模小到難以直覺理解：原子的微觀世界，由量子物理學的定律所規範。那些定律主導著如今我們在社會中依然經歷的巨大改變，而且改變的速度愈來愈快。我們對量子的理解促成了電腦、手機、電視、雷射、網際網路、醫學影像、基因圖譜的發明，也徹底改變了現代生活的多數新科技。

相較於橫跨數百萬年的第一部分，以及涵蓋數百年的第二部分，第三部分雖然只有幾十年，卻反映出人類知識累積的倍數成長，以及我們跨入這個奇妙新世界的新鮮感。

＊＊＊

人類漫長的發現之旅綿延了好幾個時代，但我們探索世界的主題從未改變，都是源自於人類的本性。對致力投入創新與發現領域的人來說，其中有一個主題是他們耳熟能詳的：想要構思一個異於已知世界或已知概念的東西非常困難。

一九五〇年代，史上最卓越、最有創意的科幻作家之一以撒·艾西莫夫（Isaac Asimov）寫了《基地》（*Foundation*）三部曲，那一系列的小說把場景設定在未來幾千年後。在那些書中，男人天天通勤上班，女人待在家裡。結果，經過短短幾十年，那個遙遠未來的設定已成了過去式。我之所以提起這點，是因為那可以說明人類思維的普遍侷限：我們的創意受到傳統思維的限制，而那些傳統思維來自於我們難以突破的信念，或從未想要質疑的概念。

相對於「構思改變」的困難，我們也難以「接受改變」，那也是這個故事中一再出現的主題。人類可能覺得改變大到難以承受，需要費心思量，把我們逼出了舒適區，也打破我們的慣性，讓人感到困惑，迷失方向。那需要放棄舊思維，而且放棄不是我們自願的，而是被迫的。再者，科學進步所造成的改變，往往顛覆了很多人死守的信念，可能連他們的事業和生計都會受到嚴重波及。因此，科學裡的新概念往往會遇到重重的阻礙、憤怒和嘲諷。

科學是現代科技的靈魂，現代文明的根源，也是現今很多政治、宗教、倫理議題的根本，而且其基本概念正以愈來愈快的速度改變著社會。不過，科學會影響人類的思維模式，人類的思維模式也會反過來影響科學理論的建構。誠如愛因斯坦所言，科學「跟人類其他領域的活動一樣主觀，深受心理的影響」[4]。本書的目的是以那樣的精神來描述科學的發展，把科學視為一種學問，同時也是一種由知識及文化決定的主體。檢視那些形塑科學概念的個體、心理、歷史、社會情境，最能瞭解那些概念的意涵。以那種方法來探索科學，不僅可以瞭解科學本身，也可以瞭解創意和創新的本質，乃至於更廣泛的人類境況。

第二章 好奇心

想瞭解科學的根源，必須先回顧人類本身的根源。人類得天獨厚，同時擁有瞭解自己與瞭解世界的能力與渴望，那是讓人類有別於其他動物的最大天賦，也是如今我們研究老鼠和天竺鼠，而不是牠們反過來研究我們的原因。幾百萬年來，求知、思考、創造的慾望，讓我們有了生存下去的工具，可為自己建構獨特的生態棲位。我們運用智力而非蠻力，塑造我們需要的環境，而不是讓環境來塑造或淘汰我們。數百萬年來，心智的力量與創意讓我們克服了挑戰身體力氣與敏捷性的重重阻礙。

蜥蜴不會問問題

我兒子尼可萊還小時，喜歡抓小蜥蜴來當寵物（這在南加州很稀鬆平常）。我們發現，你接近蜥蜴時，牠會先愣住不動，然後當你伸手去抓牠，牠就溜走了。幾經摸索後，我們學會帶著大盒子去捕抓蜥蜴，在牠開溜之前，先用盒子蓋住牠。接著，從盒子的底部滑入一塊紙板，這樣就完成了捕抓程序。我自己在暗黑無人的街道上行走時，若是察覺可疑的東西，我不會愣住不動，而是會馬上過街，走到另一邊。所以，我可以確定，萬一有兩隻巨大的掠食動物，帶著超大的盒子，虎視眈眈地朝著我逼近時，我當下就會做出最壞的打算，拔腿就跑。不過，蜥蜴對牠們所處的情境不會有什麼疑慮，只會憑著直覺行動。數百萬年來，憑著直覺行動對牠們來說無疑是管用的，但是遇到尼可萊和大箱子以後，這招就失靈了。

人類在身體構造上，可能不是萬物之首，但我們有能力以推理來輔助直覺。最重要的是，我們對於周遭環境會不斷地提出問題。那是科學思維的先決條件，也是人類的重要特質。所以我們的科學探索之旅就是從這裡開始：人類大腦的演進及其獨特的本能。

古中獸的概念圖

我們稱自己為「人」類，但「人」（human）這個字其實不光是指我們這種「現代人」（*Homo sapiens sapiens*），而是指「人」（*Homo*）整個屬（genus）。這個屬包含了巧人（*Homo habilis*）、直立人（*Homo erectus*）之類的其他物種，不過那些親屬早已不復存在。在名為「演化」的淘汰賽中，人屬的其他物種難以生存。只有我們因為有心智能力，克服了目前為止所遇到的重重生存挑戰。

不久之前，有人引述伊朗總統的話說，猶太人是猴子和豬的後代。任何宗教的基本教義派聲稱他們相信演化，其實都是令人振奮的事，所以我不太想批評那樣的言論，但猶太人——以及所有其他的人類——其實不是猴子和豬的後代，而是猿和老鼠的後代，或至少是像老鼠的生物[1]。在科學文獻中，稱為古中獸（*Protungulatum donnae*），牠是我們的曾曾曾曾曾曾……祖母，是靈長類以及所有哺乳動物的祖先，看起來是毛茸茸尾巴的可愛物種，體重頂多只有半磅。

科學家認為，約六千六百萬年前，亦即一顆寬約十公里的小行星撞上地球不久之後，這些小動物首度在棲息地活動。那次慘烈的撞擊使大量的碎屑噴進大氣中，有很長一段時間阻擋陽光射入地球，並在塵埃落定後產生大量的溫室氣體，使氣溫激增。黑暗和高溫的雙重打擊下，殺死了約七十五%的動植物。不過，這一切對我們來說卻是好事：那創造出一種生態棲位，讓我們這種動物產下的幼子可以生存下來，蓬勃發展，不被恐龍和其他的掠食動物吞食。往後的數千萬年間，隨著各種物種的陸續出現及消失滅絕，古中獸家族的其中一支演化成我們的猿猴祖先，接著又進一步細分，衍生出和我們親緣最相近的生物：黑猩猩和侏儒黑猩猩，最後才演化出你（這本書的讀者）以及你的人類同胞。

如今多數人都接受我們的老祖宗是有尾巴、吃昆蟲的生物。而我呢，不僅接受這個事實，更感到興奮，我對我們的世系、生存和文化演進的故事始終著迷不已。我覺得「我們的老祖宗是老鼠和猿類」是自然界最酷的事實之一：在這個驚人的星球上，一隻老鼠演化六千六百萬年後，得出一群研究老鼠的科學家，更進而發現自己的根源。過程中，我們也發展出文化、歷史、宗教和科學，並以混凝土和鋼材所搭建的摩天大樓，取代了祖先以樹枝築成的巢穴。

數千萬年來，這種智力發展的速度大幅提升。大自然需要約六千萬年的時間，才衍生出人類的老祖宗：猿。我們其他部分的身體演化則是發生在幾百萬年間，文化的演化則只花了約一萬年。套用心理學家朱利安・傑尼斯（Julian Jaynes）的說法：「彷彿所有的生命演化到某個時點以後，我們自己轉了九十度彎，往不同的方向突飛猛進。[2]」

動物大腦一開始的演化是基於最原始的原因：為了讓活動更加靈活。覓食、尋找棲息地、逃生之類的活動能力，是動物的一大基本特色。我們回顧演化過程中的動物時（例如線蟲、蚯蚓、軟體動物等等），會發現牠們最早用來控制身體活動的方法，是以正確的順序刺激肌肉。但活動時若是沒有感知環境的能力，那也沒有多大的用處。所以即使是很簡單的動物，也有能力感應周遭的環境，例如對某些化學物或光子產生反應的細胞，那些細胞會傳送電脈衝給管控動作的神經。古中獸出現時，這些對化學物和光子有反應的細胞已演化出嗅覺和視覺，掌控肌肉活動的神經連接已演化成大腦。

沒有人確切知道我們老祖宗的大腦是如何分出不同的功能各司其職，但即使是現代人的大腦，也有一半以上的神經元是專門用來掌控活動和五感。讓我們有別於「低等」動物的那個大腦部位比較小，是後來才出現的。

最接近人類的動物，大約是三、四百萬年前開始在地球上活動。我們本來對這件事一無所知，直到一九七四年某個酷暑天，柏克萊人類起源研究所的人類學家唐納德・喬韓森（Donald Johanson）偶然在衣索比亞北部偏遠地區的焦熱窪地中，看到一小塊臂骨冒出地面，才發現這個事實[3]。喬韓森和學生不久就挖出了更多的骨頭，包括大腿骨、肋骨、椎骨，甚至還有局部的頜骨。

總計，他們發現了一個女性近一半的骨架。她有女性的骨盆、小小的顱骨、短腿、垂晃的長臂。她不會是你邀請參加舞會的對象，但一般認為這個三百二十萬年前的女子和我們的過去有關，她是一種過渡物種，可能是演化出整個人屬的祖先。

喬韓森把她命名為「阿法南猿」（*Australopithecus afarensis*），阿法是那些骨頭出土的地名。他也以披頭四的歌名〈天上帶著鑽石的露西〉（Lucy in the Sky with Diamonds），把那些骨頭的主人命名為露西。喬韓森和研究團隊慶祝他們的發現時，營區的收音機正播放著那首歌。安迪．沃荷（Andy Warhol）曾說，每個人都能出名十五分鐘，露西終於在過世數百萬年後獲得她成名的機會。或者，更精確地說，是她的一半身體出名了，另一半身體一直沒找到。

人類學家從半個骨架就能判讀很多東西，而且多到令人驚訝。露西的大牙齒搭配著適合咬碎東西的下巴，顯示她是素食者，飲食包括堅硬的根莖類、種子、外皮堅硬的水果[4]。她的骨骼結構顯示她有個大肚腩，可能是為了容納超長的腸道。她的腸道比現代人長，才能消化為了生存而攝取的大量植物。最重要的是，其脊椎和膝蓋的結構顯示，她大體上是直立行進的[5]。此外，二〇一一年喬韓森和同事在那附近發現了露西同類的骨頭，那骨頭顯示他有類似人的腳，而且足弓適合步行，而不是抓住樹幹。露西那個物種已經從在樹上生活演化成在地面上生活，所以可以在混合森林和草原的生態中覓食，以及攝取地面生長的食物，例如富含蛋白質的根莖類。很多人認為那種生活型態催生了整個人屬。

想像一下，你母親住在你隔壁的房子，你外祖母住在你母親的隔壁，如此世代延續下去。人類的傳承並不是線性發展，但是先撇開複雜的因素不談，想像我們在一條回到過去的時光道路上開車，沿途路過每代祖先。這樣開下去的話，你要開近四千英里的路程才會抵達露西的家門口[6]。露西這個身高一百一十公分、體重三十公斤的多毛「女性」，看起來比較像黑猩猩，而不是你的親戚。在前往露西家門的途中，你會經過和露西相隔十萬代的祖先[7]。科學家推斷，他在骨骼及心智上，是第一個最接近現代人而被歸為「人」屬的物種。科學家稱這個兩百萬歲的人為「巧人」（*Homo habilis*）。

從巧人到智人

巧人住在非洲大草原上，當時因氣候變遷，森林不斷縮減。大草原不是很容易生活的環境，因為那是很多掠食動物的家園。危險性較低的掠食動物會跟巧人搶食，危險性較高的掠食動物則是把巧人當成食物。巧人生存下去的一種方式是靠智慧，他們有較大的頭腦，跟小顆葡萄柚差不多大。以水果大小來比喻腦容量的話，我們的大腦和哈密瓜差不多，露西的大腦和橘子差不多。巧人的大腦比我們小，卻是露西的兩倍大*。

比較不同的物種時，我們從經驗得知，智力高低和「平均腦重相對於體格大小」有關。因此，我們從巧人的腦容量可以推論，巧人的智力優於露西那個物種。幸好，即使物種絕跡已久，我們依

* 如果你需要比水果更精準的度量衡，這裡應該補充提到，巧人的大腦只有我們的一半大。

然可以估計人和其他靈長類動物的腦容量和體型，因為大腦是服貼地存在頭骨裡，只要能找到靈長類的頭骨，基本上就能估算腦容量。

我擔心這樣講可能會有人以為，我在主張帽子大小可以代替智力測驗，所以這裡我應該補充一點：科學家說「比較腦容量可以衡量智力」時，他們比較的是**不同物種**的平均腦容量。在同一物種中，個體的腦容量可能有很大的差異[8]，但同一物種的腦容量和智力**沒有**直接相關。例如，現代人的大腦平均約三磅，但英國詩人拜倫勳爵（Lord Byron）的大腦重達五磅，法國作家及諾貝爾獎得主阿納托爾·法郎士（Anatole France）的大腦僅兩磅多一點，愛因斯坦的大腦重約二·七磅。另外，還有一個人叫丹尼爾·李昂斯（Daniel Lyons），死於一九〇七年，得年四十一歲，他的體重一般，智力一般，但屍體解剖時，大腦的重量僅六八〇克（約一·五磅）。可見，同一物種中，大腦的架構（神經元和神經元群之間的相連性質）遠比大小更為重要。

露西的大腦只比黑猩猩稍大一些，更重要的是，她的顱骨**形狀**顯示，增加的腦力是集中在感覺處理區，但額葉、顳葉、頂葉（亦即抽象推理和語言能力區）尚未發育。露西是朝「人屬」演化，但還不到那個境界，巧人則是已經進化為「人屬」了。

巧人跟露西一樣，身子是直立的，可以騰出雙手來拿取東西[9]。但是跟露西不同的是，巧人會運用雙手來測試環境，所以約莫兩百萬年前，巧人界的天才們摸索出人類的第一個重大發現：拿著一塊石頭，以斜角擦撞另一塊石頭，可以敲出刀狀的尖銳石片。學會以一塊石頭敲擊另一塊石頭，聽起來不像社會和文化改革的開端。當然，相較於發明燈泡、網際網路或巧克力片餅乾，敲出尖銳的石片感覺不算什麼，但那是往未來進化的一小步，之後我們就知道，我們有能力瞭解及轉變大自然以改善生活，而且我們也可以靠腦力來彌補體力的不足。

對從未見過任何工具的生物來說，尖銳的石片就像可以握在手上的大型假牙，可用來切割和剁碎東西，那是扭轉生活的重大發明，也徹底改變了人類的生活方式。露西是素食者；但巧人牙齒的磨損狀況及其屍骨附近發現的屠宰痕跡都顯示，巧人已經懂得利用石片切刀把肉類加入膳食裡了[10]。

露西是素食者，所以受限於季節性的食物短缺，巧人的混合性膳食彌補了那些短缺。由於肉類的養分比植物更為集中，肉食者需要的食物量比素食者少。但另一方面，花椰菜不需要追捕與宰殺，巧人缺乏致命的武器，想要捕捉動物並不容易。所以，巧人攝取的肉類，大多是像劍齒虎那種有強大前爪與利牙的掠食動物所吃剩的屍體，被捕殺的獵物通常遠大於掠食動物本身的食量。不過，如果連吃剩的屍體都必須和其他的物種爭搶，想要吃到肉類也不是那麼容易。所以下次你為了到喜愛的餐廳飽食一頓，覺得等半小時很不耐煩時，可以試著想想，你的老祖宗為了吃剩肉，還必須和一群虎視眈眈的土狼爭搶。

巧人

巧人使用尖銳的石片，可以更快把剩肉剝離骨頭，這讓他們搶食時也不輸給那些天生擁有利齒的動物[11]。所以，這些器具一出現就大受歡迎，此後近兩百萬年一直是人類愛用的工具。事實上，正因為巧人的化石旁邊散落著一些石器，一九六〇年代初期路易斯·李基（Louis Leakey）與研究同仁才把他們命名為「巧人」（Handy Man）。從此以後，不少考古挖掘地都找到很多石片切刀，考古人員若不想誤踩切刀，在挖掘地區走動時還必須特別小心。

＊＊＊

從古代使用尖銳石片到現代的肝臟移植，是一段漫長的歷程。但巧人的工具使用，反映出他的能力已經超越了我們現有的靈長類親屬。例如，靈長類的研究人員訓練侏儒黑猩猩數年後，牠們依然學不會巧人使用的那些石器[12]。最近的神經造影研究顯示，這種設計、規劃、使用工具的能力，是從我們左腦的「工具使用」網絡演化出來的[13]。那個網絡受損的人，有極少數在使用工具方面和侏儒黑猩猩差不多，他們能辨識工具，但是連牙刷或梳子之類的簡單工具都不知道如何使用[14]，就像我一大早還沒喝咖啡時一樣。

儘管巧人的認知能力提升了，但他們和現代人只有一點點相似。他們的腦容量依然很小，體型也小，手臂很長，還有一張只有動物園管理員才會喜愛的臉蛋。但是巧人出現以後，沒過多久（以地質年代來看）其他的「人種」（*Homo species*）就出現了，其中最重要的是「直立人」（*Homo erectus*），多數專家認為這是我們的直接祖先[15]。直立人於一百八十萬年前出現在非洲，其遺骨顯示他遠比巧人更接近現代的人種，不僅站得比較直，體型也比較高大，高度近一百五十公分，四肢修長，頭骨大了很多，可容納更大的大腦額葉、顳葉和頂葉。

頭骨變大也影響了分娩過程。車廠重新設計新的車款時，不必煩惱新的本田汽車如何淘汰舊車款的排氣管。但是大自然演化時，確實需要擔心這類事情。以直立人為例，頭部的重新設計就引發了一些議題：女性直立人的體型必須比以前的祖先還大，才能生出大頭大腦的嬰兒。所以，女性巧人的體型約只有男性巧人的六十％，但女性直立人的平均重量約是男性直立人的八十五％。

不過，能夠有新的大腦，即使必須為此承擔代價也是值得的，因為直立人在人類演化史中又是一次突飛猛進的轉變。他們觀看世界時，以不同於祖先的方式迎向挑戰。尤其，他們又是第一個有想像力及規劃技巧的人種，可以創造出複雜的石器和木器，例如精心製作的手斧、刀子、薄刃斧。這些石器和木器需要用**其他的工具**才能製造出來。如今，我們把創造科學和科技、藝術和文學的能力歸功於大腦，但是對人類來說，大腦構思複雜工具的能力，遠比前述那些能力還要重要，因為懂得構思工具讓我們更有本事生存下來。

直立人有了複雜的工具以後，就能狩獵，而不只是爭搶剩肉而已，這也增加了他們膳食中的肉類供給。如果現代食譜收錄的小牛肉烹煮法一開始就寫道：「狩獵並宰殺小牛」，多數人可能會堅持看《樂食茄子》之類的食譜。但是在人類的演化史中，「狩獵」這項新技能是一種能力的大躍進，讓人攝取更多的蛋白質，不必像以前的祖先那樣依賴大量的植物為生。直立人可能也是第一個學會摩擦起火的人種。有了火以後，直立人就能做其他的動物都辦不到的事：在原本可能凍死的環境中保暖。

對生活在現代的我來說，「狩獵」是指去肉攤買肉，「工具使用」是指打電話找工匠，但想到以前的祖先都很擅長這些事情，我覺得挺欣慰的，雖然他們是前額外突、還有大鋼牙的怪人。更重要的是，這些大腦發展讓直立人的活動範圍從非洲擴展到歐洲和亞洲，並持續存在了一百多萬年。

* * *

如果智力的提升使我們製造出複雜的狩獵和屠宰工具，那也同時創造出一種迫切的新需求：一群獵人在大草原上追捕及圍堵敏捷的大動物。所以，早在人類組成全明星籃球隊和足球隊以前，「人屬」就面臨演化的壓力，必須演化出足夠的社交智慧和規劃技巧，以便凝聚及團結起來，一起捕獲羚羊和瞪羚。因此，直立人的新生活型態最適合溝通及計畫能力良好的人生存下來，從這裡我們又再次看到現代的人類本性是根源於非洲大草原。

直立人存在的末期（也許是五十萬年前），演化成一種新的形式：智人（*Homo sapiens*），腦力更為強大。那種早期智人（或古代智人）看起來仍不像現代人，他們的體型比我們強健結實，頭骨較大較厚，但大腦比我們小。在解剖學上，現代人是「智人」底下的一個亞種，直到公元前二十萬年左右才從早期智人演化而來。

我們差點就滅絕了：最近遺傳人類學家的ＤＮＡ分析顯示，約十四萬年前，一樁可能與氣候變遷有關的災難摧毀了當時住在非洲的現代人。那段期間，現代人的總人口銳減到只剩幾百人，猶如目前的山地大猩猩或藍鯨那樣，可謂「瀕危物種」。牛頓、愛因斯坦、任何你聽過的人，以及如今世上的數十億人，都是那幾百位倖存者的後代[16]。

那次驚險的危機或許顯示，這種大腦較大的新亞種可能還不夠聰明，長遠來看難以存續下去。但後來我們又經歷另一次轉變，這次轉變讓我們有了驚人的心智能力。那似乎不是源自於身體結構的改變，甚至不是源自於大腦結構的改變，而是大腦的運作方式似乎整個變了。無論是發生什麼事，總之，那次變態讓我們足以培養出科學家、藝術家、神學家，以及像我們一樣思考的人。

人類學家把那次心智轉化稱為「現代人類行為」的發展。他們所謂的「現代行為」，不是指購物或一邊觀看體育賽事一邊喝酒；他們是指進行複雜的象徵性思維，亦即最後讓我們發展出當前人類文化的心智活動。那次轉變是何時發生的，目前仍有一些爭論，不過大家最普遍接受的日期是公元前四萬年左右[17]。

如今我們稱這個亞種為「現代人」（*Homo sapiens sapiens* 或 Wise, Wise Man）（當你可以為自己挑選物種名稱時，你就可能取這樣的名字）。但是促使我們大腦變大的一切改變並非毫無代價的，從節能的觀點來看，現代人的大腦是人體內能量消耗第二多的器官，僅次於心臟[18]。

與其賦予我們那麼耗能的大腦，造物主其實可以給我們更強大的肌肉，因為肌肉每單位質量所消耗的卡路里僅大腦的十分之一。但造物主決定不讓我們變成體魄最強健的物種[19]，所以人類在萬物當中並不是特別強大，也不是特別敏捷。黑猩猩和侏儒黑猩猩這兩種跟我們最接近的動物，可拉重達五百四十五公斤的重物，銳利堅固的牙齒可輕易撕裂硬邦邦的堅果外殼，牠們憑藉那些蠻力在其生態棲位橫行。相較之下，我連吃爆米花都不是那麼容易。

人類沒有強健的肌肉，但有超大的頭蓋骨，因此在運用膳食能量方面缺乏效率。我們的大腦只占體重約二%，卻消耗了約二十%的熱量攝取。所以其他的動物擅長在叢林或大草原等惡劣的環境中生存，我們似乎比較適合坐在咖啡廳裡啜飲咖啡。不過，千萬別低估「坐下」這件事，因為我們坐著時，也在思考及發問。

嬰孩會問為什麼但黑猩猩不會

一九一八年，德國心理學家沃爾夫岡・柯勒（Wolfgang Köhler）出版了一本注定會成為經典的書，名為《猩猩的心智》（*The Mentality of Apes*）。該書描述他在加那利群島（Canary Islands）的特內里費島（Tenerife）擔任普魯士科學院的駐外機構主任時，對黑猩猩做的實驗。柯勒很想瞭解黑猩猩解決問題的方式，例如如何從拿不到的地方取得食物。他的實驗顯現出我們和其他的靈長類動物都有心智天賦，但是比較我們和黑猩猩的行為時，他的著作也顯現人類是以其他的天賦來彌補體型上的缺點。

柯勒有一個實驗的結果最為生動明顯。他把一根香蕉綁在天花板上，他發現黑猩猩懂得堆疊箱子，以便爬上去拿香蕉，但牠們對於堆疊箱子所牽涉到的力量似乎毫無概念。例如，牠們堆起來的箱子可能不穩，或是地板上有石頭，牠們照樣把箱子堆在石頭上，導致箱子翻落，牠們沒有想過把石頭移開[20]。

在更新版的實驗中，實驗者教導黑猩猩和三到五歲的人類小孩堆放L形的積木，堆疊完成後可以領獎。接著，實驗人員偷偷以加重的積木取代原來的積木，那會導致堆疊的積木翻倒。黑猩猩持續嘗試了一段時間，不斷地試誤，以便獲得獎勵，但屢試屢敗，他們從未停下來檢查不穩的積木。人類的小孩同樣無法堆疊成功（其實那是不可能成功的），但他們沒有直接放棄，而是檢查積木以判斷問題所在[21]。所以人類從小就會找答案，想辦法瞭解環境，並積極地發問：「為什麼？」

跟小孩相處過的人都知道，他們很愛問「**為什麼**」。一九二〇年代，心理學家法蘭克．洛里默（Frank Lorimer）正式確認了這點：他觀察一個四歲的小男孩四天，記下那四天他問的所有為什麼，結果總共記下四十個問題[22]。例如，「為什麼灑水壺有兩個握把？」、「為什麼我們有眉毛？」，以及我最喜歡的「媽咪，為什麼妳沒有鬍子？」。世界各地的人類小孩從牙牙學語、文法不全就開始懂得問問題。這種發問的行為對人類極其重要，我們甚至還有一種通用的發問方式：各種語言，無論有沒有音調，都是以類似的上升語調來發問[23]。有些宗教甚至把發問視為最高層次的理解；在科學和產業中，問對問題的能力可能是一個人最大的天賦。相反的，黑猩猩和侏儒黑猩猩雖然有能力學會基本的手勢，以便和訓練者溝通，甚至能夠回應問題，但牠們從來不會發問。牠們身強體壯，但牠們不是思想家。

＊＊＊

如果說人類天生具有瞭解環境的動力，我們對物理定律的運作方式似乎也有先天的直覺，或至少在年紀很小時就學會這種能力。我們似乎天生就明白，所有的事件都是由其他的事件所引發的，對那些物理定律都有基本的感知，只不過我們還要經過數千年的努力，牛頓才終於發現那些定理。

在伊利諾大學的嬰幼兒認知實驗室裡，科學家花了三十年研究嬰兒的物理直覺，他們讓母親和嬰兒坐在小舞台或桌子上，觀察嬰兒對周遭事件的反應。他們想探索的科學問題是：對於物理世界，這些嬰兒究竟知道什麼？他們是何時知道的？科學家發現，對於物理運作有某些認知似乎是人類的基本要件，連嬰兒都有這種能力。

在一系列的研究中，他們把六個月大的嬰兒放在水平軌道的前面，水平軌道連接著一條傾斜的滑道[24]。研究人員在滑道的底部放一個有輪子的昆蟲玩具，滑道的頂端放一個圓筒。鬆開圓筒時，嬰兒興奮地看著圓筒滾落滑道，撞上那個昆蟲玩具，使那個昆蟲沿著水平軌道滑動兩、三英尺。接下來是**研究人員**熱切想知道的狀況：研究人員把一個不同大小的圓筒放到滑道的頂端時，嬰兒會預估圓筒撞上昆蟲時的滑動距離和圓筒大小成正比嗎？

我聽完這個實驗時，腦中第一個浮現的想法是：你怎麼知道嬰兒預估**什麼**？我連自己的孩子在想什麼都不知道了，更何況我的孩子已經十幾、二十歲，都會講話了。當他們只會微笑、皺眉頭、流口水時，我知道他們在想什麼嗎？其實你只要在嬰兒的身邊夠久，你確實會根據他們的臉部表情，開始判讀他們的想法，但我們很難確定你的直覺判讀是否正確。你看到嬰兒皺著一張臉，那是因為漲氣肚子痛，還是因為收音機剛剛傳出股市大跌五百點的消息，他聽了不開心？我知道要是我遇到那兩種情況，表情應該會一樣。至於嬰兒，我們只能憑表情判斷。不過，心理學家有一種應用程式可以用來判斷嬰兒在預期什麼。他們讓嬰兒看連串的事件，接著衡量嬰兒凝視那個狀況多久。如果事件的發生和嬰兒的預期不同，嬰兒會一直盯著看。他們愈感到意外，會凝視得愈久。

在滑道實驗中，心理學家安排一半的嬰兒看第二次滾筒較大的撞擊實驗，另一半的嬰兒是看第二次滾筒較小的撞擊實驗。不過，在兩種情況中，研究人員都故意讓昆蟲撞得比第一次還遠（事實上，他們讓昆蟲一路滑到軌道的最末端）。看著較大的圓筒把昆蟲撞得更遠的嬰兒，並沒有出現特殊反應。但是看到**較小**的圓筒把昆蟲撞得更遠的嬰兒，則是盯著昆蟲很久，給人一種丈二金剛摸不著頭腦的感覺。

知道大力衝擊會把昆蟲撞得較遠，雖然稱不上媲美牛頓，但那個實驗顯示出人類確實對物理界有先天的認知，對環境有複雜的直覺，可以滿足我們內在的好奇心，也比其他的物種更先進。

數百萬年來，我們這個物種不斷地演化與進步，獲得了更強大的大腦，並努力去瞭解這個世界。如果我們想要瞭解大自然，現代人的心智發展就是必要的演進，但那樣還不夠。所以下一章要探討的是，人類如何開始針對周遭的環境提出問題，並集思廣益以解決問題，那是有關人類文化發展的故事。

第三章 文化

我們每天早上照鏡子時，會看到其他動物很少注意到的東西：自己。有些人會對著自己微笑，送自己一個飛吻；有些人會連忙以化妝品掩飾臉上的瑕疵或刮鬍子，免得自己看起來邋遢。無論做什麼，人類的反應都很奇怪。之所以如此，是因為演化的過程中，人類開始產生自知之明。更重要的是，我們開始清楚地瞭解到，隨著年歲增長，鏡中的自己會逐漸長出皺紋，在尷尬的地方長出毛髮，更糟的是，我們還會離開人世。也就是說，我們首度意識到萬物終將一死。

大腦是我們的心智硬體。為了生存，我們的大腦演化出思考、發問、推理的能力。我們一旦擁有了這種硬體，就可以拿來做多種運用。隨著現代智人的想像力大幅躍進，「終將一死」的概念促使我們的大腦開始思考存在性的問題，例如「誰掌控宇宙？」。這在本質上不算是科學問題，但「什麼是原子？」之類的提問就是從這類疑問逐漸發展出來的。同樣的，「我是誰？」、「我可以把環境改變成適合自己的樣子嗎？」之類比較偏向個人的疑問，也是日後科學問題的起源。正因為人類開始提出這些問題，我們才從動物界脫穎而出，晉升為以思考及發問能力見長的物種。

人類思維過程的改變可能醞釀了數萬年，才開始思考上述的議題。這一切可能是四萬年前開始的，當時的人類開始展現出所謂的現代行為。不過，直到約一萬兩千年前，最後一次冰河期結束時，人類的現代行為才開始大爆發。科學家稱兩百萬年前到那個時期為舊石器時代（Paleolithic era），之後的七、八千年為新石器時代（Neolithic era）。這兩個名稱來自希臘字「*palaio*」（意指「舊」）、「*neo*」（意指「新」）、「*lithos*」（意指「石」），兩個時代都是以石器使用為特色。雖然我們把舊石器時代到新石器時代的巨大轉變稱為「新石器革命」，但是那場改革其實和石器無關，而是和我們的思考方式、提出的問題，以及我們在乎的存在議題有關。

＊＊＊

舊石器時代的人類經常遷移，他們就像我家正值青春期的孩子一樣，是跟著食物移動的。女性負責採集植物、種子和蛋類，男性通常負責狩獵和尋覓食物。這些流浪民族按著季節遷徙，有些甚至是天天遷徙，他們的家當很少，平常跟著天然物資移動，四處為家，克難生活，任憑大自然擺佈。即便如此，由於大地的物資每平方英里大約只能支持一個人生活，所以舊石器時代的人大多是小規模的遷徙團體，團體人數通常不到一百人[1]。「新石器革命」這個詞是一九二〇年代創造出來的，用以形容生活型態的轉變，從四處遷徙變成定居在由十幾、二十戶組成的小村落裡，並從採集食物進化為生產食物。

這改變也促使人類開始主動地塑造環境，而非被動地因應環境。他們不再只是靠天然物資為生，而是開始收集本身不具價值的原料，把它們製成有價值的東西。例如，他們以木頭、泥磚、石頭來打造家園[2]；以天然的金屬銅來鍛造工具；以細枝來編製籃子；把亞麻和其他動植物的細絲撮捻成線，再用那些線來編織比以前穿的獸皮更輕、更透氣、更易清洗的衣服；以陶土捏製及燒成器皿，用來烹煮食物或儲藏剩餘的食材。

表面上看來，發明陶罐之類的東西，似乎只是意識到沒有容器時很難帶著水移動。事實上，不久之前，許多考古學家認為，新石器革命不過只是為了讓生活變得更輕鬆的調整罷了。一萬到一萬兩千年前，最後一個冰河期結束時所發生的氣候變化，造成許多大型動物的滅絕，也改變了其他動物的遷徙型態。有些人認為那對人類的食物供給造成了壓力，也有人推測，是人類數量成長到狩獵採集模式已經無法負荷的程度。以這個觀點來看，定居以及複雜工具和器具的發明，是為了因應這些情況。

不過，這個理論有些問題。第一，營養不良和疾病在他們的骨骼和牙齒上留下了痕跡。一九八〇年代，針對新石器革命前的遺骸所做的研究顯示，更早之前的骨頭沒有那種損害陳跡，可見舊石器時代的人沒有營養不良的問題。事實上，古生物學的證據顯示，相較於更早之前的遷徙覓食者，古代的農民有較多的脊椎問題，牙齒較差，貧血及維生素不足的現象較多，而且壽命較短[3]。此外，農業似乎是逐漸發展出來的，不是普遍的氣候災難促成的。而且，很多最早的定居點並未出現栽種植物或馴養動物的跡象。

我們通常以為人類最原始的遷徙覓食生活，是為了因應嚴酷的生活環境，就像真人實境秀裡那些飢餓的參賽者在叢林裡求生，被迫吃飛蟲和蝙蝠糞便一樣。這些覓食者若能取得家得寶（Home Depot）的工具和種子，開始栽種大頭菜，生活不就好多了嗎？其實不見得，因為根據一九六〇年代研究人員對少數仍存在於澳洲和非洲的狩獵採集者所做的研究（他們的生活環境未受到任何現代文物的干擾），幾千年前的遷徙社會可能是「物資豐富」的[4]。

一般的遷徙生活是指短暫定居於一地，直到當地周遭方便採集的食物資源都消耗光了才移動到他處。由於所有的家當都必須帶著遷徙，這些流浪族群對小巧物件的重視更甚於龐大物件，即使物資不豐也甘之如飴，而且他們普遍缺乏財產或所有權的概念。看在十九世紀最早研究他們的西方人類學家眼中，遷徙文化的這些特徵顯得貧困匱乏。但一般來說，遷徙族群並未面臨嚴重的食物危機或生存危機。事實上，有關非洲閃族（又稱布須曼人）的研究顯示，他們的食物採集活動比二次大戰前歐洲的農民更有效率[5]。此外，十九世紀到二十世紀中葉對狩獵採集族群所做的廣泛研究也顯示，一般遷徙族群每天僅勞動二到四個小時。即便是在非洲酷熱的多比區（Dobe），年雨量僅六到十英吋，糧食資源也是「多元豐富」的。相較之下，原始耕作需要長時間幹活，農人必須搬移石頭和岩塊，清除灌木，而且只能用最原始的工具翻動硬地。

以上種種因素顯示，以前針對人類定居所提出的老舊理論，無法完全展現故事的全貌。所以現在許多人認為，新石器革命並不是因實務考量而激發出來的革命，而是一種心智和**文化**的革命，是人類靈性的成長促成的。在現代最驚人的考古遺跡出土後，這個觀點也獲得了驗證。一項特別的證據顯示，人類因應大自然的新方式，並不是在定居**之後**發展出來的，而是在定居**之前**。這個發現就是一處壯觀的歷史遺跡哥貝克力石陣（Göbekli Tepe）[6]，Göbekli Tepe 是土耳其文，意指那裡挖掘出來以前狀似「大肚子山」。

人類的第一座教堂

哥貝克力石陣位於現今土耳其東南部烏爾法省（Urfa Province）的某個山丘頂端，是個宏偉的建築物，建於一萬一千五百至七千年前，比金字塔還早。那是尚未放棄遷徙生活的狩獵採集者所建造出來的，而不是出自新石器時代的定居者。不過，這處遺跡最令人震驚的是其用途。哥貝克力石陣的存在比希伯來聖經早了約一萬年，但它看起來像一處宗教聖殿。

哥貝克力石陣的柱子圍成了好幾個圓圈，最大的直徑達二十公尺。每個圓圈的中間還有兩根T形柱子，呈現明顯的人形，有橢圓形的頭和修長的身體，最高有五．五公尺。石陣的建造需要運輸巨大的石塊，有的重達十六噸。然而，這一切卻是在人類發明金屬工具、輪子、學會畜養動物作為馱獸之前建成的。更重要的是，哥貝克力石陣不像後來的宗教建築，它是人類生活在城市之前建造的，那時還沒有大量集中管理的勞力。誠如《國家地理》雜誌所言：「發現狩獵採集者建造出哥貝克力石陣，就好像找到有人用X-Acto雕刻刀在地下室製造出七四七飛機一樣驚人。」

第一批偶然發現哥貝克力石陣的科學家，是一九六〇年代在該區調查的芝加哥大學及伊斯坦堡大學的人類學家。他們發現土堆裡冒出一些殘破的石灰岩片，但覺得那不過是拜占庭墓地的遺跡罷了，人類學界認為那不值得深入探索。三十年後，一九九四年，當地農民的犁具挖到某根掩埋的大柱頂端。在當地工作的考古學家克勞斯．施密特（Klaus Schmidt）讀過芝加哥大學的報告，決定去現場一探究竟。他表示：「我第一眼看到時，當下就知道我只有兩種選擇。要嘛離開，不告訴任何人，不然就是後半輩子都待在這裡工作。[7]」他選擇留下來探索，一直在那裡研究到二〇一四年過世為止。

由於哥貝克力石陣的存在比文字的發明還早，我們無法從散落的宗教文字瞭解這個遺址究竟是

哥貝克力石陣的遺跡

用來做什麼儀式。一般認為哥貝克力石陣是宗教膜拜的地方，那是拿它和後來的宗教場所及儀式相比較之後的推論。例如，哥貝克力石陣的支柱上刻了多種動物，但是那些動物雕刻和舊石器時代的洞穴壁畫不同，不像是哥貝克力石陣的建造者所賴以為生的獵物，也不是和狩獵或日常生活有關的圖像。那些雕刻描繪著獅子、蛇、野豬、蠍子、豺狼之類的凶猛野獸，而且肋骨架外露。一般認為那是象徵性或神話中的角色，是後來與宗教崇拜有關的動物種類。

那些造訪哥貝克力石陣的古人，是帶著誠摯的心去那裡膜拜的，因為那是建在荒郊野外。事實上，沒有人發現那一區有人住過的證據，那附近沒有水源、住屋或火爐。考古學家只找到數千塊瞪羚和野牛的骨頭，似乎是從遙遠地區捕獲，再拿來這裡當食物的。來哥貝克力石陣是一場朝聖之旅，證據顯示那裡吸引遷徙的狩獵採集者遠從九十七公里外前來。

史丹佛大學的考古學家伊恩・霍德（Ian Hodder）指出，哥貝克力石陣顯示「社會文化的改變先發生，後來才出現農業」。換句話說，群體宗教儀式看來是促使人類開始定居的重要原因[8]，因為宗教中心把遷徙族群凝聚到周遭，最後他們基於共同的信仰和意義系統，建立了村落。哥貝克力石陣興建的時候，劍齒虎仍在亞洲橫行，「佛羅勒斯人」（*Homo floresiensis*）在幾百年前才剛滅絕（佛羅勒斯人是最後一種「非智人」，九十公分高，是類似哈比人的狩獵者及工具製造者）。但是建造哥貝克力石陣的古人似乎已經不再只是問一些生活上的問題，而是開始問一些宗教心靈方面的問題。霍德說，你可以主張哥貝克力石陣是「複雜新石器社會的真正起源」[9]。

其他的動物為了取得食物，會去解決簡單的問題，使用簡單的工具，但有一項活動是人類以外的其他動物都不曾做過的：探索自身存在的意義，即使是最基本的形式都沒出現過。所以，當舊石器晚期和新石器早期的人把焦點從單純求生，轉移到與自己及周遭環境有關的「不重要」事實時，那是人類智慧史上最有意義的進步之一。如果哥貝克力石陣是人類的第一座教堂（或者，至少算是我們已知的第一座），它除了在宗教史上占有神聖的地位以外，也應該在科學史上享有同樣崇高的地位，因為它反映了我們的存在意識躍升，那個時代人類開始花很大的心力去解開宇宙的宏大問題。

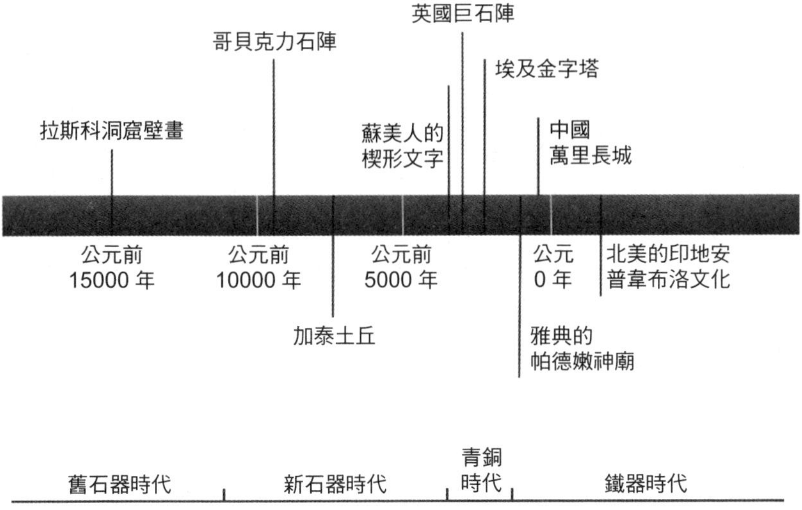

知識、思想和價值觀迅速傳布

大自然需要數百萬年的時間，才能演化出有能力提出存在性問題的人類心智。但是那種心智一旦出現以後，只需要極短的時間就能演化出改造我們生活與思維的文化。新石器時代的人開始定居在小村莊裡辛苦地幹活，後來他們終於生產出較多的糧食，村落也跟著變大，人口密度從每平方英里僅一人大幅擴增為一百人[10]。

新石器時代的大型村落中，最可觀的是加泰土丘（Çatalhöyük）[11]，於公元前七千五百年左右創建於土耳其中部平原，就在哥貝克力石陣西方約數百英里處。那裡的動植物遺跡顯示，當地的居民獵殺野牛、野豬和野馬，採集野生塊莖、草類、橡實和開心果，但是從事的農業很少。更令人驚訝的是，那些住所內的工具和器具顯示，居民除了自己建造與維護住所以外，也自製藝術品，他們似乎完全沒有分工。那些情況若是發生在一小群遷徙者身上並不奇怪，但是加泰土丘有多達八千人一起生活，約有兩千戶家庭，他們卻是「各忙各的」（套用一位考古學家的說法）。

因此，考古學家認為加泰土丘及類似的新石器村落不算是城市，甚至稱不上是鄉鎮。第一個城鎮還要再等幾千年才會出現，村莊和城市的差別不只是規模的大小而已，而是取決於居民間的社交關係，因為那些關係與生產和分配的方式有關[12]。城市裡有分工，亦即個人和家庭能依賴他人以取得某些物資和服務。城市把每個人都需要的商品和服務集中起來分配，個人和家庭就不需要凡事自己動手，那也讓他們可以投入專門的活動。例如，當城市變成附近鄉間過剩農產的集散中心時，原本必須自己採集或耕種糧食的人就可以從事其他的專業，成為工匠或牧師。但是在加泰土丘，當地人雖然比鄰而居，其文物遺跡顯示每個家庭大致上仍是個別投入生活的種種活動，彼此獨立生活。

如果每個大家庭必須自給自足（不能跟肉販買肉，不能請水電工來修管線，不能把泡水的手機拿到最近的蘋果門市更換並假裝手機不是掉進馬桶裡），那又何必和大家比鄰而居、組成村落呢？連結與凝聚加泰土丘居民的因素，似乎和吸引新石器人類到哥貝克力石陣的因素一樣：他們開始出現共同的文化和宗教信念。

這些新興文化的一個特點是思考人類的死亡。例如，在加泰土丘，我們看到「死亡和垂死」這種新文化的證據，那和以前的遷徙族群截然不同。遷徙族群跋山涉水時，無法背著病弱的人同行，所以他們遷徙時，通常會拋下跟不上行動的老弱病殘。加泰土丘及近東地區其他被遺忘村落的居民則是展現出相反的做法，他們的大家族通常非常親近，不僅生前親近，死後也親近：在加泰土丘，他們把亡者埋在住所的地板下[13]，夭折的嬰兒有時是埋在房間入口的底下。在一間大建築底下，挖掘團隊就發現七十具遺體。有些情況下，亡者埋葬一年後，家人會把墳墓挖開，用刀子把亡者的頭切下來，供儀式之用[14]。

加泰土丘的居民不僅在乎死亡，他們也出現人類的優越感。在多數的狩獵採集社會中，動物備受尊重，彷彿獵人與獵物是夥伴似的，獵人不想掌控獵物，而是和動物培養出一種友誼，讓獵物自己把生命交給獵人。但是，在加泰土丘，壁畫描繪著人類戲弄及引誘野牛、野豬和熊。人類不再覺得他們和動物是夥伴，而是動物的主宰[15]。他們使用動物的方式，就像使用樹枝來編籃子一樣。

這種新的態度最後促成了動物的馴養[16]。後續的兩千年間，綿羊和山羊都受到馴服，接著牛、豬也變成家畜。起初，他們仍從事選擇性的狩獵——捕獵一些野生獸群，以達到年齡和性別的平衡，而且人類也會設法保護自己，以免遭受天敵的攻擊。不過，後來人類日益擔負起照顧動物各方面的責任。人類畜養的動物不再需要捍衛自己的安全時，牠們演化出新的身體特徵以及更溫馴的行為，而且大腦變小，智力降低。植物也落入人類的掌控中（例如小麥、大麥、扁豆、豌豆），不再是採集者的目標，而是栽種者關注的焦點。

農業的發明和動物的馴養大幅提昇了人類探索世界的效率，促使人類的智力大躍進。現在人類更有動機去瞭解及利用大自然的規律，通曉動物及植物的生長變成很實用的事情。那正是科學的起源，但是在缺乏科學方法或不懂邏輯推理下，魔法與宗教的概念混合了實證觀察和理論，甚至經常取代了實證，其目的往往比現代的純科學更為務實：幫人類掌控自然運作。

人類開始對自然界產生新的問題時，新石器時代的定居點大幅擴展，為他們提供了解開問題的新方法。因為求知不再是個人或小團體的活動，現在大家可以集思廣益，善用許多人的智慧。所以，即使這些人大多放棄了狩獵採集食物，他們現在會團結起來，一起探索點子和知識。

＊＊＊

我讀博士班時，挑選的博士論文議題是：開發一種新方法以找出一個無解量子方程式的近似解，那個方程式是描述中子星外強大磁場中的氫原子行為（中子星是目前宇宙中已知密度最大、體積最小的恆星）。我也不知道為什麼選擇研究這個問題，顯然我的指導教授也不知道，他很快就對議題失去了興趣。我後來花了一整年的時間，研發不同的近似技巧，卻又陸續證明每個新方法的解題效果都不如現有的方法，所以遲遲拿不到博士學位。後來某天，我跟辦公室對面的博士後研究員聊天，他正在研究一種新方法以瞭解「夸克」這種基本粒子的行為。夸克有三種「色」（color），這裡的「色」是術語，和我們日常定義的「顏色」無關。他的概念是以數學想像一個世界，裡面有無限多種色，而不只三種色。我們聊起夸克時，那其實和我的研究毫無關係，但是我突然靈機一動想到：如果我探索**我的**問題時，假裝我們不是活在三維空間，而是活在無限多維的空間，那會變成什麼樣子呢？

如果你覺得那個問題聽起來很古怪、超乎尋常，確實是如此。但怪的是，我們以數學想像時，雖然我無法在現實世界裡解題，換到無限多維的世界裡卻可以解開。我找出解答以後，只要思考如何修改那個解答，以說明我們其實是活在三維空間裡，就可以完成論文畢業了。

這個方法後來證實非常強大，現在我可以隨便拿一張紙用筆算，得出來的結果比其他人用精密的電腦計算出來的東西還要精確。研究一整年徒勞無功後，我竟然在短短幾週內就完成絕大部分有關「大N展開」（large N expansion）的博士論文。而且，在後續的一年內，我和那位博士後研究員把那個概念套用在其他的情況與原子上，發表了一系列的論文[17]。後來榮獲諾貝爾獎的化學家達德利・赫施巴赫（Dudley Herschbach）在《今日物理》（*Physics Today*）期刊上看到我們的研究方法，他把那個技巧重新命名為「因次尺度法」（dimensional scaling）[18]，並把它套用在他的領域裡。十年內，甚至出現一個學術大會，專門探討那個議題。我之所以提起這件事，不是為了顯示一個人可以挑選糟糕的研究主題，浪費一年鑽牛角尖，最後依然得出有趣的發現。我的目的是想說明，人類求知及創新的努力不是連串的獨立個人奮鬥，而是一種合作的冒險，一種社交活動，其成功有賴於定居某地的許多人集思廣益，腦力激盪。

那些集思廣益的智慧可以從現在及過去找到。關於孤立的天才徹底改變我們對世界的理解，或是在科技界創造出神奇發明的傳說很多，但那些傳說向來都是虛構的。例如，詹姆斯・瓦特（James Watt）發明馬力的概念，所以功率的單位「瓦」（watt）是以他的姓氏為名。傳說他看到茶壺冒出的蒸氣時，突然靈光乍現，想出蒸汽機的點子。但實際上，他是在修復更早以前發明的裝置時，想到那個點子。他接觸那項裝置時，那個東西已經問世約五十年了[19]。同樣的，牛頓也不是獨自坐在戶外、看到蘋果掉落而發現物理學。他花了好幾年收集其他人彙整的行星軌道資料。而且要不是天文學家愛德蒙．哈雷（Edmond Halley，哈雷彗星以他命名）偶然造訪牛頓，問了一個令他感興趣的數學問題，給了他靈感，他永遠也不會寫出《原理》（*Principia*），那本書裡包含他著名的運動定律，也是如今他備受推崇的原因。愛因斯坦要是沒有數學家朋友馬塞爾．格羅斯曼（Marcel Grossmann）幫他瞭解描述曲面空間性質的古老數學理論，他也無法完成相對論。這些卓越的思想家都無法憑空達到偉大的成就，他們還有賴其他人的幫忙以及先人的智慧，他們也受到周遭文化的薰陶與培育。不僅科學和科技是以前人的成就為基礎加以發揚光大，藝術也是如此。詩人艾略特甚至說：「青澀的詩人模仿，成熟的詩人剽竊……好的詩人把作品變得更好，或至少變得不同。[20]」

人類與靈長類文化

「文化」的定義是你從周遭的人群中習得的行為、知識、思想和價值觀，不同地方的文化各不相同。現代人的行為受到成長時浸淫的文化所影響，我們的知識也大多透過文化取得，這點在人類身上比其他的物種明顯。事實上，最近的研究顯示，人類是逐漸演化成適合教導其他的人類[21]。

這不是說其他的物種沒有文化，牠們也有。例如，世界各地的人看到有人出國旅行時，還刻意去尋找供應奶昔和起司漢堡的餐廳，他們通常會猜那是美國人。同樣的，研究黑猩猩族群的科學家也發現，他們光是觀察一群黑猩猩的各種行為，就能判斷其原生地[22]。總之，科學家從許多黑猩猩社群中找出三十八種傳統。例如，在烏干達的基巴萊（Kibale）、奈及利亞的貢貝（Gombe）、坦尚尼亞的馬哈勒（Mahale），黑猩猩會在大雨中雀躍地蹦跳，拖著樹枝，拍打地面；在象牙海岸的塔伊森林（Tai）、幾內亞的波索（Bossou），黑猩猩會拿著扁平的石塊在木頭上用力敲開柯拉鐵青木的果實；其他地方的黑猩猩族群據報導會彼此傳授藥用植物的功效。在這些例子中，文化活動並非本能或每個世代重新發現的，而是幼子透過模仿母親學會的。

關於動物之間的知識發現與文化傳播，日本幸島（Kojima）有最詳盡的紀錄[23]。一九五〇年代初期，那裡的動物管理員每天把番薯丟到海灘上餵獼猴，那些獼猴在食用番薯前會先拍除番薯上的沙。一九五三年的某天，一隻十八個月大的母猴小芋（Imo）靈機一動，把番薯放入海水中清洗沙子。那個動作不僅洗淨了沙子，也讓番薯吃起來多了鹹味，更加可口。不久，小芋的伙伴也學牠那樣做，牠們的母親慢慢也跟著做，之後公猴也開始學，只有幾隻年長的公猴不肯跟進。獼猴不會教導彼此，牠們是從觀看及模仿中學習。幾年內，幾乎整個獼猴社群都學會清洗食物的習慣，更重要的是，在那之前，獼猴本來會避開海水，現在牠們也開始在水裡玩了起來。那行為就這樣代代相傳了數十年。這些獼猴就像海邊的人類社群一樣，發展出自己的獨特文化。多年來，科學家發現很多物種都有文化的證據，例如虎鯨、烏鴉，當然還有其他的靈長類[24]。

我們之所以與眾不同，在於人類似乎是唯一能夠以過去的知識和創新為基礎，進一步發展的動物。某天有人注意到圓的東西會滾動時，就發明了輪子，後來逐漸發展出推車、水車、滑輪和輪盤。相反的，小芋並不是以過去的獼猴知識為基礎，其他的獼猴也沒有拿牠的經驗來當基礎，進一步地發揮。人類會彼此交流，相互教導，想辦法精進舊點子，交換見解和靈感。黑猩猩和其他的動物則不會。考古學家克里斯多佛・韓薛伍德（Christopher Henshilwood）指出：「黑猩猩可以向其他的黑猩猩示範如何抓白蟻，但牠們不會改良方式，牠們不會說：『我們換一種方式試試吧。』牠們只會一直重複同樣的方法。[25]」

人類學家稱那種以之前的文化為基礎、進一步發揚光大的流程（過程中沒什麼佚失）為「文化漸進」（cultural ratcheting）[26]。文化漸進是人類文化與其他動物文化之間的一項根本差異，是從新定居社會中衍生出來的工具。由於居民想與其他的思考者為伍，一起思考同樣的問題，知識得以不斷地累積成長。

考古學家有時把文化創新比喻成病毒[27]。點子和知識就像病毒一樣，在某種狀態下（本例是指社會環境）最能蓬勃發展。有那樣的環境時（例如緊密相連的大社群），社會裡的個體會相互影響，文化因此散播與演進。實用或令人安心的點子會存留下來，激發下一代的想法。

需要靠創新勝出的現代公司都很清楚這點。事實上，Google還把這一切科學化，在公司的餐廳裡擺放狹長的桌子，讓大家可以坐在一起交流。連排隊取餐的隊伍都設計成等候三到四分鐘——不至於太長而讓人等得不耐煩，乾脆去吃泡麵，但也有足夠的時間讓員工有機會巧遇聊天。一九三〇年代到一九七〇年代，貝爾實驗室（Bell Labs）可說是全球最創新的組織，負責許多促成現代數位時代的重要創新，包括電晶體和雷射。貝爾實驗室非常重視合作研究，連建築的設計都是為了盡量提高大家相遇的機率。還有一位員工的工作是每年夏天去一趟歐洲，擔任美歐之間科學概念的傳輸中介[28]。貝爾實驗室發現，知識交流圈愈廣的人，愈有可能創新成功。誠如演化遺傳學家馬克・湯瑪斯（Mark Thomas）所言，新點子的出現，「關鍵不在於你多聰明，而是看你的人脈有多廣。」[29]互連性是文化漸進的關鍵機制，那也是新石器革命的一大特色。

＊＊＊

我父親剛滿七十六歲不久，某晚我們飯後一起散步，隔天他要去醫院動手術。他生病多年了，有輕微的糖尿病症狀、中風和心臟病。最糟的是（他自己覺得），他長期罹患胃食道逆流，愛吃的東西幾乎都不能吃。那晚我們緩緩散步時，他拄著枴杖，抬起頭來望向天空，說他很難接受這可能是他最後一次看到星星了。他覺得自己可能來日不多，開始對我透露內心的想法。

他告訴我，我們生活在混亂的宇宙中。他年輕時經歷過大屠殺的災難，年老時身體又出了一堆問題。他說，他一直覺得天體好像是依循著截然不同的定律運行，那些行星和太陽循著年代久遠的軌道從容運行，看起來很完美，堅不可摧。這是我們多年來經常談論的話題，每次我提到我最近參與的物理研究時，就會聊到這個議題。他會問我，我是否真的相信構成人類的原子和構成宇宙其他東西（例如無生命體及死人）的原子都受制於同樣的定律。無論我告訴他多少次我真的相信，他始終對那個說法感到懷疑。

如今，他自覺來日不多了，我想他可能更不願意相信自然界的客觀定律。也許，他會像多數人步入晚年那樣，開始想到慈愛的上帝。我父親很少和上帝對話，雖然他成長的過程中相信傳統的神，也想要繼續相信，但是親眼目睹慘絕人寰的悲劇以後，使他很難繼續相信下去。當晚他舉頭仰望星星時，我以為他可能是望向上帝以尋求慰藉，但他說的話卻令我訝異。他說，他希望我說的物理定律是對的，因為即使人世間充滿了混亂，想到他和那些完美浪漫的星星是同樣的東西組成的，就令他感到安心。

人類至少從新石器革命就在思考這樣的議題了，至今我們仍然不知道答案，但是我們一旦意識到那種存在性的問題，知識發展的下一個里程碑就是開發工具——心智工具——來幫我們解開那些問題。

人類最早開發出來的工具聽起來沒什麼大不了的，那些工具不是像微積分或科學方法那樣的東西，而是思考的基本工具。我們運用那些工具已經很久了，久到連我們都忘了那不是我們與生俱有的心智能力。但是為了進步，我們需要尋覓點子的專業，而不是尋覓食物的專業；我們需要發明書寫，才能夠保存及交流知識；我們需要創造出科學的用語：數學；我們也需要發明「定律」的概念。這些發展就像十七世紀的科學革命一樣宏大，不是個人偉大思想的產物，而是第一批真正的城市逐漸醞釀出來的副產品。

第四章 文明

牛頓有句名言：「如果我能看得更遠，那是因為我站在巨人的肩膀上。」那句話是出現在一六七六年他寫給羅伯．胡克（Robert Hooke）的信中，意指他是以胡克和笛卡爾的研究成果為基礎，進一步發揮（胡克後來和他變成死對頭）。牛頓確實受惠於前人的研究，事實上，他連那句話都是改編自其他人的說法，因為牧師羅伯．伯頓（Robert Burton）於一六二一年寫過：「站在巨人肩膀上的侏儒，可比巨人看得更遠。」一六五一年，詩人喬治．賀伯特（George Herbert）寫道：「巨人肩上的侏儒比他們兩人各自看得更遠。」一六五九年，清教徒威廉．希克斯（William Hicks）寫道：「站在巨人肩上的小矮人，可比巨人看得更遠。」十七世紀，侏儒和小矮人站在巨人的肩上，似乎是一種知識追求的主流意象[1]。

牛頓和其他人所指的前人，是那些離他們的年代還不遠的前輩，但我們通常已經遺忘了幾千年前老祖宗的貢獻。我們喜歡認為自己是先進的，但我們之所以有今天的成就，是因為新石器時代的村落演變成第一批真正的城市時，出現了意義深遠的創新。那些古老文明發展出來的抽象知識和心智技巧，塑造了我們對宇宙的概念，也影響了我們探索那些概念的能力。

從大草原到城市

第一批城市不是突然冒出來的，不是遷徙族群某天突然決定團結起來，接下來就懂得採買以保麗龍和保鮮膜包裝的雞腿。村落轉變成城市是一種自然的漸進發展，當定居的農業生活型態在數百年或數千年間逐漸穩定下來時，城市就出現了。由於演化的過程緩慢，村落晉升為城市的確切時間有很多詮釋空間。雖然無法精確指出確切的時點，一般認為第一批城市是公元前四千年左右出現在近東地區[2]。

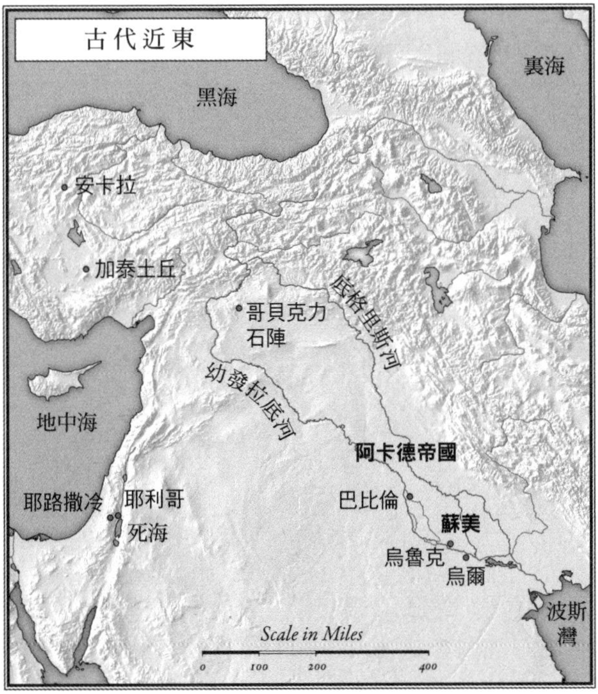

這些城市中最為突出的一個，或許是位於現今伊拉克東南部、巴斯拉市（Basra）附近的城郭城市烏魯克（Uruk），它是都市化趨勢中的重要力量[3]。近東是最早開始城市化的地區，但是在那裡生活並不容易。最初的定居者是為了水而來，乍看之下好像是誤入歧途，畢竟那裡大多是沙漠。不過，儘管天候不佳，那裡的地理環境相當誘人，因為中間有一道很長的窪地，底格里斯河、幼發拉底河及其支流穿流其間，沖積出肥沃的平原。那片平原名為美索不達米亞（Mesopotamia），

是古希臘語「兩河之間」的意思。第一批定居地只出現村莊，規模侷限在河岸。接著，公元前七千年以後，農業社群學會了挖掘灌溉溝渠和蓄水池，因此擴大了河流延展的範圍。於是，在糧食供給增加下，終於開始城市化。

灌溉不是一件容易的事。我不知道你是否挖過溝渠，以前我為了在草坪下安裝灑水管路，曾經自己挖過。一開始還算順利，我指的是買鏟子那個步驟。接下來就困難了，我高高舉起那支新鏟子，煞有介事地用力挖下去，堅硬的地面產生強大的後座力，狠狠地把我彈開。最後我向開怪手的專家求助，才把事情搞定。如今的城市需要做各式各樣的挖掘，但很少人停下來讚賞那些人的苦勞。古代近東地區的灌溉水渠有數英里長，寬達二十三米，是以原始工具挖掘而成，毫無機器的輔助，那真的是古代的奇蹟。

把河水從河岸引到遠處的耕地，需要成千上百位勞工的辛苦付出，還要有規劃者和監督者指引他們。農人之所以參與挖掘渠道有幾個原因，其一是同儕壓力，另一是唯有合作才能灌溉自己的土地。無論他們參與的動機是什麼，他們的努力並未白費。糧食豐收與定居生活使家庭可以養育更多的孩子，讓更多的後代存活下來。出生率大增，嬰兒死亡率下降。到了公元前四千年，人口迅速成長，村落發展為鄉鎮，鄉鎮發展為城市，城市的規模愈來愈大。

烏魯克建於波斯灣北端沼澤地的內陸，是早期最富饒的城市，後來逐漸主宰了整個區域，規模遠大於其他的定居點。儘管古代城市的人口很難估計，但考古學家從結構和遺跡發現，烏魯克的居民約介於五萬到十萬人之間，是加泰土丘的十倍[4]。即使在現代，烏魯克的人口也稱得上是小城市，而它的地位猶如今日的紐約、倫敦、東京或聖保羅。

烏魯克的居民以播種犁（seed plow）來耕種田地。播種犁是一種難用的工具，可以一邊挖土，一邊播種。他們疏排沼澤地的積水，並挖掘數百條渠道，形成一大片灌溉網。在灌溉的土地上，他們栽種穀物和水果，主要是大麥、小麥和椰棗。他們也畜養羊、驢、牛、豬，並從附近的沼澤捕抓魚類和鳥類，從河裡抓烏龜。他們放牧山羊和水牛以取得奶水，喝很多以大麥釀製的啤酒。（古陶器的化學檢測顯示，早在公元前五千年就有啤酒了。）

這些發展之所以重要，是因為專門職業的崛起需要對材料、化學物、動植物的生命週期和需求有新的瞭解[5]。食物生產促成了漁民、農民、牧人、獵人等專業。工藝品的製作從家家戶戶偶爾兼事，變成專業人士全職投入的技藝。麵包變成烘焙師傅的產品[6]，啤酒成為釀造者的專業範圍。旅店出現，有些是由女性經營。從看似熔過金屬的工坊遺跡可以臆測當時也出現了熔煉工。陶器似乎也催生了一種行業：數千個簡約的斜邊碗看似以標準規格量產而成，可見即使當時沒有九十九美分的折扣零售店，也有中央化的工廠製作陶器。

其他的專業工作者致力於生產衣服，那個年代留下的藝術品描繪著織布工，人類學家也發現編織毛料的殘跡，而且動物遺骸顯示當時牧人畜養的綿羊多於山羊。由於山羊泌乳量較多，綿羊數量增加反映出當時對羊毛的重視提高了。此外，骨頭殘骸也顯示，那些羊老了以後，牧人會宰殺牠們[7]——老肉可能吃起來不是那麼美味，但羊皮可以製作外套。

這些專業的工作對想要喝啤酒或牛奶，或是需要用陶器盛裝啤酒或牛奶的人來說是個福音。此外，那也是人類智力發展史上的一大里程碑，因為那些新專家的努力合起來創造出前所未有的知識爆炸。沒錯，那些知識的取得不僅是基於實務理由，也參雜了神話和儀式；啤酒的釀製方法還牽涉到如何討好掌管酒類的女神。那些內容都不像你在《自然》（*Nature*）雜誌中看到的東西，但後來的科學知識**就是**從那些雛形發展而來的。

＊　＊　＊

除了出現生產東西的行業以外，這時也出現一些不是提供勞力或產物的專業，他們的專業活動和心智活動有關。

據說我們面對同業時，會比面對其他產業的人更有親切感。我從事任何體力活時，就像挖掘溝渠一樣遜。我在職場上唯一可取的優點，是坐著思考一整天也不覺得疲累，我也很幸運能夠從事這一行。所以古代那些靠腦袋工作的人，讓我倍感親切。他們雖然是多神論者又迷信，但他們的職業跟我很像，我們這種人很幸運，能夠靠思考及研究過活。

這種「智慧型」新專業的出現，是因為當時在美索不達米亞奠定的城市生活型態需要某種中央化的組織，那表示他們需要建立制度和規範，以及收集與記錄資料。

例如，城市化需要發展出交易系統及監督交易的單位。季節性的食物生產增加，表示需要建立儲存的公共系統。依賴這些體制的農民和居民遭到攻擊時，不能像遷徙族群那樣輕易拋棄定居點，所以他們也需要組成民兵團和軍隊。事實上，美索不達米亞的城邦經常為了土地和供水，而陷入自相殘殺的交戰狀態。

那時也非常需要號召勞力投入公共工程。例如，他們需要在城市周圍築起厚牆，以嚇阻攻擊者來襲。此外，他們需要鋪路，以便有輪子的車輛通行；農業也需要規模更大的灌溉系統。當然，新中央威權的出現也需要建設大型的建築，以容納這些官僚。

接下來，他們需要警力[8]。定居地的人口僅數十人或數百人時，大家可能彼此相識。但人口一旦成長至數千人，就不可能彼此相熟了，所以大家常和陌生人打交道，那也改變了人與人之間的衝突性質。人類學家、心理學家、神經學家研究過團體變大時的互動變化，不過，最基本的人際互動很容易理解。如果我會經常看到某人，即使我不喜歡他，最好也要裝一下樣子。當你假裝喜歡某人時，通常不會為了偷他的羊而拿泥板砸他的頭。但如果我不認識那個人，預期以後再也不會見到面了，偷羊來製作山羊乳酪的誘惑可能大到難以抵擋。因此，衝突不再只是發生在親友或熟識之間，也發生在陌生人之間，所以必須建立排解衝突的正規方式和警力，這也促成了另一種中央化的管制組織。

誰是世界上第一批城市的統治者，主導這些中央化的活動呢？美索不達米亞人認為，在他們和神祇之間擔任媒介的人，有那樣的權威。那些中介者擔負著宗教責任，負責主持宗教儀式。

美索不達米亞不像我們有政教之分，他們的政教是不可分割的。每個城市都是某個神的家園，都有一個守護神。每個城市的居民都相信他們的神掌管他們的存在，神建造城市是為了給自己一個安身之所[9]。他們認為一個城市沒落是因為神放棄他們了。所以宗教不僅是凝聚社會的信仰系統，也是執法的行政權力。此外，由於人類畏懼神祇，宗教也是促進服從的有效工具。近東學者馬克・凡德米洛（Marc Van De Mierop）寫道：「物品是由城市的守護神先接收，再分配給人民。神殿是神的住所，是讓系統運作的中央機構，是一切的焦點。[10]」所以，在烏魯克社會的最頂端，出現了「祭司王」這個職位，他的權威是來自他在神殿中的角色。

有了權威就有權勢，但是要展現威權，統治者必須有收集資料的能力。例如，如果宗教組織的存在是為了監督物品和勞務的交易、收稅、執行合約，那就需要有收集、處理、儲存那些活動資訊的人手。如今我們認為政府官僚頭腦簡單，但是專業知識階級就是從這些最早的政府官僚發展出來的。他們的官僚需求促使人類發明出有史以來最重要的心智技能：閱讀、書寫和算術。

我們把「閱讀、書寫和算術」（俗稱3R）視為現代最基本的技能，那是我們擺脫尿布之後、拿到人生第一支智慧型手機之前所學會的東西。但我們之所以覺得這三種技能很基本，是因為有人在很久以前發明了這些東西，後來在教師的辛苦教導下，代代相傳至今。古代的美索不達米亞如果有教授這種工作，那他們應該是閱讀教授、書寫教授和算術教授，而且他們是那個年代教導及研究最先進知識的人。

＊　＊　＊

人類與數百萬種動物的一大差異是，一個人的心智可以透過非常複雜微妙的方式，影響其他人的思想。這種思維掌控形式是透過語言來進行。其他動物可以向彼此傳達恐懼或危險、飢餓或感情等訊號，有時甚至可以傳遞這些訊號給我們，但牠們無法學習抽象的概念，或是以有意義的方式把幾個字串連在一起。黑猩猩聽到指令時，懂得拿起印著柳橙圖案的卡片；鸚鵡可能一再重複「波莉想要一塊餅乾」，講到你抓狂。但牠們除了提出簡單的要求、指令、警告和辨識以外，幾乎無法再做更複雜的動作[11]。

一九七〇年代，科學家教黑猩猩學手語，以探索他們是否有掌控語法和句法基本架構的能力，語言學家諾姆．杭士基（Noam Chomsky）表示：「證明猿猴有語言能力的機率，就像發現某個島嶼上，有一種不會飛的鳥正等著人類教牠們飛翔的機率一樣低。[12]」數十年後的今天，看來杭士基的說法沒錯。

正如飛行不是鳥類發明的、幼鳥不需要去飛行學校學飛一樣，語言對人類來說似乎也是自然而然的能力，而且只有人類有這種能力。人類必須參與複雜的合作行為才能在野外生存，我也一再提醒正值青春期的孩子，頤指氣使或坐著生悶氣都無法解決事情。所以就像直立身子或觀看的能力一樣，語言的演化也是一種生物調適，是人類染色體內的基因協助演化出來的，古代尼安德塔人（Neanderthal）的ＤＮＡ裡就已經有這種基因了。

人類的口語能力是與生俱來的，所以我們可以預期這種能力廣泛地展現。事實上，世界各地共同生活的族群都獨立發展出自己的語言了。在新石器革命之前，全球語言的數量可能跟部落數量一樣多。我們之所以如此認為，是因為十八世紀末英國剛到澳洲殖民時，那裡有五百個原住民部落，每個部落的平均人口是五百人，他們仍過著新石器時代以前的生活，而且每個部落都有自己的語言[13]。事實上，認知科學家暨心理語言學家史迪芬．平克（Steven Pinker）曾指出：「我們從未發現不用語言表達的部落，也沒有紀錄顯示任何地區曾是語言的『搖籃』，並把語言散播到本來沒有語言的族群。[14]」

進化的書寫文字

語言是人類的獨到特徵，但**書寫文字**才是人類**文明**的獨到特質，也是人類最重要的工具之一。口語讓我們和周遭的一小群人溝通，書寫讓我們和不同時空的人交流，使我們能累積大量的知識，那也是文化以過往經驗為基礎持續發展的方法，讓我們不再受限於個人知識和記憶。電話和網路的出現改變了世界，但是早在電話和網路出現以前，書寫是第一個、也是最革命性的溝通技術。

口語能力是自然而然出現的，不需要發明。但書寫則需要發明，很多部落從未發展出書寫能力。如今我們把書寫視為理所當然，但書寫其實是有史以來最偉大、最難的發明之一。我們從一個小小數據可以看出這項發明的重要：語言學家已知世界各地目前使用的語言有三千多種，但其中只有約一百種寫下來[15]。而且，古往今來，書寫只獨立發明了幾次，它在世界各地普及的方式主要是透過文化傳播，是從既有的系統借用或改造而來，而不是一再重新發明出來的。

一般認為書寫文字第一次出現，是在公元前三千年以前美索不達米亞南部的蘇美（Sumer）。我們只**確定**另一種獨立發明的書寫系統，是公元前九百年出現在墨西哥[16]。此外，埃及（公元前三千年）和中國（公元前一千五百年）的書寫系統可能也是獨立發展出來的。我們現在所知的所有書寫文字，都是來自這少數幾個發明。

我跟多數人不同，曾經嘗試過「發明」文字，因為我八、九歲加入幼童軍時，童軍團長要求我們嘗試創造自己的書寫系統。彼得斯先生把作業還給我時，我看得出來他對我刮目相看。我發明的書寫系統跟其他的孩子都不一樣，他們只對英文字母做點變化而已，我的書寫系統看起來則是完全新創的。

彼得斯先生把我的發明歸還給我時，又仔細看了最後一遍。他不喜歡我，我看得出來他在找紕漏，想辦法避免讚美我的創意天才。他喃喃地說：「你做得……還不錯。」他遲疑了一下才吐出「還不錯」那幾字，彷彿給我肯定就得支付發明者一週的薪水作為權利金似的。他把作業遞給我時，又突然縮手問道：「你有上主日學校，對吧？」我點頭。「你是根據希伯來字母發明這個寫法的嗎？」我沒辦法說謊，沒錯，我跟其他的男孩一樣，也是拿我知道的字母做點變化。這沒什麼好丟臉的，但我很難過。他始終不把我當成一般小孩看待，而是認定我就是猶太小孩，這下子我又證明他的想法沒錯了。

大家可能會覺得那個童軍活動的難度太高，但是相較於第一次發明書寫的古人，我們還有一大優勢：我們已經學會如何把口語解析成基本的聲音以及對應的字母；我們也已經學會某些基本音（例如 th 和 sh）不是對應單一字母；我們可以區別 p 和 b 之類的的聲音。如果沒先學過任何書寫系統，可能很難做到那樣。

你聽別人說外語時，試著去找出那個語言的基本拼音，大概就知道那有多難了。對那個語言愈不熟悉，難度愈高（例如你的母語是印歐語系，要抓中文的發音就很難）。你很難辨識許多個別的音，更何況是區分 p 和 b 之類的細微差異。但古代的蘇美文明不知怎的克服了那些挑戰，創造出書寫文字。

新技術發明時，一開始的應用往往和後來它們在社會裡扮演的角色有很大的差異。事實上，對投身創新和發明領域的人來說，新技術的發明者（例如稍後看到的科學理論發明者）其實一開始通常不瞭解他們究竟發明了什麼。

如果我們把書寫視為一種技術，即把口語記錄在陶土或後來其他材質（例如紙張）上的方式，那麼把書寫的演進比喻成錄音技術的發展似乎很自然。愛迪生發明錄音技術時，他沒有想到後來大家會拿那個技術來錄製音樂[17]。他覺得那除了用來記錄臨終遺言，或是用於辦公室的口述記錄以外，沒有多大的商業價值。同樣的，書寫最初的功用也和後來普及的作用不同。一開始只是用來記錄和列舉清單，跟我們現代使用 Excel 試算表的目的差不多。

＊＊＊

目前所知最早刻寫的文字，是刻在烏魯克一座神殿的泥板上，上面列有穀物袋數、牛隻數量等項目，其他的泥板則是列出詳細的分工。例如，我們從那些泥板得知，一座神殿的宗教社群僱用了十八位麵包師傅、三十一位釀造師、七個奴隸、一個鐵匠[18]。我們從部分的譯文也得知，勞動者會分到固定的補給，例如大麥、油、布，還有一種專業叫「城市領袖」，另一種專業叫「牛專家」。雖然我們可以想出書寫的許多理由，但如今挖出來的寫字板中，有八十五%都和記帳有關，剩下的十五%大多是用來教育未來的帳房[19]。帳房確實有很多東西需要學習，因為記帳很複雜。例如，人類、動物、魚乾是採用一套數字系統，穀類、乳酪、鮮魚是採用另一套數字系統[20]。

書寫剛出現時，只用於這些實用性的活動。那時沒有通俗小說或書面的宇宙理論，只有官僚紀錄文件，例如收據、物品清單，以及證明那些東西的個人標誌或「簽字」。聽起來很平凡，但影響深遠：沒有書寫可能就沒有都市文明，因為人類沒有能力去創造與維持構成都市生活特有的複雜共生關係。

在城市裡，人與人之間不斷地給予及接受東西，例如買賣、開帳單、收發貨品、借貸、付錢請人做事或收錢幫人做事、承諾及履行承諾。若是沒有書寫文字，這些互惠活動會陷入混亂，衝突不斷。你只要想想一個星期不以任何方式記錄任何活動或交易會是什麼樣子（連工作產出或上班時數都不能記錄），大概就明白了。我猜想，職業籃球賽可能打不下去，因為兩邊的球迷都會宣稱他們贏了。

最早的書寫系統和其目的一樣原始，是以普通的斜線來代表東西的數量，無論是記錄水果、動物或人數都是如此。後來，為了更容易區分哪個符號是用來記錄綿羊、哪個是用來記錄綿羊飼主，他們想到在數字的旁邊加註小的象形圖，所以開始以畫圖來代表文字。學者已經從這種早期的象形圖中，辨識出上千種意思。例如，牛頭的輪廓用來代表「牛」，排成三角形的三個半圓代表「山」，三角形配上外陰符號代表「女人」。此外，還有一些複合符號，例如女性奴隸的原意是「翻山越嶺而來」的女性，所以其代表文字是「女人」符號加上「山」的符號[21]。後來，象形圖也用來表達動詞和造句，例如他們把「手」和「嘴」的象形圖擺在「麵包」的符號旁邊，就組成了「進食」的象形圖[22]。

早期的書記是用尖銳的工具，把象形圖刻在泥板上。後來，他們用可留下楔形符號的蘆葦筆，在軟泥上壓出符號，這種象形圖稱為楔形文字（*cuneiform*）。*cuneiform* 是拉丁字，意指「楔形」。考古人員從烏魯克的遺跡已挖出數千塊古代泥板，泥板上只列著東西和數字，毫無文法。

以象形圖為基礎的書面文字有個缺點：象形圖太多，很難學習。這種複雜度需要一個精通文字的小組，亦即前面提過的思考工作者。這些最早出現的專業學者變成一種特權階級，享有崇高的地位，獲得神殿或宮殿的支持。在埃及，他們似乎還有免稅的特權。

考古遺跡顯示，公元前兩千五百年左右，社會對書記的需求促成了另一大創新：世界上第一所學校出現了，美索不達米亞稱之為「泥板屋」（tablet house）[23]。一開始和神殿相連，但後來是設在私人建築中。校名來自於書寫用的泥板，那是學校的教具。每間教室裡可能都有晾乾泥板的架子、烘烤泥板的爐子、存放泥板的櫃子。由於當時的書寫系統依然很複雜，有志成為書記的人必須研究多年，以記憶及學習書寫數千個複雜的楔形文字。在人類智慧發展的過程中，很容易低估了那一步的重要性。但是對人類來說，以下兩點不僅是全新的概念，也是很難得的頓悟：社會應該創造出一個致力於傳遞知識的專業，而且那門專業的學生應該花幾年的時間學習那門技藝。

隨著時間推移，蘇美人逐漸簡化書寫的文字，同時也運用那些文字來溝通更複雜的想法和概念。他們發現，有時修改發音一樣、但容易呈現的字符，就可以用來替代難以呈現的字符。例如，「to」的象形圖可以由「two」的象形圖來改編，只要加上無聲符號（名為「限定符號」）以表示另類的意義就行了。蘇美人想出這種方法以後，開始發明代表語法結尾的符號，例如使用「shun」這個字的修改符號，來代表字尾的「-tion」。他們也使用類似的技巧，以短字來拼較長的字，就像有人寫「today」時，可能是結合「two」和「day」的字符一樣。到了公元前兩千九百年，這些創新使蘇美語的獨立象形圖從兩千個縮減至五百個左右。

隨著書寫文字變成更有彈性、更容易運用、更能進行複雜溝通的工具，泥板屋也得以擴大教學範圍，加入寫作和算術的教學，最後也加入天文學、地質學、礦物學、生物學、醫學等新興學術的專業詞彙——一開始沒有教原理，而是教詞彙表及意思[24]。學校也教一種實務理念，名為「智慧語錄」（wise sayings），那是從城中長者收集來的成功人生指南，措辭直率，內容務實，例如「別娶妓女」。那些語錄雖然稱不上是亞里斯多德那種哲理，但已經比數穀物和山羊進階了，是學術探究與教育機構的開端，後來創造出哲學領域以及科學的起源。

公元前兩千年左右，美索不達米亞的書寫文化又再次進化，這次是發展出一套訴諸於人類情感的學問[25]。考古學家從位於現今巴格達南部約九百六十六公里的考古遺址，挖出了一塊那個年代的石板，上面刻著目前為止發現最古老的情詩，內容是一位女祭司訴說著對國王的愛意。那些描述感情的文字如今看來仍像四千年前一樣明晰：

我鍾愛的新郎，
你那聖潔的俊美，如蜂蜜般甜美，
你令我神魂顛倒，我在你面前方寸已亂，
新郎，帶我進你的寢堂，
新郎，你已擄獲我心房，
告訴家母，她會請你享用佳餚；告訴家父，他會送你禮物。

那首詩出現後的數百年間，又出現另一項創新：以發音表達單字，而不是以意象來表達單字。這項創新大幅改變了書寫的性質，因為如此一來，符號是代表音節，而不是概念。那是從以前蘇美人使用的老技巧（例如以「shun」字代表「-tion」這個音節）所衍生出來的合理發展。我們不知道這項演進確切發生的時間或過程，不過可以想見，他們發明更精簡的書寫方式和大都會的貿易蓬勃發展有關，因為以象形圖來書寫商務通訊及交易紀錄想必很繁瑣，所以公元前一千兩百年出現了腓尼基文字[26]，為人類歷史上第一個重要的字母系統。以前需要記憶數百個錯綜複雜的符號，現在可以只用二十幾個基本符號組成各種文字。後來亞拉姆語（Aramaic）、波斯語、希伯來語、阿拉伯語，以及公元前八百年的希臘語，都是借用與改編自腓尼基字母。之後，又從希臘散播，傳遍了歐洲[27]。

＊＊＊

第一批出現的城市，除了需要閱讀和書寫以外，也需要數學的進步。我一直認為數學在人類心中有個特殊的地位，你可能會說：「是啊，就像膽固醇一樣。」數學確實有一些批評者，古往今來批評數學的人還不少。早在公元四一五年，奧古斯丁（Saint Augustine）就寫道：「其危險在於，數學家已和魔鬼立下契約，他們想暗化心靈，把人類侷限在地獄裡。[28]」激怒奧古斯丁的人可能是占星家和靈數學家，他們是那個年代暗黑數學的兩大使用者。不過，我的孩子雖然不像奧古斯丁那麼能言善道，我也聽過他們那樣批評數學。無論你喜不喜歡數學，數學與邏輯思考都是人類心靈的重要組成。

數千年來，人類把數學運用在許多領域上，因為數學就像科學一樣，如今的定義比較不是特定的學術，而是一種求知的方式——亦即一種推理方法，讓人運用嚴謹的邏輯來構思概念和假設，從而得出結論。不過，一般所謂的「最初數學」（first mathematics）並不是那個意思，就像蘇美人的書寫紀錄也不是莎士比亞那種寫作。

數學的創新發展

最早的數學很像我的孩子和其他學生在小學裡厭倦的那種數學：套用一些不太需要動腦的規則，以解決特定類型的問題。在美索不達米亞的第一批城市中，那些問題主要是涉及金錢、材料和勞力的追蹤；重量和度量衡的算法；單利和複利的計算——這些主題和促成書寫發展的日常事物一樣，都是都市社會運作所必要的[29]。

算術也許是數學中最根本的分支。即使是原始人，他們也有算術系統，雖然他們頂多只能用五根手指來計數。嬰幼兒似乎天生具有判斷物件數量的能力，雖然他們頂多只能數到四[30]。但是要進展到計數之外（計數是我們出娘胎沒多久就擁有的一套工具），則必須學習加減乘除，那是我們在嬰幼兒期及學齡前逐漸培養出來的技能。

第一批城市文明推出正式且詳盡的數學計算規則及方法，他們發明了使用未知數以解開方程式的方法，亦即我們今天所學的代數。相較於現代的代數，他們的代數非常粗略，但他們確實發展出一些做法（也許有數百種），以解開涉及二次和三次方程式的複雜算式。而且，他們不只把數學用於簡單的商務，也把數學方法套用在工程上。例如，挖掘運河時，巴比倫（美索不達米亞南部）的工程師會計算需要挖走的泥土量，然後除以一位挖掘者每天能挖的泥土量，從而算出需要多少勞力。在建造建築物以前，巴比倫的工程師也會做類似的計算，以判斷需要多少勞力和磚塊。

美索不達米亞雖有卓越的數學成就，但缺乏一個重要的實務面向。數學的運用是一門技藝，那門技藝的媒介是符號語言。數學的符號和方程式不像一般的語言，它們不只表達概念，也表達概念之間的關係。所以，如果數學裡有無名英雄的話，那應該是符號系統。好用的符號使關係顯得更加精確明顯，讓人更容易思考。糟糕的符號讓人的邏輯分析缺乏效率，難以處理。巴比倫的數學屬於後面那種，他們的做法和運算是以日常語言來表述。

例如，一塊巴比倫的泥板上列出了以下的計算：「長度是4，對角線是5，寬是多少？其尺寸

從海珊以前的避暑行宮所看到的古巴比倫遺址

大小不知，4乘4是16，5乘5是25，25減16剩9。幾乘以幾才能得出9？3乘3是9，所以寬度是3。」若以現代的符號表達，則寫成：$x^2 + 4^2 = 5^2$；$x = \sqrt{(5^2-4^2)} = \sqrt{(25-16)} = \sqrt{9} = 3$。巴比倫那種數學陳述方式有一大缺點，不只不夠精簡，也無法把代數規則套用在這種散文形式的算式去做運算。

符號系統的創新最早是出現在印度數學的古典時代，約公元五百年開始。那些印度數學家的發明極其重要，他們使用十進位系統，也發明了「零」這個數字，並提出「任何數字乘以零都是零」以及「任何數字加零都不變」的規則。他們也發明「負數」以代表負債，但是正如一位數學家所說的：「大家不認同」負數。最重要的是，他們使用符號來代表未知數。不過，最早的算術縮寫（以p代表「加」，m代表「減」）在十五世紀才引進歐洲[31]，等號是一五五七年發明的，那時牛津和劍橋的羅伯・雷科德（Robert Recorde）挑選了如今所使用的等號，因為他覺得兩條平行線最能表現出兩物相同（而且兩條平行線是印刷中既有的符號，印刷商不需要再鑄造新符號）。

目前為止，我把焦點放在數字上，但是史上第一批城市的思想家在「形狀」的數學方面也有重大進展，而且不只出現在美索不達米亞，也出現在埃及。埃及的生活集中在尼羅河，每年有四個月的時間河水會淹沒山谷，以肥沃的淤泥覆蓋土地，但是那也擾亂了地界線[32]。所以，每年土地經過洪水氾濫後，官員必須重新界定農民的土地及表面積，以作為徵稅的依據。由於這牽涉到很大的利害關係，埃及人發展出可靠、但有點複雜的土地面積（包括正方形、長方形、梯形、圓形），還有穀倉體積（包括正方體、長方體、圓柱體、其他形狀）的計算方式。「geometry」（幾何）一字就是源自那些土地勘測，那是希臘字，意指「土地測量」。

埃及人的幾何運用非常先進，早在公元前十三世紀，埃及的工程師就已經能夠在金字塔內平放一根十五公尺的梁木，誤差幅度僅一・八毫米[33]。但是，就像巴比倫人的算術和基礎代數，古埃及人的幾何也和我們今天的數學沒有多大的共通點。那是為了實務運用而發明出來的，不是為了滿足他們追求更深層真理的渴望。所以在幾何發展到物理學所需要的深度以前，它必須先從實務層面提升到理論層面。希臘人，尤其是歐幾里得，在公元前四世紀和五世紀時做到了這點。

算術的發展以及代數和幾何的進步，促成了數百年後科學理論的發展。但是現今我們想像連串的發明時，可能不太容易發現這其中少了一個步驟：任何人針對自然的「定律」提出理論以前，人類需要先發明「定律」的概念。

「律」的發明：從農夫到行星都受支配

卓越的技術進步出現很大的分歧時，很容易被視為革新。但是新的思維模式、新的求知方式可能不是那麼顯著。有一種思維模式的起源，我們很少認真去想過：定律的本質。

如今我們把科學定律的概念視為理所當然，但是就像許多的卓越創新一樣，科學定律是發明了以後才變得顯而易見。像牛頓那樣，把自然和直覺的運作都看成作用力與反作用力（亦即不是以獨立事件來思考，而是以行為的抽象型態來思考），是人類發展的一大進步。那是一種緩慢演變的思維方式，其根源不是來自於科學，而是來自於社會。

如今所謂的「定律」有許多不同含意。科學定律是描述物體的行為，但沒有解釋為什麼物體會依循那樣的定律。石頭或行星並沒有動機去依循定律運作，違反定律也不會受到懲罰。相反的，在社會與宗教領域，法律不是描述人類的行為，而是描述他們**該有**的行為，而且法律也會提出守法的理由——為了成為好人或避免受罰。這兩種情況都使用了「律」（law）這個字，但如今這兩個概念幾乎沒什麼共通點。不過，「律」的概念剛出現時，並沒有區分人類的法律及無生物領域的定律。當時大家認為無生物是受到定律的支配，就像宗教和道德規範約束人類那樣。

「律」的概念源自於宗教[34]，美索不達米亞的古人環顧四周時，他們看到差點陷入混亂的世界，多虧喜歡秩序的神祇介入，才免於陷入混亂[35]。這些很像人類的神跟我們一樣，也會憑著情緒和衝動行事，常干預凡人的生活。幾乎什麼東西都有掌管的神，所以神祇數量多達數千種，包括釀酒神、農民神、書記神、商人神、匠人神、牲畜圍欄神等等；還有惡神，例如引發傳染病的病魔、使幼童夭折的女煞星等等。每個城邦不僅有自己的主神，還有一群從屬的神，扮演守門人、園丁、使節、理髮師等角色。

膜拜這些神祇，就表示他們也接受正式的道德規範。我們很難想像沒有法律系統保護的生活是什麼樣子，但是在城市興起之前，四處遷徙的人類並沒有正式的法律規範。當然，大家都知道什麼行為受到歡迎，什麼行為會遭到譴責，但是行為規則並沒有摘錄成「汝不可殺人」之類的法令。行為不是由法典所管轄，而是因為他們在意別人的看法，或是害怕勢力更強大的人來報復而自我約束。

不過，美索不達米亞的神會提出具體的道德要求，規定信眾必須遵循正式的規則，例如「幫助他人」、「不在河川嘔吐」。這是至高權力提出正式法律的首例[36]，而且神祇也不會縱容違法的行為，據說名叫「高燒」、「黃疸」、「咳嗽」之類的惡神會懲罰違法的人，使他們生病或死亡。

神祇也會透過城市裡的世俗統治者來運作，那些統治者的威權是來自他們與神的關係。公元前十八世紀第一個巴比倫帝國建立時，出現了大致上統一的自然神學理論，由一個超然的神來制訂法律，以規範人類及無生物界的行為[37]。那套規範人民的民法和刑法稱為漢摩拉比法典（Code of Hammurabi），是以當時巴比倫國王的名字來命名，大神馬杜克（Marduk）指示他：「使正義廣被四方，消滅邪惡與作惡者。」

漢摩拉比法典是在公元前一七五〇年漢摩拉比過世前約一年頒布的，這部法典並非民權的典範，因為上層階級和皇室享有從寬處理與較大特權，可以買賣、甚至殺死奴隸。但是法典中確實包含正義的規則，它就像一千年後出現的摩西五經（Torah）那樣，主張以牙還牙、以眼還眼。例如，漢摩拉比法典規定，行搶遭逮應處以死刑；趁火打劫應處以火刑；「聖妓」開酒館應遭焚死；因「太懶」而未築堰堤以防止洪患者，必須賠償洪水破壞的玉米；向神發誓「幫人代管金錢時遭搶」，就不必償還那筆金錢[38]。

漢摩拉比法典的法律條文是刻在一塊二．四米高的黑色玄武岩上，顯然是為了讓大眾瀏覽與參考。一九〇一年，那塊黑色玄武岩出土，如今陳列在羅浮宮。它不像金字塔那樣是宏偉的實體成就，卻是非常重要的智慧成就，試圖建構一套秩序和理性，以規範巴比倫社會的一切社交互動，舉凡商業、金錢、軍事、婚姻、醫療、道德等等。截至目前為止，那是統治者為人民制訂全套律法的最早實例。

我說過，一般認為大神馬杜克不僅統治人民，也管控自然運作。他為人民制訂法律，也為星辰制訂法律。所以相對於漢摩拉比法典，據說馬杜克也為**自然**制訂了一套法典。那套管控無生物界的法典，構成了第一套科學定律，是描述自然現象的運作[39]。不過，那和現代的自然定律不同，因為它只是含糊指出自然界**如何**運作，就像漢摩拉比法典那樣，是馬杜克**下令**自然必須遵循的命令與律法。

自然必須像人民那樣「遵守」法律的概念，持續了上千年。例如，古希臘卓越的自然哲學家阿那克西曼德（Anaximander）指出，萬物都是源自於原始物質，也回歸於原始物質，以免他們必須根據「時間順序為自己的罪孽支付罰款及受到制裁」[40]。同樣的，古希臘哲學家赫拉克利特（Heraclitus）

也指出：「太陽不會逾越其本分，否則正義女神會找到他並加以懲罰。[41]」事實上，「astronomy」（天文）一字的字根是希臘字*nomos*，意指人類的「法律」。直到十七世紀初，德國天文學家克卜勒（Kepler）提出克卜勒定律，「律」這個字才開始出現現代的用法，意指根據觀察所得出的通則，描述某種自然現象的行為，但不指定其目的或動機。不過，那個概念不是突然轉變而來的，因為儘管克卜勒偶爾會寫數學定律，連他也相信上帝下令宇宙遵循「幾何之美」的原則。他解釋，行星的移動可能是源自於行星的「意念」感應到它運行的角度並計算軌道[42]。

* * *

歷史學家艾德加．齊爾澤（Edgar Zilsel）專門研究科學定律的思想史，他寫道：「人類似乎想以社會的型態來詮釋自然。[43]」換句話說，我們之所以構思自然定律，似乎是因為先天就想瞭解個人的存在，而我們的經驗以及成長的文化環境影響了我們接觸科學的方法。

齊爾澤發現，每個人都會構思故事以描述自己的人生，我們會從學習及經驗中拼湊故事，從而對自我形象以及自己在宇宙中的地位產生一種見解。所以，我們會得出一套法則來描述自己的世界及人生的意義。例如，在二次大戰以前，主宰我父親人生的定律促使他預期社會是正派的，法院是公正的，市場供應食物，上帝提供保護。這是他的世界觀，他深信不疑，就像看過自己的理論通過一切檢測的科學家那麼篤定。

但是，儘管恆星和行星之間相互牽引了數十億年，在人類的世界裡，定律可能在幾小時內就徹底翻盤。一九三九年九月，我父親和無數同胞就是經歷了那種情況。幾個月前，我父親才剛在華沙修完時尚設計的課程，買了兩台新的德國縫紉機，在隔壁的公寓租下一個小房間，開了一家裁縫店。接著，德軍入侵波蘭。九月三日，德軍挺進他的家鄉琴斯托霍瓦（Częstochowa）。占領軍很快就發布一系列的反猶太政令，沒收任何有價值的東西，包括珠寶、汽車、收音機、家具、金錢、公寓，甚至連兒童玩具也不放過。猶太學校遭到取締及關閉，成年人被迫配戴「大衛之星」以示其猶太身分。有些人在街上莫名其妙被抓去強制勞動，有些人遭到瘋子隨意開槍擊斃。

摧毀那個實體世界的力量，也永遠改變了依賴那個世界的心靈與情感。可悲的是，大屠殺發生以前及以後，同樣的故事也以不同的規模重複上演了好幾次。所以，如果我們對科學定律的概念是來自親身的體驗，這也難怪人類從古至今大部分的時間都很難想像世界竟然是由簡潔、絕對的規律所支配的。那些規律不會突然改變，也沒有目的，更沒有神的介入。

即使現在距離牛頓提出那一套重要的定律已經很久了，許多人依然不相信那些定律適用於全宇宙。不過，數百年來的進步已經肯定科學家是對的，他們發現物理定律和人類法律是依循截然不同的模式。

愛因斯坦七十六歲時（死前九年），曾如此形容他畢生對宇宙物理定律的追尋：「遠方有個龐大的世界，獨立於人類世界之外，在我們的面前猶如一大永恆之謎，其中至少有部分是我們可以觀察與思考的。思索這個世界有如一種解放……通往這塊樂土的道路已經證明是真實可信的，我從來不後悔選了它。[44]」就某種程度來說，我覺得我父親晚年也從那樣的思維中，找到了類似的「解放感」。

對人類來說，破解那個永恆之謎是一條漫漫長路，烏魯克正處在那條長路的起點。近東的初始文明奠定了知識生活的基礎，並創造出一個「思想家」（thinker）的階級，從而發明了數學、書寫文字，以及定律的概念。人類心智成長的下一步是發生在希臘，離近東約一千六百多公里遠。偉大的希臘奇蹟催生了數學證明的概念，科學和哲學等學科，以及如今所謂的「理性」概念——比牛頓早了約兩千年。

第五章 理性

公元前三三四年，二十二歲的希臘馬其頓國王亞歷山大（Alexander）在漫長的戰役之初，領導驍勇善戰的公民戰士橫越達達尼爾海峽（Hellespont），以征服廣大的波斯帝國。我在撰寫本書之際，也有一個二十二歲的兒子，名叫亞歷克賽（Alexei），這個字和亞歷山大有同樣的希臘字根。有人說現在的孩子長得比以前快，但我實在無法想像我兒子領導一群驍勇善戰的希臘戰士到美索不達米亞對抗波斯帝國。很多古代的故事描述這位年輕的馬其頓國王如何戰勝敵軍，那些故事大多提到他嗜酒成性。無論他是如何成功的，總之他領軍長征，一路遠達開伯爾山口（Khyber Pass），甚至遠抵山口之外。他三十三歲過世時，短暫的人生已創下足夠的豐功偉業，所以此後以「亞歷山大大帝」之名流傳於世。

亞歷山大入侵時，近東地區散布著像烏魯克那樣已存在數千年的城市。為了讓讀者大致上有個概念，如果美國存在的時間像烏魯克那麼久，我們現在的總統大約是第六百任。

在亞歷山大征服的那些古老城市裡穿梭，想必會讓人產生敬畏之心，因為四周都是雄偉的宮殿，以特殊渠道灌溉的廣闊花園，宏偉的石砌建築，梁柱上雕滿了鷲頭飛獅和公牛。這些城市都是活力盎然的複雜社會，完全沒陷入衰頹狀態。但征服他們的希臘語系世界在智識上已經超越了他們的文化，年輕的馬其頓國王就是最佳典範，亞里斯多德是他的私人教師。

亞歷山大征服美索不達米亞後，「希臘的一切都比較優越」的想法迅速傳遍了整個近東地區[1]。孩童向來是文化轉變的先鋒，他們開始學希臘語，背誦希臘詩歌，學習摔角運動。希臘藝術開始在波斯流行了起來，巴比倫的祭司貝羅索斯（Berosus）、腓尼基人桑楚尼亞松（Sanchuniathon）、猶太人弗拉維奧．約瑟夫斯（Flavius Josephus）都寫下其民族的歷史，以顯示他們與希臘的想法相容不悖。連稅法也希臘化了，他們開始以較新的希臘字母記錄稅收，並寫在紙莎草紙上，而不是在泥板上刻楔形文字。但亞歷山大所帶來的希臘文化中，最大的優點和藝術或行政管理毫無關係，而是亞里斯多德親自傳授給他的知識：以一種新的理性方法探索世界，那是人類思想史上的一大轉折。亞里斯多德前面幾代的科學家和哲學家已經開始質疑有關宇宙的古老真理，他則是以他們的概念為基礎，進一步發揚光大。

農作歉收與神明怒火

在古希臘早期，希臘對自然的瞭解其實和美索不達米亞沒有多大的差異，他們可能把惡劣的天候解釋成宙斯消化不良。農民歉收時，一般人會認為是因為神明發怒了。也許他們沒有創世神話宣稱「地球是花粉熱之神打噴嚏的飛沫做成的」，但說不定他們真的有那種神話，畢竟在書寫發明後的一千年間，人類記下的文字裡充滿了各種天馬行空的故事，描述著世界是怎麼來的，以及哪些外力支配著世界。那些故事有一個共通點：一個神祕莫測的天神從某種無形的虛無中，創造出渾沌的宇宙。「chaos」這個字源自於希臘文中的虛無，據說是宇宙創造出來之前的狀態。

即使宇宙創造出來以前，一切都是渾沌的；宇宙創造出來以後，希臘神話裡的神祇似乎也沒花什麼心力去治理出任何秩序。閃電、風暴、乾旱、洪水、地震、火山爆發、蟲害、意外事故、疾病等等災害以及許多瘟疫重創人類的健康和生命。神明自私自利、變幻莫測、反覆無常，世人覺得神經常發怒或粗心大意而導致災難，凡人只能任憑擺佈。這是最原始的宇宙理論，並在希臘一代接一代口述流傳。後來，公元前七百年左右，書寫傳到希臘約一百年後，荷馬和赫西俄德（Hesiod）終於把這些故事寫下來。從此以後，成為希臘教育的主要內容，並變成歷代思想家普遍接納的智慧[2]。

如今的科學思想有悠久的歷史，生活在現代社會的我們都是受惠者，可能很難理解古人為什麼會那樣看待自然。我們覺得自然的架構和秩序是顯而易見的道理，但古人也覺得神明掌控一切很理所當然。如今，我們的日常活動都有計量圖表並記錄時間；土地有經緯度的標示；地址有街名和門號。今天，股市要是下跌了三點，專家會提出解釋，例如投資人擔心通膨而導致股市下降。當然，另一個專家可能會說那是中國發展造成的，第三個專家可能說是太陽黑子出現異常的活動。無論對錯，我們預期那些解釋都是以因果關係為基礎。

我們希望世界呈現因果關係及秩序，因為那是我們文化中根深柢固的觀念，是我們根本的認知。不過，古人跟我們不同，他們缺乏數學與科學的傳統，所以難以理解或接受現代科學的概念架構——例如精確的數字預測、反覆實驗應得出一樣的結果、以時間作為追蹤事件發展的參數等等概念。對古人來說，自然似乎是由混沌所主宰，相信宇宙受到物理定律的支配實在太奇怪了，就像我們也覺得他們那些瘋狂任性的天神故事難以置信一樣。（距今一千年後的史學家，看到我們視如珍寶的理論時，或許也會有類似的看法。）

為什麼自然應該是可預測的？應該是可用人類發現的概念加以解釋的？愛因斯坦發現空時連續區可能扭曲成椒鹽卷餅的形狀時，也許不會太驚訝，不過他得知「自然界有秩序可言」這個簡單的事實時，卻相當震驚。他寫道：「我們預期世界是混沌的，是心智無論如何都無法理解的。[3]」但是他接著又寫道，事實與他的預期相反，「宇宙最令人費解的是，它竟然是可以理解的。[4]」

牛不會明白使牠們站在地上的力量，烏鴉也不懂讓牠們飛行的空氣動力學。愛因斯坦的那句話顯現出一個重要又獨特的**人類**觀察：秩序主宰著世界，支配自然秩序的規則不必用神話來解釋。那些規則是可知的，而且人類有能力去解析自然的藍圖，那是世間萬物中獨一無二的能力。那番領悟也帶來了深遠的影響，因為既然我們能解析宇宙的設計，就能運用那些知識來瞭解我們在宇宙中的地位。我們可以想辦法利用自然去創造產品和科技，讓生活變得更好。

這種接觸自然的理性方法出現於公元前六世紀，當時有一群革新的思想家住在愛琴海沿岸的大希臘地區（愛琴海是分隔現今希臘和土耳其的地中海大海灣）。比亞里斯多德早幾百年前，佛陀為印度帶來新的哲學傳統，孔子也為中國帶來新的哲理，約莫同一時間，前述那些希臘最早的哲學家也為希臘帶來革新的觀點，他們認為宇宙是有秩序的，不是隨機的——是有序的宇宙（Cosmos），而不是混沌的（Chaos）。這個觀念轉變極其深遠，從此以後徹底改變了人類的認知。

這些前衛的思想家來自一片充滿葡萄園、無花果園、橄欖樹、繁榮大都會的神奇土地[5]。那些城市位於河流入海的海口與灣口，是通往內地的道路起點。希羅多德（Herodotus）描述，那是一片樂土，「空氣與氣候都是全世界最美好的」，名為愛奧尼亞（Ionia）。

希臘人在如今的希臘大陸及義大利南方建立了許多城邦，但它們其實只是鄉野。希臘文明的中心是土耳其的愛奧尼亞，在哥貝克力石陣和加泰土丘西方僅距幾百英里。希臘啟蒙的先鋒是在米利都（Miletus）[6]，緊鄰著拉特夢斯灣（Gulf of Latmus），可直通愛琴海和地中海。

希羅多德指出，公元前一千年以前，米利都一直是邁諾安（Minoan）的後裔卡里亞人（Carians）定居的小地方。公元前一千年左右，來自雅典及其附近的士兵侵入該區。公元前六百年，新的米利都變得像古代的紐約市那樣，吸引希臘各地窮苦勤奮的難民前來尋求更好的生活。

在幾百年間，米利都的人口暴增至十萬人，發展成財富與奢華的中心，變成愛奧尼亞最富有的城市，更是整個希臘世界中最富裕的城市。米利都的漁民可從愛琴海捕獲大量的鱸魚、紅鯔魚和貽貝。農民可從肥沃的土壤採收玉米和無花果（那是希臘人唯一懂得長期保存的水果），果園裡栽種橄欖，可供食用及榨油，是古希臘人的奶油、肥皂兼燃料。此外，由於從米利都可以直接出海，那裡也成了貿易重鎮。米利都的人民從數十個殖民地把麻、木材、鐵、銀等物資運來希臘，有些甚至是遠從埃及運來。技藝精湛的手工藝者製作陶器、家具和毛織品，接著再透過船運，把成品外銷到其他地方。

但米利都不僅是商品交易中心，也是知識分享中心。來自數十種文化的外地人在那裡認識及交流，米利都人也周遊四方，接觸到許多不同的語言和文化。所以當地居民為了鹹魚討價還價時，不同的傳統在此相遇，不同的迷信也在此相互衝擊，創造出接納新思維及培養創新文化的開明風氣，尤其是質疑傳統理念的意願。更重要的是，米利都的財富也創造出休閒，有了休閒就有餘裕去思考存在的議題。所以，在匯集多種有利的條件下，米利都變成先進的國際樂土及學術中心，創造出思想改革所需的一切要素。

米利都，乃至於後來更廣大的愛奧尼亞，就是在這種環境下孕育出一群思想家。他們開始質疑流傳數千年的宗教以及與自然有關的神話。那些人猶如那個年代的哥白尼和伽利略，是哲學與科學的重要先驅。

亞里斯多德指出，這群學者中的第一人是泰勒斯（Thales），生於公元前六二四年左右。據說，許多希臘的哲學家生活貧困，如果古代和現代有點類似的話，那麼即使是**知名**的哲學家，換個工作（例如在路邊賣橄欖）也許可以過更好的生活。不過，泰勒斯是例外，他是精明富有的商人，有很多本錢可以思考。據說他的致富方式是壟斷橄欖油的市場，接著再大幅提高油價，猶如單人版的石油輸出國家組織（OPEC）。據傳他也深入參與米利都的政壇，跟當地的獨裁者色拉西布洛斯（Thrasybulus）過從甚密。

泰勒斯運用其財富到處旅行。在埃及，他發現埃及人雖有建築金字塔的專業，卻不懂得測量金字塔的高度。不過，前面提過，埃及人已經開發出一套新的數學規則，以便判斷土地面積，作為徵稅的依據。泰勒斯改編了埃及的幾何算法，以計算金字塔的高度。他也示範如何運用那些方法來判斷海上船隻的距離，這使他在古埃及變成了名人。

泰勒斯回希臘時，也把埃及的數學帶回希臘，並把數學的術語轉譯成他的母語。但是幾何學到了泰勒斯的手中，不再只是測量和計算的工具，而是由邏輯推理串連起來的定理。他是第一個證明幾何真理的人，不是只提出看似可行的事實結論[7]。日後偉大的幾何學家歐幾里得把泰勒斯的一些定理收錄到他的《幾何原本》（*Elements*）中。不過，即使泰勒斯的數學觀點很了不起，真正讓他出名的是，他解釋實體世界的現象時所採用的方式。

在泰勒斯的眼中，自然不是神話，而是依循科學原理運作的，那些原理可以用來解釋和預測以前歸因於神祇干預的種種現象。據說他是第一個瞭解日食原因的人，他也是第一個主張月亮發光其實是反射日光的希臘人。

泰勒斯即使論點錯了，他的思維和概念的原創性也相當驚人。以他對地震的解釋為例，那個年代的人覺得地震是海神波賽頓發怒，拿三叉戟怒插地底所致。但泰勒斯提出當時聽起來想必很古怪的看法：地震和神祇無關。他的解釋跟我從加州理工學院的地震學家所聽來的解釋截然不同，他認為整個世界是一個半球狀，浮在無盡的海域上，地震是海水晃動所造成的。不過，泰勒斯的分析很有創見，因為他試圖解釋地震是一種自然過程的結果，而且他也以實證和邏輯的論據來佐證論點。或許最重要的是，他把焦點放在為什麼會發生地震上。

一九〇三年，詩人萊納．瑪利亞．里爾克（Rainer Maria Rilke）給一名學生的建議，不僅適用於寫詩，也適用於科學，他寫道：「耐心面對你心中未解的一切，試著去愛那些問題，體驗那些問題。」[8] 科學中最實用的技巧，是問對問題的能力（在商業上也是如此）。我們幾乎可以說，泰勒斯發明了「提出科學問題」的概念。他探索任何領域時（包括天堂），都會看到需要解釋的現象，他的直覺促使他去思考那些現象，最後終於揭開了自然界基本運作的奧祕。他不僅問有關地震的問題，也問地球的規模和形狀、夏至和冬至的日期、地球和太陽及月亮的關係——這些問題在兩千年後，促使牛頓發現了萬有引力和運動定律。

亞里斯多德肯定泰勒斯的創見是歷史上的一大革新，他稱泰勒斯以及後來愛奧尼亞的思想家是第一代的物理學家（*physikoi*）——亞里斯多德認為他也屬於這個類別，我也以身為物理學家為榮。*physikoi* 這個字來自希臘文的 *physis*，意指「自然」。亞里斯多德以 *physikoi* 這個字來代表那些為各種現象尋求「自然解釋」的人，以便和尋求「超自然解釋」的神學家（*theologoi*）有所區別。

不過，亞里斯多德比較沒那麼欣賞另一個激進的團體：運用數學為自然建構模型的人。那方面的創新要歸功於泰勒斯後代的思想家，他們生活在離他不遠的愛琴海薩摩斯島（Samos）上。

觀看世界的新架構

有些人的工作是努力瞭解宇宙運作的方式，有些人還不太懂代數。在泰勒斯那個年代，前者和後者是同一群人，因為當時還沒發明我們現在所理解的代數和數學。

對現在的科學家來說，想瞭解自然但不用方程式，就像聽到伴侶說「我很好」卻試圖瞭解其感受一樣。數學是科學的語彙，是傳達理論概念的方式。科學家可能不見得很會使用語言來傳達心裡的想法，但他們很擅長以數學來傳達理論。數學這個語言讓科學可以更深入地鑽研理論，而且比一般的語言更有洞見，也更精準，因為數學是內建推理和邏輯規則的語言，可以持續地延伸意義，有時能以相當出乎意料的方式展開及產生迴響。

詩人以語言來描述他們的觀察；物理學家則是以數學來描述。詩人完成一首詩時，任務就完成了。物理學家寫完數學「詩」時，任務才剛開始而已，他必須接著使用數學解法和定理，讓那首數學詩展露出作者可能從未想過的自然啟示。因為方程式不僅具體表達了概念，也讓有足夠技能和毅力去解開方程式的人瞭解概念的結論。那就是數學語言的用處：它促進了物理原理的**表達**，闡述它們之間的**關係**，引導人類進行相關的**推理**。

不過，公元前六世紀初，沒有人知道這些。那時人類還不知道數學可以幫我們瞭解自然的運作，希臘數學的始祖畢達哥拉斯（Pythagoras，公元前五七〇－四九〇年左右）是第一個幫我們運用數學來瞭解科學概念的人。畢達哥拉斯是「哲學」（philosophy）一詞的發明者，也是世界各地中學生咒罵的對象，現代的學生為了學會解開畢氏定理 $a^2 + b^2 = c^2$ 而傷透了腦筋。

畢達哥拉斯這個名字在古代不僅和天才有關，還帶有一種神奇及宗教的光環[9]。他在當時的地位，就相當於愛因斯坦，不僅是物理學家，而且還是教宗。後代許多作家讓我們閱讀到很多畢達哥拉斯的相關資訊和傳記。但是到了公元一世紀，那些故事已經變得不太可靠。一些居心叵測的宗教和政治動機，導致作家扭曲了他的想法，也膨脹了他的歷史定位。

不過，有一件事似乎是真實的：畢達哥拉斯在薩摩斯島成長（薩摩斯與米利都相隔著海灣）。此外，古代的傳記作家也都認同，他在十八到二十歲之間曾經造訪泰勒斯，那時泰勒斯已經很老了，不久人世。泰勒斯知道自己年歲已大，智識大不如前，還為此致歉。不過，無論泰勒斯傳授了什麼，畢達哥拉斯離開時都覺得受惠良多。多年後，大家有時會看到他坐在家裡，歌頌著已故的恩師。

畢達哥拉斯和泰勒斯一樣遊歷廣博，可能曾經去過埃及、巴比倫和腓尼基。他四十歲時離開薩摩斯島，覺得島上僭主波利克拉特斯（Polycrates）統治的生活令他難以忍受，所以移居克羅頓（Croton，現在的義大利南部）。他在那裡吸引了許多追隨者，據說他也在那裡頓悟了實體世界的數學秩序。

沒有人知道語言最早是如何發展出來的，雖然我一直想像有一些穴居人不小心踢到東西時，會不由自主地「啊」一聲，有人因此心想：「用這種方式來表達感覺挺新奇的。」不久之後大家就開始說話了。數學這種科學語言的源起也有一點神祕，但至少還有一個傳說可以解釋其由來。

根據傳說，某天畢達哥拉斯走過一家鐵匠鋪時，聽到鐵匠的打鐵聲。他注意到不同錘子打鐵的音調有一種模式。畢達哥拉斯跑進鐵匠鋪裡，親自實驗不同的錘子，發現音調不同和打鐵的力道無關，也和錘子的形狀無關，而是和錘子的大小或重量有關。

畢達哥拉斯回家以後繼續實驗，他不是實驗錘子，而是實驗不同長度和張力的琴弦。他像其他的希臘青年一樣，曾經學過音樂，尤其是長笛和豎琴。當時希臘的樂器是憑猜測、經驗和直覺做出來的東西。不過，據說，畢達哥拉斯在實驗中發現了主宰弦樂器的數學定律，那可以用來界定琴弦長度及其音調之間的精確關係。

如今我們說到「畢氏關係」時，知道音調頻率和弦長是成反比。例如，某條弦撥動時會發出某個音，壓著弦的中點會發出高八度的音，亦即頻率加倍了。壓住四分之一的地方，音調又會再飆高八度，使頻率變為原來的四倍。

畢達哥拉斯真的發現那個關係嗎？其實沒有人知道有關畢達哥拉斯的傳說有多少真實度。例如，他可能**沒有**證明出困擾中學生的「畢氏定理」，據信那是他的追隨者率先**證明**出來的，但那個公式其實已經**存在**數百年了。無論如何，畢達哥拉斯的實際貢獻不在於推導出任何具體的定律，而在於推廣「宇宙是由數學關係所建構起來」的概念。他對後人的影響不是來自於發現自然中的數學關係，而是來自於頌揚那些關係。誠如古典學家卡爾．霍夫曼（Carl Huffman）所言，畢達哥拉斯之所以重要，「是因為他對數字的重視，而且他把數字的焦點從交易的實用領域，轉移到數字運算和事物運作之間的對應關係。[10]」

泰勒斯認為，自然的運作是依循有條理的規則；畢達哥拉斯則進一步主張，自然的運作是依循**數學的**規則。他鼓吹數學定律是宇宙的根本真理，畢達哥拉斯學派認為數字是現實的本質。

畢達哥拉斯的概念對後來的希臘思想家（尤其是柏拉圖）及整個歐洲的科學家和哲學家有深遠的影響。不過，希臘所有的理性倡導者，以及認為宇宙可透過理性分析來瞭解的偉大學者中，對未來的科學發展影響最大的人，不是發明方法的泰勒斯，也不是引進數學的畢達哥拉斯，甚至不是柏拉圖，而是柏拉圖的學生，亦即後來指導亞歷山大大帝的亞里斯多德。

* * *

亞里斯多德（公元前三八四－三二二年）生於希臘東北部的小鎮斯塔基拉（Stagira），其父是亞歷山大大帝的祖父阿明塔斯國王（King Amyntas）的御醫。亞里斯多德年幼時失去雙親，十七歲被送到雅典的柏拉圖學苑（Plato's Academy）求學。柏拉圖以後，「學苑」（academy）這個字意指學習的地方，但是在那個年代，那只是雅典郊外某個公園的名稱，裡面有許多樹木，柏拉圖和弟子喜歡聚在樹下討論，亞里斯多德在那裡待了二十年。

公元前三四七年，柏拉圖過世，亞里斯多德離開了學苑，幾年後成為亞歷山大的私人教師。沒有人知道腓力二世為什麼會選擇亞里斯多德當他兒子的教師，畢竟當時亞里斯多德尚未成名。不過，對亞里斯多德來說，擔任馬其頓王儲的老師想必是不錯的差事。他可以獲得豐厚的薪酬，後來亞歷山大征服波斯及大半個世界時，他又可以獲得其他的好處。但是亞歷山大繼位後，當時快五十歲的亞里斯多德便回到了雅典，他以十三年的時間寫出大部分的作品，再也沒見過亞歷山大。

亞里斯多德教的科學，可能和他從柏拉圖那裡學到的科學不一樣。亞里斯多德是學苑裡的資優生，但是柏拉圖對數學的重視總是令他覺得不太自在。他比較偏好細膩的自然觀察，而不是抽象的定律——這和柏拉圖主張的科學以及如今的科學都大不相同。

「改變」的奧祕

我讀高中的時候，非常喜歡化學和物理課。父親看我對這兩科那麼感興趣，有時會要求我解釋那些科學給他聽。我父親生於貧寒的猶太家庭，家人只能送他到當地的宗教學校就讀，他獲得的教育比較偏重猶太教的理論，而不是科學理論。由於他只讀到七年級，所以要對他解釋科學並不容易。

一開始，我說物理學主要是在研究一件事：改變。我爸聽了以後，沉吟了一會兒，接著哼了一聲，告訴我：「你根本對改變一無所知，你年紀還小，從未經歷過改變。」我反駁說，我當然經歷過改變，但他回了我一句猶太俗語，聽起來是在罵我駑頓或白癡（端看你對猶太俗語的容忍度而定），接著他又說：「**改變**有兩種。」

我就像一般的青少年一樣，不理會他的說法。我說，在物理學裡，改變沒有兩種，就只有一種。事實上，我們或許可以說，牛頓對當今物理學的最大貢獻，是他發明了一種統一的數學方法，可以用來說明**所有的**改變，無論改變是什麼性質的。亞里斯多德的物理學源自於雅典，比牛頓早了兩千年，他的物理學是以比較直覺、不太數學的方式來理解世界，我覺得那是我父親比較容易理解的方式。所以，為了以更簡單的方式向我父親解釋，我開始閱讀亞里斯多德的「改變」概念。經過一番努力後，我才知道，儘管亞里斯多德是說希臘語，不懂半句猶太語，但他的基本理念正是：「改變有兩種。」

對我父親來說，第二種改變是指納粹入侵時，他經歷過的那種「非自然改變」。把改變分成「一般或自然改變」以及「非自然改變」，那種分法和亞里斯多德一樣：他認為我們在自然界中看到的轉變，都可分為自然改變或非自然改變。

拉斐爾的壁畫：亞里斯多德與柏拉圖（左）的畫像

在亞里斯多德的理論中，自然改變是來自**物件的內部**[11]。換句話說，自然改變的起因是自然或物件固有的。例如，以所謂的「運動」（位置的改變）為例，亞里斯多德認為一切都是由四個基本元素排列組合而成：土、氣、火、水，這四種元素先天就會流動。亞里斯多德主張，岩石滾向地面，雨水落入海洋，是因為土地與海洋是那些物質的自然歸宿。要讓岩石飛起來，需要外部的干預，但岩石崩落時，是依循其固有的性質，進行「自然」的移動。

在現代物理學中，我們不需要解釋物件為什麼會靜止，或物件為什麼會以固定的速度和方向等速運動。同樣的，在亞里斯多德的物理學中，也沒必要解釋為什麼物件會自然移動——為什麼土和水組成的東西會降落，或者為什麼氣和火會上揚。這個分析反映出我們在周遭世界看到的現象：氣泡在水中浮起，火焰似乎往上燃燒，巨大的物體從空中掉落，海洋覆蓋在土地之上，大氣飄在萬物之上。

對亞里斯多德來說，運動就只是多種自然流程之一，就像成長、腐爛、發酵一樣，那一切都是受到同樣的原理所支配。他把各種自然改變（木頭的燃燒、人的老化、鳥的飛翔、橡實的掉落）都視為內在潛力的實現。在亞里斯多德的信念體系中，自然變化是驅動我們日常生活的力量。那是我們不會去注意的改變，我們已經習以為常了。

但有時候事件的自然改變會受到干擾，有外力強加在那個移動或改變的過程上。石頭拋向空中、葡萄藤從土裡拔起、宰殺雞來當食物、你丟了工作、或是法西斯分子占領大陸等等就是這種情況。這種改變就是亞里斯多德所謂的「非自然」改變。

根據亞里斯多德的理論，在非自然改變中，物件改變或移動的方向違背了它的本質。亞里斯多德想理解這種變化的原因，所以他為它取了一個術語：「力」（force）。

亞里斯多德的「非自然改變」原理，就像他的「自然改變」概念一樣，與自然界看到的現象相互呼應。例如，墜子會自己落下，但是要讓它往其他的方向移動，例如向上或向旁邊移動，則需要施力。

亞里斯多德的改變分析很了不起，因為即使他看到的環境現象和同年代的其他思想家一樣，但他懂得以前所未有的細膩方式，實地觀察人類生活及自然界的改變。他試圖發現各種不同改變的共通點，所以研究事故的起因、政治的動態、牛拖著重擔的移動、雞胚胎的成長、火山爆發、尼羅河三角洲的改變、陽光的性質、熱氣的上升、行星的移動、水分的蒸發、多胃動物的食物消化、東西熔化和燃燒的方式。他也會解剖各種動物，有時甚至遠超過動物的保質效期，即使有人抗議那些動物的腐敗臭味，他也只是一笑置之。

亞里斯多德想為改變創造出一套系統化的理論，他稱之為物理（Physics），這也讓他和泰勒斯的遺澤產生了關連。他的物理範圍很廣，包括生物和無生物、天上與地上的各種現象。他研究了多種改變的類別，如今那些改變各自發展成科學底下的不同學科，例如物理學、天文學、氣候學、生物學、胚胎學、社會學等等。事實上，亞里斯多德是多產的作家，更是名副其實的單人版維基百科。在有史以來從未診斷出強迫症的人中，他的研究最為詳盡。古代的紀錄顯示，他總共推出一百七十部學術著作，其中約有三分之一保留至今，包括《氣象學》（*Meteorology*）、《形而上學》（*Metaphysics*）、《倫理學》（*Ethics*）、《政治學》（*Politics*）、《修辭學》（*Rhetoric*）、《詩學》（*Poetics*）、《論天體》（*On the Heavens*）、《論生滅》（*On Generation and Corruption*）、《論靈魂》、（*On the Soul*）、《論記憶》（*On Memory*）、《論睡眠與失眠》（*On Sleep and Sleeplessness*）、《論夢》（*On Dreams*）、《論預言、長壽、年幼與年老》（*On Prophesying, Longevity, Youth and Age*）、《論動物的歷史與結構》（*On the History and Parts of Animals*）等等。

他以前的學生亞歷山大繼續征服亞洲之際，亞里斯多德則是回到雅典，建立名為「萊西姆學苑」（Lyceum）的學校。在那裡，他沿著公共步道或在花園裡漫步時，會教導學生多年來他學到的東西＊。他是優秀的教師，也是卓越又多產的自然觀察家。不過，他研究知識的方式和如今所謂的科學大不相同。

常理的束縛

哲學家伯特蘭・羅素（Bertrand Russell）指出，亞里斯多德是「第一位寫作像教授的人……他是專業的老師，不是受到啟發的先知。」[12] 羅素說，亞里斯多德是「以常理稀釋的」柏拉圖。的確，亞里斯多德很重視那個特質，多數人都是如此，常理讓我們不會傻到去回應奈及利亞寄來的詐騙電郵。不過，回顧亞里斯多德的思想，再比較如今我們所知的事物，有人可能會說，正因為亞里斯多德致力於研究一般見解，那也是如今的科學研究和亞里斯多德學說的最大差異點，更是亞里斯多德物理學的一大缺點。因為即使常理不該忽視，有時我們真正需要的是「不合常理」的見解。

在科學中，為了追求進步，你常需要反抗史學家丹尼爾・布斯汀（Daniel Boorstin）所謂的「常理的束縛」[13]。例如，推動物體時，會導致物體移動，接著移動的速度會減緩，直到最後停止不動，這是常理。但是要領悟其根本的運動定律，必須像牛頓那樣，不能只看顯而易見的東西，還必須想像物體在毫無摩擦的世界裡如何移動。同樣的，想瞭解摩擦的機制，你不能只看實體世界的表象，你必須「看出」物件可能是由無形的原子所組成的，這就是留基伯（Leucippus）和德謨克利特（Democritus）提出的概念，比亞里斯多德早了約一百年，但亞里斯多德並不認同他們的主張。

亞里斯多德也對一般意見、當時的體系和概念，展現了極大的尊重。他寫道：「每個人相信的事物都是真的。[14]」面對質疑者時，他說：「推翻這個信念的人，幾乎找不到更可靠的信念。」有一個生動的例子可以說明亞里斯多德對常理的依賴，以及常理對其觀點的扭曲：他和當時的多數人都接受奴役的概念，他還為「奴役」提出一套有點強詞奪理的論點，他說奴役是實體世界中固有的特色，他採用的論點讓人莫名聯想到他的物理學著作，他主張「世間萬物都是由組件所構成，也會組成一個複合的整體……這裡頭有『支配』與『從屬』之別。生物之中存在著這種二元性，但不只生物有二元性，二元性是源自於宇宙的構成。[15]」他說，因為有那種二元性，有些人先天就是自由的，有些人先天就是奴隸。

現今的科學家和創新者往往被形容成怪咖，或是標新立異的怪人，我覺得那種刻板印象有些許的道理。我認識一位物理學教授，他每天從學校餐廳免費供應的配料中挑選午餐，例如沙拉醬提供脂肪，番茄醬是他的蔬菜補給，蘇打餅乾是他的碳水化合物。另一位朋友喜歡吃冷盤，但討厭麵包，所以每次去餐廳，他都只點一盤臘腸，然後用刀叉進食，好像在吃牛排一樣。

* 散步結束後，學生可以抹油抒壓。我一直在想，如果我也提供類似的選擇給我的學生，應該可以輕易提升我的教學人氣。可惜，對校方來說，那可能會產生適得其反的效果。

對科學家或任何想要創新的人來說，抱持常理思維不是好事，但代價是可能被當成怪人。我們之後會一再看到，科學對先入為主的觀念、權威、甚至科學機構本身的權威來說都是天敵。因為想要開創革命性的突破，必須要有意願去反抗他人抱持的真理，並以可靠的新概念去取代舊有的概念。事實上，在科學史及人類普遍的思維中，一味相信舊有及現有的概念，可說是最顯而易見的進步障礙。所以，如果我要招募一位創意人才，我會注意應徵者是否太相信常理，並把古怪的特質列為加分選項，我也會確定我們的餐廳裡提供充足的免費配料。

單人版維基百科不完美

亞里斯多德的研究方法，和後來的科學還有一個重要的衝突：他是做定性研究（qualitative），而不是做定量研究（quantitative）。如今的物理學，即使是簡單的高中物理，都是計量的科學。修基礎物理學的學生會學到，時速六十英里的汽車每秒移動八十八英尺；蘋果每掉落一秒鐘，加速度是時速二十二英里；他們會以數學計算你一屁股坐進椅子時，椅子對你的脊椎所產生的瞬間反作用力可能大於一千磅。亞里斯多德的物理學完全不是那樣，而且他還大聲抨擊有些哲學家試圖把哲學「變成數學」[16]。

當然，在亞里斯多德那個年代，想把自然哲學轉變成計量學術，會因為古希臘的知識有限而受到阻礙。亞里斯多德沒有碼錶，沒有秒針，他甚至沒想過用精確的時間間隔來思考事件。此外，那個年代的代數和算術，跟泰勒斯的年代相比，也沒有進步多少。那時連加號、減號、等號都還沒發明出來，也沒有數字系統或「時速幾英里」的概念。不過，十三世紀以及後來的學者在計量物理學上的進步，也沒有用到多麼先進的工具和數學，可見工具和數學不是方程式、衡量、數字預測等科學的唯一阻礙。更重要的因素在於，亞里斯多德跟其他人一樣，對計量描述不感興趣。

即便是在研究運動時，亞里斯多德的分析也只限於定性分析。例如，他對速度只有模糊的概念，比如「同樣的時間內，有些東西跑得比較遠」，這種說法讀起來好像幸運餅乾裡的籤文，但是在亞里斯多德那個年代，大家覺得那樣的描述已經夠精確了。既然他對速度只有定性分析，就更不可能知道我們在中學裡學到的「加速度」了。尤其古今差異那麼大，如果有人有時光機可以回到古代，把牛頓的物理學文件拿給亞里斯多德看，那對他來說也只是天書罷了。他不僅無法瞭解牛頓所謂的「力」或「加速度」是什麼意思，而且也沒有興趣。

亞里斯多德進行深入的觀察時，真正讓他感興趣的是：運動和其他的改變似乎都會朝著某個**目的**發生。例如，他所瞭解的動作，不是一種應該**衡量**的東西，而是一種現象，其**目的**是可以辨識的，比如馬拉動車子以便在路上行進，羊四處走動以尋找食物，老鼠奔跑以免遭到捕食，公兔與母兔交配以繁衍更多的兔子。

亞里斯多德認為宇宙是一個和諧運作又龐大的生態系統，各種目的隨處可見。例如，降雨是因為植物需要水分才會成長，植物成長才能供動物食用。葡萄籽長出葡萄藤，雞蛋孵出小雞，都是讓種子和雞蛋裡的潛力展現出來。打從遠古時代開始，人類就根據個人經驗來瞭解世界。所以，在古希臘時代，分析實體世界中各種事件的目的，遠比用畢達哥拉斯及其追隨者所發明的數學定律去解釋那些事件還要自然。

這裡我們再次看到，在科學中，你「問對問題」很重要。即使亞里斯多德接受畢達哥拉斯的概念，即使他相信自然是依循計量定律，但他依然不會注意到那個概念，因為他對定律的計量細節不感興趣。他比較在乎的問題是，為什麼物體會依循那些定律。什麼原因**迫使**琴弦或掉落的石頭以某種數字規律地運作？這才是讓亞里斯多德感興趣的問題。而這就是他的理念和現今的科學研究最大的差異——他注意的是自然界裡的「**目的**」，現今的科學不是注意那些東西。

亞里斯多德分析的特質——尋找**目的**——對後來的人類思維有極大的影響。這讓他深受古往今來許多基督教哲學家的喜愛，但是那也阻礙了科學進步長達兩千年，因為和指引現代研究的科學原則完全不符。兩顆撞球相碰時，牛頓率先提出的定律（那背後沒什麼宏大的目的）可用來判斷接下來會發生的狀況。

科學的興起，最初是源自於人類想要瞭解世界及尋求意義的根本慾望，所以當初亞里斯多德為了尋找目的而研究的動機，如今依然引起許多人的共鳴。對想要瞭解天災或其他悲劇的人來說，「事出並有因」的概念也許可以帶給他們一些慰藉。相較之下，科學家堅持宇宙不受任何「目的」的指引，可能會讓那些人覺得科學似乎很冷酷無情。

不過，這還有另一種看法，也是我很常從父親那邊聽來的一種見解。每次談到「目的」時，我父親通常不會提起發生在他身上的事，而是提起他和我母親相識之前，我母親經歷過的某件事。那時她才十七歲，納粹占領了她的家鄉。其中一個納粹不知道是基於什麼原因，下令幾十個猶太人（包括我媽）排成整齊的隊伍，跪在雪地上。接著，那個人從每一排的排頭走到排尾，每走幾步就往其中一個俘虜的頭部開槍。如果這是上帝或自然的宏大計畫，我父親一點都不想跟那種上帝扯上關係。對我父親這樣的人來說，相信我們的人生無論有多悲慘或多成功，其實和恆星爆炸都是受制於同一套定律，而且這些事情無論是好是壞，最終都是一種恩賜、一種奇蹟，都是源自於那些支配世界的枯燥方程式。這樣想的話，對他們來說反而是一種解脫。

* * *

儘管亞里斯多德的理論主宰了自然界的相關思維直到牛頓那個年代，但是那段期間還是有許多的觀察家質疑他的理論。以「物體不做自然運動下，唯有對它施加外力才會移動」這個概念為例，亞里斯多德自己也發現，這個說法讓人不禁想問：用力射箭、擲標槍，或是扔出拋射體之後，是什麼力量繼續推動它們。他的解釋是，由於自然「厭惡」真空的狀態，拋射體射出去以後，空氣粒子會衝到拋射體的後方，繼續推進那個拋射體。日本似乎把這個概念成功套用在把乘客塞進東京地鐵內。不過，連亞里斯多德本人對這個理論也沒有多大的熱情。該理論的缺陷到了十四世紀變得更加明顯，因為那時大砲大量地出現，空氣粒子在沉重的砲彈後面推著砲彈前進，這種說法似乎很荒謬。

同樣重要的是，發射大砲的士兵其實也不太在乎究竟是空氣粒子、還是無形的小精靈推著砲彈前進。他們真正想知道的是，砲彈會循著怎樣的軌跡飛行，尤其是那個軌跡最後是否會抵達敵人的頭上。這種理論和實務的脫節，顯現出亞里斯多德和後代科學家之間的實質鴻溝：對亞里斯多德來說，拋射體軌跡（不同瞬間的位置和速度）之類的議題根本無關緊要。但是如果有人想運用物理學定律來做預測，這些議題就很重要了。所以，後來取代亞里斯多德物理學的科學（亦即可以計算砲彈軌跡的科學）和流程的計量細節有關，它們會衡量力道、速度、加速度，而不管那些流程的目的或哲理。

亞里斯多德知道他的物理學並不完美。他寫道：「我的是第一步，只是一小步，不過我也花了很多心思和勞力。這應該以第一步來看待，並寬容對待。諸位讀者或聽講者，如果你認為我在這個起步已經盡力而為了……就會肯定我所做的，並容我把它留給其他人去完成。[17]」這裡，亞里斯多德說出了他和後來許多物理學天才都有的一種感覺。我們認為牛頓、愛因斯坦等人無所不知，對其知識充滿了自信，甚至有些自大。但後面我們會看到，他們就像亞里斯多德一樣，對很多事情感到不解，而他們自己也都有自知之明。

* * *

公元前三二二年，亞里斯多德過世，享年六十二歲，死因似乎是胃病。一年前，他以前的學生亞歷山大死後，那個親馬其頓的政府遭到推翻，他逃離了雅典。雖然亞里斯多德在柏拉圖的學苑裡待了二十年，他在雅典始終感覺像外人一樣。關於雅典，他寫道：「同樣的事情，對外地人和本地人來說並非一樣恰當，讓人無所適從。[18]」不過，亞歷山大過世後，要不要繼續留下來變得很重要，因為任何和馬其頓有關的人都可能遭到攻擊，他很清楚蘇格拉底遭到政治處決已經有了先例，一杯毒芹汁就足以徹底反駁任何哲學論點。亞里斯多德始終是一個深謀遠慮的思想家，他想要逃離雅典，不想冒著犧牲成仁的風險。他為自己的決定提出了一個崇高的理由[19]——避免雅典人再次犯下「反哲學」的罪過。不過，那個決定就像亞里斯多德的人生態度一樣，其實非常務實。

亞里斯多德過世以後，萊西姆學苑的學生以及評論其著作的人把他的思想代代相傳。中世紀初期，他的理論連同所有的相關知識逐漸沒落，但是在中世紀盛期又受到阿拉伯哲學家的重視，西方學者就是從阿拉伯哲學家那裡得知亞里斯多德的學說。他的思想經過一些修改後，最後變成羅馬天主教會的官方哲學。所以，接下來的十九個世紀，研究自然就是指研究亞里斯多德的學說。

我們已經看到人類如何發展出發問及充滿求知慾的大腦，以及發明那些用來解題的工具（書寫、數學和定律的概念）。希臘人學習運用理性來分析宇宙以後，人類因此抵達「科學」這個輝煌新世界的岸邊。不過，那只是展開更大探險的起點。

Part 2

科學

「「太平時期的教條已不適用……我們必須有新的思維，新的作為。」

————林肯，第二次年度國會演說，一八六二年十二月一日

第六章 新的理性之道

我曾和物理學家史蒂芬・霍金（Stephen Hawking）及心靈界的權威狄帕克・喬布拉（Deepak Chopra）一起寫書，那兩次合作經驗都讓我獲益匪淺。他們兩位的世界觀截然不同，猶如來自不同的宇宙。我對人生的看法基本上和霍金差不多，都是科學家的看法。但我們和喬布拉的觀點則是天差地別，這也許是我們決定把合著命名為《世界觀之戰》（*War of the Worldviews*），而不是《我們認同一切不是很好嗎？》（*Isn't It Wonderful How We Agree on Everything?*）的原因。

喬布拉對他的信念非常熱中，我們一起出遊時，他總是想說服我改變想法，也質疑我瞭解世界的方式。他說我們這種人叫**簡化派**（reductionist），因為我認為物理的數學定律終究可以解釋自然界的一切事物，包括人類。尤其，我也說過，我跟多數的科學家一樣，我們都相信一切東西（包括人類）都是由原子和物質的基本粒子所構成的，這些原子和粒子透過自然的四種基本力（fundamental force）互動。一個人只要瞭解這一切是怎麼運作的，原則上起碼可以解釋世上發生的一切事物。當然，實務上，我們對周遭的環境沒有足夠的資訊，也沒有夠強大的電腦，所以無法運用那些基本理論來分析人類行為之類的現象。因此，喬布拉的心智是否受到物理定律的主宰，依然是個懸而未決的問題。

原則上，我不反對喬布拉把我歸類為簡化派，但是聽他那樣講，我還是有點氣惱，因為他講的方式令我有些尷尬，想為自己辯解一番，彷彿他們那種研究心靈的人不可能跟我們有同樣想法似的。事實上，在喬布拉的粉絲聚會上，我有時會覺得我像個猶太教的拉比參加豬肉商的大會，會中常有人意有所指地問我：「你的方程式會告訴你，我看著維梅爾（Vermeer）的畫作或聆聽貝多芬的交響樂時，感覺到什麼嗎？」或「我妻子的大腦如果真的是粒子和波構成的，你如何解釋她對我的愛呢？」我不得不承認，我無法解釋她對他的愛。但是話又說回來，我也無法用方程式解釋任何愛。對我來說，那根本不是重點，因為即使數學方程式仍無法用來瞭解心智體驗，但用來瞭解物理界已經獲得空前的成果。

追蹤每個原子的動態，並運用原子和核子物理的基本原則，可能無法算出下週的天氣，但氣象學確實是使用高階的數學模型，而且以那些模型來預測明天的天氣時，效果還不錯。同樣的，我們也把海洋學、光學、電磁學、材料學、疾病學，以及日常世界的數十種科學，做了非常特別的實務運用，那在幾百年前是難以想像的。如今，至少科學家普遍認同，以數學來瞭解物理界是可靠的，不過那個觀點是經過長時間的醞釀之後才獲得接納。

把現代科學視為一套形而上的體系，並相信自然運作是依循某些規律，是從希臘人開始的想法。但是直到十七世紀，大家才相信科學確實是依循定律運作的。從泰勒斯、畢達哥拉斯、亞里斯多德之類的哲學家概念，躍升至伽利略、牛頓之類的科學家概念是極大的躍進，但其實不需要花兩千年那麼久的時間。

古希臘智慧重現

接受希臘智慧並加以發揚光大的第一大阻礙，是羅馬於公元前一四六年征服希臘，以及在公元前六四年征服美索不達米亞。羅馬的興起是人類對哲學、數學、科學的興趣開始下滑數百年的起點，而且連說希臘語的知識界精英也對那些學問不感興趣，因為務實的羅馬人不重視那些研究領域。古羅馬政治家及哲學家西塞羅（Cicero）的一句話充分顯示出羅馬人對那些理論研究的不屑：「希臘人對幾何學家極其推崇，因此數學是他們最大的進步，但我們證實數學頂多只是用來測量和計算罷了。[1]」事實上，在羅馬共和國及羅馬帝國存續的近千年間，羅馬人投入龐大的工程專案，那些無疑都需要用到大量的測量和計算。不過，就我們所知，那段期間並未出現任何知名的羅馬數學家。這是個驚人的事實，由此可見數學與科學發展對文化有極大的影響。

羅馬並未塑造出有利於科學發展的環境，公元四七六年西羅馬帝國（Western Roman Empire）解體後，情況更加惡化。城市萎縮，封建制度興起，基督教主宰歐洲，鄉間修道院及後來的教堂學校變成了知識中心[2]。這表示學術重點是放在宗教議題上，探索自然顯得毫無意義或毫無價值。最後，希臘流傳下來的知識就此從西方世界佚失。

幸好，阿拉伯世界和穆斯林的統治階級**確實**發現希臘知識的價值，但他們也不是為了求知而接受那些知識。在追求知識方面，伊斯蘭教和基督教的立場並無差別。但富有的阿拉伯貴族願意花錢把希臘科學翻譯成阿拉伯文，因為他們認為希臘科學是有益的。在數百年間，中世紀的伊斯蘭科學家在實用光學、天文學、數學和醫學方面都有極大的進步，超越了知識傳統陷入沉寂的歐洲*3。

但是到了十三、十四世紀，歐洲從沉睡中甦醒，科學在伊斯蘭世界則陷入嚴重的衰頹[4]。這似乎是受到幾個因素的影響。其一，保守的宗教勢力對實用價值的認知愈來愈狹隘，他們認為實用性是探索科學唯一的理由。此外，科學若要蓬勃發展，社會必須繁榮，才有可能獲得私人或政府的贊助，因為多數科學家沒有資源支持他們在公開市場工作。不過，到了中世紀晚期，阿拉伯世界在成吉思汗、十字軍等外力的攻擊，以及內亂的拉扯下，變得四分五裂。原本可以投入藝術和科學的資源，都轉移到戰事和生死圖存中。

科學研究開始停滯的另一個因素是，後來逐漸主宰阿拉伯知識圈的學校也不重視科學。這些所謂的「伊斯蘭學校」（madrassas）是以宗教善款成立的公益信託組織，那些善款的設立者和捐助者都對科學感到懷疑。所以，所有的教學必須以宗教為主，排斥哲學和科學[5]。哲學和科學的教育必須在學院外進行。科學家在沒有機構的支持或聚集下，開始彼此疏離，這對專業的科學訓練和研究造成了極大的障礙。

科學家無法在真空中存在。即使是最偉大的科學家，也從同行的互動中受惠良多。伊斯蘭世界裡缺乏同儕的互動，阻礙了科學進步所需的思想交流。此外，少了相互評論的效益，也難以控制缺乏實證基礎的理論發展，很難為那些質疑傳統觀點的科學家和哲學家凝聚足夠的支持[6]。

類似這種打壓知識的情況也曾發生在中國，中國是另一個原本可以比歐洲更早發展出現代科學的偉大文明[7]。事實上，中世紀盛期（公元一二〇〇年至一五〇〇年），中國的人口逾一億人，約是歐洲人口的兩倍。但中國的教育就像伊斯蘭世界一樣，遠不如歐洲發展的教育體系，至少在科學

---

* 中世紀是指公元五〇〇年至一五〇〇年（有的定義是至一六〇〇年）。無論是哪個定義，中世紀都是介於羅馬帝國的文化成就以及文藝復興時期興盛的科學與藝術之間，前後稍有一些重疊。十九世紀有人把中世紀鄙視為「千年無沐浴」的時期。

方面是如此。他們的教學內容受到嚴格控制，而且側重於文學和道德教育，不太注重科學創新和創造性。那樣的情況從明朝初期（約公元一三六八年）到二十世紀幾乎都沒變。那段期間，中國就像阿拉伯世界一樣，科學（相較於技術）的進步很有限，而且教育體制變成箝制，而非促進科學發展的因素。有些思想家不滿當時的知識現狀，意圖開發知識工具以推動心智發展，或運用資料來拓展知識，但是都遭到極力的勸阻。印度也是如此，注重種姓階級的印度體制寧可為了社會穩定而犧牲智識的提升[8]。因此，即使阿拉伯世界、中國和印度確實孕育出其他領域的卓越思想家，但他們並未像西方那樣培育出發明現代科學的科學家。

＊ ＊ ＊

在歐洲，科學的復興始於十一世紀末，那時本篤會的修士康士坦丁納・亞非康納斯（Constantinus Africanus）開始把古希臘的醫學論文從阿拉伯語翻譯成拉丁語[9]。他研究希臘智慧的動機，就像阿拉伯世界一樣，是出於實用價值。那些早期譯作引起大家翻譯醫學和天文學中其他實用作品的興趣。往公元一〇八五年，基督教再度征服西班牙時，西班牙的阿拉伯語藏書全都落入了基督徒的手中。往後的數十年間，基督教翻譯了許多書籍，有部分是由地方的主教贊助翻譯經費。

我們很難想像那些翻譯所帶來的影響，就好像當代的考古學家偶然間發現古巴比倫的文字泥板並加以翻譯後，赫然發現那些古文字所代表的科技理論竟然遠比現代理論還要高深。後續的幾百年，贊助翻譯變成文藝復興時期社會與商業精英的地位象徵。於是，那些重新找回的知識擴散到教會之外，像貨幣一樣流通，富人開始收集那些知識，就像收集藝術品一樣。事實上，富人會展示他們的藏書和地圖，就像今天的富豪展示雕塑或畫作那樣。最後，大家賦予這些知識的新價值，不再只是侷限於實用性，而且促成了科學的探索[10]。久而久之，這開始威脅到基督教對真理的「所有權」。聖經和教會傳統所揭示的真理，這下子出現了競爭對手：自然所揭示的真理。

但是光是翻譯與閱讀古希臘的作品，並無法促成「科學革命」。真正轉變歐洲的原因是新機構的發展：大學[11]。正如它現今的角色一樣，大學成了推動科學發展的動力，使歐洲維持科學先驅的地位長達數百年，創造出有史以來最大的科學躍進。

財富漸增，再加上受過良好教育的人有多元的就業機會，這些因素促進了教育的改革[12]。義大利波隆那、法國巴黎、義大利帕多瓦、英國牛津之類的城市都獲得「學習之都」的美譽，吸引了大批師生前來。老師在那些地方開設學堂，可能是獨立開設，或是在學校裡開課。後來他們也仿效工會，組成自願協會。但協會雖然自稱為「大學」，最初他們只是聯盟，沒有房產及固定的地點。如今我們所知的大學是數十年後才出現的，例如波隆那於公元一〇八八年、巴黎約公元一二〇〇年、帕多瓦約一二二二年、牛津約一二五〇年。在大學裡，自然科學才是焦點，而非宗教。學者齊聚一堂交流，相互切磋琢磨[13]。

這不是說中世紀的歐洲大學就像伊甸園一樣。例如，直到一四九五年，德國當局才發現有必要明令禁止大學裡的人以尿液潑灑新生，這項規定如今已不復存在，但我仍要求學生務必遵守。當時的教授往往沒有專屬的教室，所以常被迫到租用的私宅、教會、甚至妓院裡上課。更糟的是，教授通常是由學生直接付費，學生可以聘請及開除教授。波隆那大學還有一種如今看起來很詭異的做法：教授若是無故缺席或遲到，或是不回答難題，學生可以對教授罰款。如果上課過於枯燥，或是進行得太慢或太快，學生會奚落老師，吵鬧抗議。在萊比錫，學生誇張的行徑甚至到了不可收拾的地步，大學必須以校規明文禁止學生對教授丟石塊。

儘管辦學如此辛苦，歐洲大學仍是科學進步的一大動力，部分原因在於他們讓大家齊聚一堂，分享與討論想法。科學家可以忍受學生奚落之類的嘔事，或許連偶爾被潑尿也可以忍氣吞聲，但他們受不了毫無學術研討會，那對他們來說實在太難以想像了。如今的科學進步大多是來自大學研究，因為基本研究的多數經費都流向大學了。不過，同樣重要的是，從古至今，大學一直是大家集思廣益的地方。

一般認為，讓我們脫離亞里斯多德學說，轉變世界觀和社會，並為現代奠定基礎的科學革命，是從哥白尼的「日心說」開始的，並於牛頓物理學出現時達到巔峰。但是那樣看整個過程就太簡化了，雖然我以「科學革命」統稱這段過程，但革命所涉及的科學家各有不同的目標和理念，他們不是一群目標統一、合作開創出一種新思維系統的人。更重要的是，「科學革命」所指的改變其實是漸進的：公元一五五〇年至一七〇〇年的偉大學者打造出知識的大殿堂，位居那個殿堂尖頂的牛頓不是突然冒出來的。歐洲早期大學內的中世紀思想家費盡千辛萬苦，先為他們奠定了基礎。

最辛苦的奠基工作，是公元一三二五年到一三五九年之間由牛津大學默頓學院（Merton College）的一群數學家完成的。多數人都知道（至少隱約知道），希臘人發明了科學的思想，到了伽利略那個年代，現代科學才應運而生。不過，中世紀的科學很少受到尊重。這很可惜，因為中世紀學者的進步相當驚人，但那個年代的人並不是根據實證來判斷敘述的真假，而是根據某個說法融入既有宗教理念的程度來判斷——這種文化不利於科學的發展。

哲學家約翰・希爾勒（John Searle）曾經寫過一件事，從那件事可以看出我們和中世紀思想家看待世界的根本差異。他說威尼斯有一間哥德式教堂，名叫聖母園（Madonna del Oro）。原本那間教堂打算以聖克里斯托弗教堂（church of San Christoforo）為名，但是興建教堂期間，旁邊的果園裡突然冒出一尊聖母雕像。後來教堂改名是因為他們覺得那尊雕像是從天而降，是天降神蹟。當時大家對那種超自然的解釋毫無疑慮，但今天我們若是遇到同樣的狀況，我們會以世俗的觀點加以解釋。希爾勒寫道：「如今即使在梵蒂岡的花園裡突然出現一尊雕像，教廷也不會宣聲那個雕像是從天而降。[14]」

牛津大學默頓學院的圖書館

某次聚會中，我提起中世紀科學家的成就。我說，以他們當時的文化及面臨的辛苦環境來看，他們的研究成果令我相當欽佩。如今的科學家常抱怨「浪費」時間申請經費補助，但至少我們的辦公室有空調，萬一城內的農作物歉收，我們不需要為了晚餐去打獵[15]。更何況我們還不必擔心黑死病來襲，一三四七年的黑死病奪走了一半的人口。

那場聚會的學術性質很高，所以對方聽我如此提起時，反應不像多數人那樣（例如突然意識到她需要再去續一杯白酒），她難以置信地回應：「中世紀的科學家？拜託！他們為病人開刀以前不先麻醉的耶！他們的藥水是以萵苣汁、毒芹、野豬的膽汁製作的。連偉大的湯瑪斯．阿奎那（Thomas Aquinas，譯註：歐洲中世紀經院派哲學家和神學家）自己都不相信女巫了。」聽她這麼回應，我一時語塞，因為我不知道那些事情，但後來我查證了一下，發現她說的沒錯。不過，儘管她對中世紀醫學的某方面似乎瞭解不少，但她沒聽過他們在物理學方面比較經典的想法。以中世紀其他知識領域的落後狀態來看，相較之下，中世紀的物理學讓我覺得更加神奇。所以，儘管我不得不承認中世紀的醫生要是搭時光機來到現代，沒有人會想要讓他治病，但我還是非常欽佩中世紀的學者在物理學方面所締造的進步。

那些世人遺忘的物理學英雄究竟做了什麼？首先，在亞里斯多德思考的所有改變中，中世紀的學者認為位置的改變（亦即運動）是最基本的。那是很了不起的先見之明，因為我們看到的多數改變，都和改變所涉及的特定物質有關，例如肉類腐爛、水氣蒸發、樹葉掉落等等。所以，對探索宇宙的科學家來說，研究那些改變不會得出多大的結果。相反的，運動定律是套用在**所有**物質上的根本規律。不過，運動定律之所以特別，還有另一個原因：從亞微觀的層面來看，它們是日常一切宏觀改變的肇因。我們現在知道（一些古希臘的原子學家也臆測到了），日常經歷的多種改變都可以藉由分析運動定律來瞭解，因為物質的基本組成（原子和分子）都是依循著運動定律。

儘管默頓學院的學者並未發現詳盡的運動定律，但他們直覺認為那樣的定律應該是存在的，因此為幾百年後的學者奠定了基礎。尤其他們提出一套運動的基本理論，不僅和其他改變的科學無關，也和「目的」的概念無關。

默頓規則：為通用的運動定律奠基

默頓學者的任務並不容易，即使是最簡單的運動分析，當時的數學仍處於非常基礎的狀態。不過，除此之外，還有另一個嚴重的阻礙，克服那個阻礙比用那個年代有限的數學來發展物理學更加難能可貴，因為那不是技術性的障礙，而是當時的世界觀對思維所造成的侷限：默頓學者就像亞里斯多德一樣，受限於他們的世界觀，認為時間大多是定性的、主觀的。

我們身處已開發世界的文化中，對時間流逝的體驗和古人大不相同。在人類的歷史上，時間是一個非常彈性的架構，以一種私人的方式伸縮著。學會把時間視為不是先天主觀的東西，那是很難、很深遠的一大步。就像語言發展或是意識到世界可透過理性瞭解一樣，那是很大的科學進步。

例如，在默頓學者那個年代，尋找事件時間的規律性可說是一種革命性的概念。比如，「一顆石頭掉落十六英尺，總是需要一秒的時間」，你光是叫他們想像那句話都很困難。首先，當時沒有人知道如何精準地測量時間，分和秒的概念都尚未出現[16]。事實上，一三三〇年代才出現第一個記錄「固定小時」的鐘。在那之前，白晝無論多長，都是分成十二等分，所以六月的一小時可能是十二月一小時的兩倍長（例如在倫敦，以今日的分鐘來算，一小時可能介於三十八分鐘到八十二分鐘之間）。但是大家對此都不以為意，可見當時的人對於時間的流逝只有模糊的定性概念。因此，速度的概念（單位時間內移動的距離）在當時想必是很奇怪的想法。

儘管面臨重重的障礙，默頓學者卻設法為「運動」研究奠定了概念的基礎，甚至提出第一個量化的運動規則「默頓規則」（Merton rule）：**物件以恆定速率從靜止開始加速所移動的距離，等於物件在同樣時間內以最快速度的一半所移動的距離。**[17]

當然，這個規則聽起來很拗口，雖然我對這個規則已經很熟悉，但現在我仔細看，還是必須重複看兩遍，才看得懂那一大串文字是什麼意思。不過，那個措辭模糊的規則有一個作用，它顯示科學家一旦學會使用及發明恰當的數學以後，科學就變得簡單多了。

套用現今的數學語言，**物件以恆定速率從靜止開始加速所移動的距離**，可寫成 $\frac{1}{2}a\times t^2$。第二個數值是，**物件在同樣時間內以最快速度的一半所移動的距離**，即 $\frac{1}{2}(a\times t)\times t$。因此，默頓規則的敘述，若是轉換成數學語言，就變成：$\frac{1}{2}a\times t^2 = \frac{1}{2}(a\times t)\times t$。不僅更為簡潔，而且一目瞭然，至少對懂基礎代數的人來說是如此。

如果你已經太久沒碰代數了，你可以問六年級的學生，他一看就懂了。事實上，現在六年級學生懂的數學，比十四世紀最先進的科學家懂的還多。二十八世紀的小孩會不會也對二十一世紀的科學家說出類似的話，這是個有趣的問題。數百年來，人類的數學實力確實在穩定進步中。

默頓規則的日常例子如下：如果你的汽車以恆定的速度，從靜止狀態加速到時速一百英里，那和你以時速五十英里開同樣的時間所移動的距離一樣。這句話聽起來好像我媽在嘮叨我車子開得太快，但是默頓規則雖然如今已經變成常識，不過當年默頓學者無法證明這點。即便如此，那個規則在知識圈裡引起了很大的轟動，並迅速擴散到法國、義大利，以及歐洲其他地區[18]。後來在巴黎大學任職的法國學者很快就證明了這個規則，那個人是哲學家兼神學家尼可．奧雷姆（Nicole Oresme，公元一三二〇－一三八二年），他後來晉升為利雪市（Lisieux）的主教。奧雷姆為了證明這個規則，必須做一件古往今來的物理學家持續在做的事情：發明新數學。

如果數學是物理的語言，物理學家缺乏恰當的數學時，就無法言語或推論議題。愛因斯坦用來建構廣義相對論的數學很複雜也不常見，也許這是他告訴一位年輕女學生下面這句話的原因：「別擔心數學很難，我可以跟妳保證，我遇到的數學更難。[19]」或者，就像伽利略所說的：「除非先學會理解『自然』那本書所使用的語言並閱讀那些文字，否則你不可能瞭解那本書。那是以數學的語言寫成的，其字母是三角形、圓形和其他的幾何形狀。沒有那些字母，就不可能瞭解任何文字。沒有文字，就只能在黑暗的迷宮裡徘徊。[20]」

為了照亮那個黑暗的迷宮，奧雷姆發明了一種圖解方式來顯示默頓規則的物理學。雖然他對圖解的理解和我們今天的理解不一樣，但我們可以把它視為史上第一次以幾何學來表現運動的物理學，也就是說，那是第一張幾何圖。

我一直覺得很奇怪，很多人知道微積分是誰發明的，但很少人使用微積分；很少人知道圖形是誰發明的，但每個人都會用到圖形。我猜那是因為如今圖形的概念很常見，但是在中世紀，以空間裡的線條和形狀來代表數值，是非常有創意及革新的概念，甚至有點瘋狂。

為了讓大家瞭解改變簡單的思維有多難，我喜歡拿另一個有點瘋狂的發明故事來打比方，那是個顯然和數學無關的例子：便利貼，就是可重複黏貼的便條紙。便利貼是一九七四年由3M公司的化學工程師亞瑟·富萊（Art Fry）發明的。不過，假設當時沒發明便利貼，如今我拿著一份便利貼的原型向你這個投資者描述發明概念時，你肯定不會發現這個發明是金礦，而馬上把握這個投資機會，對吧？

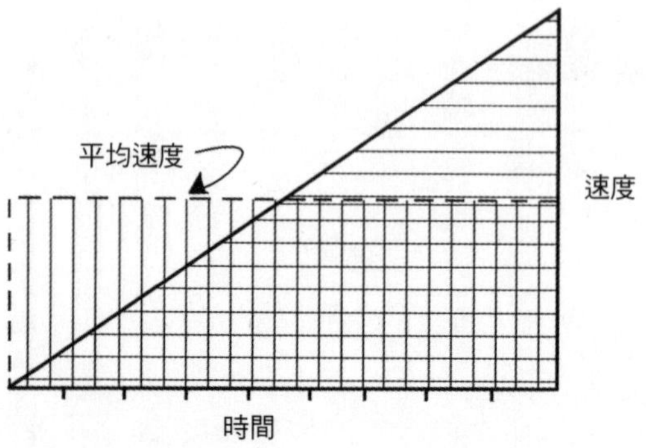

顯示默頓規則的圖

這個玩意兒看似新奇，但多數人可能不想投資。事實上，當初富萊向3M（以黏膠和創新聞名的公司）的行銷人員提出這個概念時，行銷人員都興趣缺缺，覺得要用那種高價商品去取代一般的便條紙很難。他們為什麼沒馬上把握住富萊提供的寶貴創意呢[21]？因為在便利貼尚未問世之前，大家從未想過，他們可能想把一張有點黏又不會太黏的便條紙貼在其他的東西上。所以富萊面臨的挑戰不僅是發明產品，還需要改變大家的想法。如果連便利貼都面臨這種困境了，你可以想像同樣的情況發生在真正重要的事物上時，改變思維的難度有多高。

幸好，奧雷姆證明默頓規則時，不需要用到便利貼。

以下我們來詮釋他的論點。首先，把時間放在橫軸，速度放在縱軸，假設移動的物件是從時間等於零開始，以恆定的速度移動一段時間。恆定速度移動是以一條水平線表示，如果你把那條線底下的區域劃上陰影，你會得到一個矩形。另一方面，如果是恆定的加速度，則是一條以某個角度延伸的直線，因為時間增加，速度也會增加。如果你把那條線底下的區域劃上陰影，你會得到一個三角形。

這兩條線底下的陰影區域，代表速度乘以時間，亦即物件移動的距離。當你運用這種分析，又知道如何計算矩形和三角形的面積時，就很容易證明默頓規則成立了。

但是，奧雷姆並未獲得他應得的肯定，一個原因在於他有很多研究都沒有公開發表出來。此外，雖然我已經說明如今我們詮釋默頓規則的方式，但當時他使用的概念架構其實不像我描述的那麼詳細及量化，而且他的架構也和現代所理解的「數學與物理量的關係」截然不同。我們的理解方式涉及了一連串有關空間、時間、速度、加速度等等創新的概念，那是伽利略（公元一五六四–一六四二年）最偉大的貢獻之一。

* * *

十三、十四世紀在大學任教的中世紀學者推動了理性和實證的科學方法，但他們並未立即促成歐洲科學的突飛猛進。直到中世紀晚期，發明家和工程師才轉變了歐洲的社會和文化。那段期間和文藝復興（約十四至十七世紀）的初期互相重疊。

文藝復興早期的創新者所創造出來的第一個偉大文明，主要不是由人類肌肉所驅動。他們開發或改良水車、風車、新的機械連動以及其他裝置，並把那些東西融入鄉村生活中。他們啟動鋸木機、製粉機、多種巧妙的機器。他們的技術創新和理論科學沒有多大的關係，但創造出新的財富，有助於提升教育水準和識字率，也讓大家意識到瞭解自然有助於改善生活，因此為後來的進步奠定了基礎[22]。

文藝復興早期的進取精神也促成了一項技術的發明，對後來的科學及整個社會有重大的直接影響：印刷機。雖然中國幾百年前已經發明活字印刷（約公元一〇四〇年），但不太實用，因為中國文字是象形字，有成千上萬個不同的國字。公元一四五〇年左右，歐洲出現機械式的活字印刷，從此改變了一切。例如，一四八三年，為了印刷一本書，里波利印刷社（Ripoli Press）的收費是人工抄寫員的三倍。但是活字印刷可以印出上千本，抄寫員一次只能抄寫一本[23]。所以，短短幾十年內，印刷書的數量就超越了前面幾百年間歐洲抄寫員的抄寫總量。

印刷機強化了新興的中產階級，徹底改變了整個歐洲的思想和資訊流通。突然間，更廣大的民眾可以取得知識和資訊。短短幾年內，第一批數學教科書就印刷出來了[24]；到了公元一六〇〇年，數學教科書的印量已近一千本。此外，活字印刷也帶動了古書重新出版的新風潮。同樣重要的是，抱持新思維的人突然間獲得了更大的意見發表空間，那些鑽研他人思想並加以發揚光大的人（像是科學家）也比以前更容易讀取同業的研究。

歐洲社會因為出現這些改變，所以權力階級架構不像伊斯蘭世界、中國或印度那樣僵固統一。伊斯蘭世界、中國、印度社會變得太過僵化，把焦點放在狹隘的正統上。在此同時，歐洲的精英則發現，他們身處在城市和鄉村、教會和國家、教宗和君王的競爭利益之間，以及新興知識階級的需求和不斷成長的消費主義之間。所以，隨著歐洲社會的演變，其藝術和科學有更多的改變自由，而且他們也確實改變了，因此帶動大家對自然產生更務實的興趣[25]。

在藝術和科學方面，對自然現實的重視成了文藝復興的核心。「Renaissance」一字是法語「再生」的意思，文藝復興確實代表著實體社會與文化的新開始。黑死病奪走了三分之一到二分之一的歐洲人口後，不久文藝復興從義大利開始，慢慢地擴散，直到十六世紀才延伸到北歐。

在藝術方面，文藝復興時期的雕塑家學會了解剖構造，畫家學會了幾何。兩者的創作重點都是以敏銳的觀察，創造出更如實表達的藝術作品。這時候的人物畫都被描繪在自然環境中，而且解剖構造精準，並利用光影和線性透視法呈現出立體感。畫家筆下的人物也顯現出真實的情感，臉部不再展現早期中世紀藝術那種超脫世俗的單調特質。在此同時，文藝復興時期的音樂家開始研究聲學，建築師仔細檢查建築物的調和比例。對自然哲學（如今稱為科學）感興趣的學者開始強調資料收集以及從資料中得出結論，而不是為了符合宗教觀而運用偏頗的純邏輯分析。

達文西（公元一四五二－一五一九年）或許是文藝復興時期科學與人文典範的最佳象徵，他認為科學和藝術是密不可分的。達文西是科學家、工程師、發明家，也是畫家、雕塑家、建築師和音樂家。在這些領域中，達文西透過細膩的觀察，努力瞭解人類與自然的世界。他在科學與工程方面的筆記和研究，總共有上萬頁。身為畫家，他不以觀察模特兒為滿足，而是研究人體解剖構造並解剖屍體。以前的學者是從籠統的定性特質來觀察自然，達文西和他那個年代的人則是投入大量心力去感受自然設計的細膩之處，比較不重視亞里斯多德和教會的權威。

伽利略就是生在這種智識氛圍中。一五六四年文藝復興的尾聲，伽利略出生於比薩，比另一位巨擘莎士比亞早兩個月出生。伽利略．伽利萊（Galileo Galilei）是知名的魯特琴家兼樂理家文森佐．伽利萊（Vincenzo Galilei）七個孩子中的長子。

文森佐來自貴族家庭，但不是我們今天所想的那種有錢有閒去獵狐及喝下午茶的貴族，而是必須靠姓氏謀得職位的貴族[26]。文森佐可能也希望自己是那種有錢有閒的貴族，畢竟他很愛彈魯特琴，無時無刻都想辦法演奏，無論是在城裡行走、騎馬、站在窗邊、甚至躺在床上，他都能彈琴，但是這個行業收入很少。

文森佐想讓兒子往獲利較好的事業發展，所以把伽利略送去比薩大學習醫。但伽利略對數學的興趣更勝於醫學，他開始找家教學習歐幾里得和阿基米德的研究，甚至包括亞里斯多德的著作。多年後他告訴朋友，他寧可放棄大學教育，去學繪畫。不過，文森佐基於傳統家長的觀念，覺得孩子應該為現實做一些妥協，以免日後窮途潦倒，所以逼伽利略往比較務實的職業發展。

文森佐得知伽利略改學數學、而不是醫學時，他肯定覺得兒子那樣做是想靠他那個微不足道的繼承權為生。但其實那也不重要，最後伽利略並未獲得醫學、數學或其他的學位。他輟學了，從此展開長期缺錢及負債累累的人生旅程。

輟學後，伽利略一開始是當數學家教為生。後來，他得知波隆那大學有一個講師的職缺，當時他才二十三歲，他去應徵了那份工作，謊稱自己「約二十六歲」。波隆那大學顯然希望招募年紀更大的人，所以聘用了一位三十二歲且拿到學位的人士。不過，對如今申請教職遭拒的人來說，想到幾百年前偉大的伽利略也遭遇過同樣的經歷，不失為一種慰藉。

兩年後，伽利略在比薩擔任教授。他在那裡傳授他熱愛的歐幾里德原理，還有占星學。他教授占星學的目的，是要幫醫學系的學生判斷何時幫病患放血。沒錯，科學貢獻如此卓越的伽利略，也在教水瓶座的位置和水蛭吸血的關係。如今大家已經不相信占星術了，但是在人類瞭解自然定律以前，天體影響世間生活的概念似乎很合理，畢竟大家很早以前就知道日月和潮汐有神祕的關聯。

伽利略的肖像，一六三六年法蘭德斯藝術家賈斯特斯．薩斯特曼（Justus Sustermans）的畫作

伽利略做占星預測是出於個人的興趣，也是為了營利。他每次占星向學生收費十二個義大利銀幣，每年教書的年薪是六十銀幣，所以一年只要占星五次，年收入就可以加倍了。這個收入可以幫他維持溫飽，但只算勉強過得去而已。他也愛賭博，在那個大家還不太瞭解「機率」的年代，他不僅是算牌的先驅，也擅長詐唬，虛張聲勢。

伽利略快三十歲時，身材高大粗壯，膚白髮紅，頗有人緣，但他在比薩的教職並不長久。一般來說，他對權威頗為敬重，但喜歡冷嘲熱諷，會嚴詞批評得罪他的學術對手及行政人員。比薩校方惹惱他的原因是，校方堅持教授在城裡及授課時必須穿著學術袍。

為此，愛寫詩的伽利略寫了一首詩來回敬學校當局，主題為「衣服」，他反對穿學術袍的規定，說衣服是一種欺瞞的行為。例如，他的詩宣稱，少了衣服，新娘看她的對象時，「可以看到他是不是太小了，有沒有罹患法國病（譯註：即梅毒），因此可以決定要不要跟他廝守一生。[27]」這首詩想必得不到巴黎人的欣賞，在比薩的反應也不好，伽利略因此丟了教職。

沒想到，他反而因禍得福，迅速在威尼斯附近的帕多瓦大學找到了教職，而且年薪一百八十銀幣，是之前的三倍，後來他形容他在那裡的十八年是人生中最美好的時光。

科學革新者伽利略教授

伽利略到帕多瓦時，已經對亞里斯多德的物理學失去了興趣[28]。對亞里斯多德來說，科學包含觀察及理論化。對伽利略來說，那還欠缺一個關鍵步驟：實驗。於是，在伽利略的努力下，實驗物理學的進步和理論物理學一樣多。其實學者做實驗已有數百年的歷史了，但他們做實驗是為了闡明他們已經接受的想法。相反的，如今的科學家做實驗，是為了嚴謹地驗證想法。伽利略的實驗則是介於兩者之間，他是在探究——那比闡述想法更深入，但還不算嚴謹的驗證。

伽利略實驗的方式有兩方面特別重要。第一，他得出令他意外的結果時，不會否定實驗，而是質疑自己的想法[29]。第二，他的實驗是計量性的，在當時相當前衛。

伽利略的實驗很像現在高中科學課上的實驗，雖然他的實驗室和現代高中的實驗室不同，沒有電力、氣體、水和其他精密儀器（我所謂的精密儀器，是指時鐘之類的東西）。所以，伽利略必須像十六世紀的馬蓋先一樣，以克難的素材製作出複雜的裝置。例如，為了製造碼表，伽利略在大水桶的底部戳個小孔。他需要計時的時候，就在桶子裡裝滿水，收集小孔漏出的水，然後秤重——水的重量和事件持續的時間成比例。

伽利略用這種「水鐘」來解開自由落體（即物體掉落地面的過程）的爭議。亞里斯多德認為，自由落體是一種自然的運動，是由某種規則主宰的，例如：「某個重量落下一段距離，需要一段時間。兩倍的重量落下相同的距離，則只需要一半的時間。」換句話說，物件掉落的速度是恆定的，與重量成比例。

你思考一下，會覺得那是常識：石頭掉得比樹葉快。所以即使當時缺乏測量或記錄的工具，也沒有加速度的概念，大家想必都覺得亞里斯多德對自由落體的描述很合理。但是你再仔細想想，那也不合常理。耶穌會的天文學家喬萬尼．里喬利（Giovanni Riccioli）指出，連神話中從天空丟下烏龜把埃斯庫羅斯（Aeschylus）砸死的老鷹都知道，從更高的地方投下烏龜時，傷害會更大[30]，所以那表示物件落下的速度會加快。這個議題長久以來引發了許多爭論，數百年來許多學者都對亞里斯多德的理論提出質疑。

伽利略很熟悉那些爭議，他想自己探索結果。不過，他知道他的水鐘還不夠精確，無法用來實驗自由落體。所以他必須找更慢的程序來驗證同樣的物理原理。後來他決定使用拋光的銅球來做實驗，讓銅球滾落傾斜度不同的光滑斜坡，然後衡量滾落的時間。

衡量銅球滾落斜坡的時間，藉此研究自由落體，那就像根據網路上的照片買衣服一樣。衣服穿在你身上的效果，可能異於網路上模特兒穿著的效果。儘管有這種風險，但那樣的推理正是現代物理學家的思維核心。設計優良實驗的關鍵，大多在於知道問題的哪些方面很重要，應該要保留下來；哪些方面不重要，可以忽略；以及如何詮釋實驗的結果。

在自由落體這個例子中，伽利略的過人巧思在於，他設計滾球實驗時，注意到兩件事。第一，他必須把過程放得夠慢，才能夠衡量速度；同樣重要的是，他想盡可能減少空氣阻力與摩擦力的影響。雖然摩擦力和空氣阻力是日常經驗的一部分，但他覺得那會模糊了自然基本定律的簡潔性。在現實生活中，石頭掉落的速度可能比羽毛快，但伽利略懷疑，在真空的世界中，基本定律會使兩者掉落的速度一樣快。他寫道，我們必須「擺脫這些阻礙，發現和證明無阻力下的定理……根據過往經驗所知的限制，把定理運用在現實世界中。」[31]

坡度小時，銅球滾得慢，很容易衡量資料。伽利略提到，坡度小時，球滾動的距離總是和時間的平方成比例。以數學來表示的話，這表示球的加速度是固定的。此外，伽利略也提到銅球的滾落速度和重量無關。

驚人的是，即使坡度變陡，結果依然一樣。無論坡度多大，銅球滾落的距離都和銅球的重量無關，而是和時間的平方成比例。如果坡道四十度、五十度、六十度時都是如此，甚至七十或八十度時也是如此，那麼九十度時應該也是如此吧？所以伽利略提出一個聽起來很現代的推理：他說，銅球滾落坡道的情況，必定也適用在自由落體上，因為自由落體可以想像成坡道九十度的「極限狀態」。換句話說，他推測，把坡道直豎起來（亦即垂直狀態，銅球其實是掉落，而非滾落），銅球的加速度還是一樣，那表示他從斜坡觀察到的定律也適用於自由落體。

於是，伽利略以他的自由落體定律，取代了亞里斯多德的定律。亞里斯多德主張物體掉落的速度和重量成比例，但伽利略假設一個由基本定律所主宰的理想世界，得出了全然不同的結論：在沒有空氣之類的阻力下，所有的物體都是以恆定的加速度掉落。

＊＊＊

伽利略不僅對數學有興趣，對抽象意念也情有獨鍾。他的抽象領悟力極高，有時喜歡在想像中看著情境全面展開。非科學家稱之為幻想，科學家稱之為「想像實驗」，至少涉及物理學時是如此。純粹在大腦中進行想像實驗的好處是，這樣能省去設置實驗裝置的麻煩，但依然可以探索某些想法的合理結果。所以，除了用實際的斜坡實驗來推翻亞里斯多德的自由落體理論以外，伽利略也運用想像實驗來探索亞里斯多德物理學的另一大爭論：拋射體運動。

拋射體拋投出去以後，是什麼力量持續推動它前進呢？亞里斯多德曾臆測，是空氣粒子衝到拋射體的後方，繼續推動拋射體。但我們前面說過，連他自己也懷疑那種解釋。

伽利略解開那個爭議的方式，是想像一條船在海上，船艙裡有人在玩拋接球，蝴蝶飛來飛去，金魚在桌上的魚缸裡游著，瓶子滴著水。他指出，無論船是穩定地行進，還是靜止不動，這些現象都是以同樣的方式進行。他因此推論，由於船上的一切東西都是跟著船移動，船的運動必定會「加諸在」所有的物體上，所以船移動時，船體的運動變成船上一切事物的基調。拋射體的運動難道不會以同樣的方式加諸在拋射體上嗎？莫非那就是讓砲彈繼續前進的力量？

伽利略反覆思索後，得出意義深遠的結論，再次推翻亞里斯多德的物理學。他否定亞里斯多德的說法（拋射體的運動需要有「力」的推動），宣稱等速運動的物體通常會維持那個運動，就像靜止的物體通常會維持靜止。

伽利略所謂的「等速運動」，是指直線的等速運。「靜止」狀態也是一種等速運動，只是速度剛好是零。伽利略的觀察後來稱為「慣性定律」，之後牛頓又把它改編成「第一運動定律」。牛頓在描述其定律的論文中提到，那是伽利略發現的現象，這是牛頓把功勞歸功於他人的罕見實例[32]。

慣性定律解釋了困擾亞里斯多德的拋射體問題。伽利略指出，拋射體一旦拋射出去，除非有其他的力量阻止它，否則它會持續移動下去。這個定律就像伽利略的自由落體定律一樣，徹底推翻了亞里斯多德的論點：伽利略主張拋射體不需要持續施力，就能持續運動；在亞里斯多德的物理學裡，在缺乏動力或「原因」下，持續運動是不可思議的。

我父親喜歡以猶太歷史來比喻一些重要的人物，他根據我描述的伽利略，稱伽利略是科學的摩西。他說因為伽利略把科學帶出亞里斯多德的沙漠，前往應許之地。這樣的比喻確實很貼切，因為伽利略就像摩西一樣，他自己也沒有抵達應許之地：他沒有發現重力是一種力量，也沒有闡述其數學式，那要等牛頓研究以後才會發現；而且他仍抱持亞里斯多德的一些理念。例如，伽利略認為有一種「自然運動」不是等速的，但也不需要動力啟動：繞著地球運轉。伽利略似乎認為，那種自然運動使地球上的物體跟著地球自轉一起運轉。

亞里斯多德這項殘留的理論必須先被推翻，運動的科學才會興起。因此，一位史學家指出，伽利略的自然概念是「源自於他矛盾的世界觀，猶如不相容的元素所組成的不可能合金。」[33]

* * *

伽利略對物理學的貢獻是真正的革新，不過他今天最為人知的，是他與天主教會的衝突。他的論點和亞里斯多德及托勒密相反，主張地球不是宇宙的中心，只是一般的行星，就像其他的行星一樣繞著太陽運轉。「日心宇宙」的概念其實早在公元前第三世紀阿里斯塔克斯（Aristarchus）就提出了，[34]但現代版的「日心說」則歸功於哥白尼（公元一四七三－一五四三年）。

哥白尼是一位矛盾的革新者，他的目的不是為了挑戰他那個年代的形而上學，只不過是想修正古希臘的天文學罷了：因為要讓「地心說」成立的話，必須動用許多複雜又特殊的幾何構圖，這件事讓哥白尼傷透腦筋。相較之下，他自己的模型就精簡多了，而且很巧妙。他秉著文藝復興的精神，不僅重視科學意義，也在乎美感。他寫道：「為了讓地心說成立，必須假設大量的天體，導致議題難以理解。相較之下，我覺得我的模型比較簡單易懂。」[35]

一五一四年，哥白尼第一次私下撰寫他的模型，接著花了數十年的時間做天文觀察以資佐證。

然而他就像幾世紀後的達爾文一樣，只和最信任的朋友分享想法，因為他擔心遭到大眾及教會的鄙視。不過，哥白尼雖然知道有風險，但他也知道只要政治手腕運用得當，還是可以緩和教會的反應。所以當他終於發表理論時，他把那本書獻給教宗，並以長篇大論解釋為什麼他的論點不是異端邪說。

那樣做最終其實沒有多大的意義，因為哥白尼直到一五四三年才出版那本書，彼時他已經垂死病榻，有人說他甚至到過世那天才看到書的印刷版。諷刺的是，即使書出版後，也沒有馬上產生影響。後來等到伽利略之類的科學家採用他的論點，那本書才開始廣為人知。

雖然「地球不是宇宙中心」並非伽利略想出來的，但他的一項貢獻跟那個觀點一樣重要：他運用望遠鏡（他根據不久前發明的原始版本，自己拼湊出更先進的望遠鏡），為那個觀點找到了令人信服的驚人證據。

這一切發展是偶然開始的。一五九七年，伽利略在帕多瓦撰寫及講授托勒密體系，顯然當時他並未懷疑這套學說的真實性*。約莫同一時間，荷蘭發生一件事，改變了伽利略的思維。那件事也提醒了我們，在科學中，恰當時機（晚哥白尼數十年）出現在恰當地點（歐洲）很重要。事情發生在漢斯．李普希（Hans Lippershey）開的眼鏡行裡，兩個小孩在那家不起眼的店裡玩耍，把兩片鏡片放在一起，接著拿起來，透過鏡片望向遠方教堂頂端的風向標，意外發現那樣做竟然有放大的效果。根據伽利略後來對那起事件的描述，李普希透過「一片凸鏡和一片凹鏡……發現出乎意料的結果，因此發明了儀器。[36]」他創造出小型的望遠鏡。

我們通常以為科學的發展是一系列的發現，每個發現在某位遠見過人的天才獨自努力下，又促成下一個發現。但是知識界的偉大發明往往不是那麼明確，那些成就大多有賴朋友與同僚的相助以及運氣，而不是像傳說或發現者自己說的那樣。在這個例子中，李普希發明的望遠鏡只有兩、三倍的放大率，幾年後（一六〇九年）伽利略耳聞那項發明時，本來也覺得沒什麼。後來是因為他的朋友保羅・薩爾皮（Paolo Sarpi）看出那個裝置的潛力，伽利略才開始對望遠鏡感興趣。史學家海爾布朗（J. L. Heilbron）描述薩爾皮是一位「可敬又博學的反耶穌會修士」，他覺得只要精進那項發明，就可以拿來做為威尼斯的軍事應用。沒有城牆的城市可以善用望遠鏡，提早偵察敵人入侵的跡象。

為了精進那項發明，薩爾皮向伽利略求助。多才多藝的伽利略平常以多項副業貼補收入，其中一項副業就是製作科學儀器。其實薩爾皮和伽利略都沒有光學理論的專業知識，但是反覆試驗幾個月後，伽利略開發出放大九倍的儀器，並把它送給驚歎不已的威尼斯參議院，以換取終身職及加倍的年薪（一千銀幣）。後來伽利略把望遠鏡的放大倍數提升到三十倍，達到那個設計的實務極限（一個平凹目鏡搭配一個平凸物鏡）。

一六〇九年十二月左右，伽利略已開發出放大二十倍的望遠鏡，他把它拿來觀察天空，望向夜空中最大的天體「月球」。那次觀察以及後續的觀察為哥白尼的論點（關於地球在宇宙中的位置）提出迄今為止最好的證據。

亞里斯多德宣稱天上是獨立的領域，由一種不同的物質組成，依循不同的定律，使所有的天體

* 不過，他確實有點認同德國天文學家兼占星家約翰尼斯・克卜勒（Johannes Kepler）所開發出來的那個版本的哥白尼理論，主要因為那套理論支持他的潮汐理論（但他錯把潮汐歸因於太陽）。然而，克普勒請伽利略公開支持他的論點時，伽利略拒絕了。

都繞著地球運轉。但伽利略看到的是一個「不平、粗糙、地貌凹凸不平的月球，和地球的表面差不多，有連綿的山巒和低谷[37]」。換句話說，月球看起來並非不同的「領域」。伽利略也看到木星有自己的衛星，那些衛星是繞著木星運行，而不是繞著地球運行。這點不僅推翻了亞里斯多德的宇宙觀，也佐證了地球不是宇宙的中心，只是宇宙中的諸多行星之一。

這裡我必須指出，我說伽利略「看到」東西，並不是指他直接把望遠鏡放在眼前，朝向某處，就把驚人的景象盡收眼底，彷彿在天文館看秀一樣。事實正好相反，他需要費盡心思，進行冗長乏味的觀察，因為他必須從那個不完美的望遠鏡，瞇著眼睛端詳數小時，並努力判斷他看到的究竟是什麼東西。例如，他凝視月亮時，只能費心記錄好幾個星期，接著詮釋那段期間山巒移動的陰影，藉此「看到」山巒。而且，他一次只能看到表面的百分之一，所以要畫出整個合成圖，必須做無數次縝密的觀察。

從研究的難度可以看出，伽利略的過人天分不在於他把工具做得多完美，而在於他應用工具的精妙。例如，他看到月球上狀似山巒的東西時，不會直接相信其外觀，而是研究光影，並應用畢氏定理來估計山的高度。他觀察木星的衛星時，一開始以為那只是一般的星星。後來經過多次仔細的觀察，並計算行星的已知運行後，才發現那些「星星」相對於木星的位置，在某種程度上一直在改變，顯示是繞著木星運轉。

伽利略本來很不願意踏入神學的領域，但是發現上述現象以後，他變得亟欲獲得肯定。所以他開始投入大量的心力，發表他觀察的結果，積極主張以哥白尼的「日心說」取代大家普遍接受的亞里斯多德宇宙論。為了達到那個目的，一六一〇年三月，他發表《星際信使》（*The Starry Messenger*），描述他看到的奇景。那本書出版後，馬上變成暢銷書，雖然（以現代的格式來看）只有六十頁，但震驚了學術界，因為它描述了月球和行星的奇妙，以及從未見過的細節。不久，伽利略的名氣傳遍了歐洲，每個人都想透過望遠鏡觀察。

那年九月，伽利略搬到佛羅倫斯，接掌「比薩大學首席數學家兼大公哲學家」這個重要的職位。他仍保有之前的薪資，但沒有教學的義務，甚至不必住在比薩。所謂的「大公」，是指托斯卡尼公國的科西莫二世・德・麥地奇大公（Cosimo II de' Medici of Tuscany）。伽利略之所以獲得那個職位，除了成就卓越以外，也是為了討好麥地奇家族，他甚至把剛發現的木星衛星命名為「麥地奇星」。

伽利略獲任不久後，就大病一場，臥床數月。諷刺的是，那可能是因為他受到威尼斯妓女的誘惑而染上「法國病」（梅毒）。但是重病期間，他依然努力說服有影響力的思想家相信他的發現是真實的。隔年他病癒後，福星高照，還受邀到羅馬講授他的研究。

伽利略在羅馬認識了馬費奧・巴貝里尼樞機主教（Maffeo Barberini），並在梵蒂岡獲得教宗保祿五世（Paul V）接見。那次旅行從各方面來看都極其成功，伽利略似乎巧妙地化解了他和教會的歧見，或許是因為他的演講大多是談到他使用望遠鏡觀察的結果，不太討論其寓意。

不過，在後續的政治活動中，伽利略還是免不了和梵蒂岡起了衝突，因為教會已經認同聖湯瑪斯・阿奎那（Saint Thomas Aquinas）創造出來的亞里斯多德學說，那個版本和伽利略的觀察及解釋並不相容。此外，伽利略也和手腕巧妙的哥白尼不同，他有時傲慢到令人難以忍受，連向神學家請教教會的教義時也是如此。所以，一六一六年，伽利略被傳喚到羅馬，在教會的高階官員面前為自己辯護。

那次傳喚受審的結果，後來似乎不了了之[38]。伽利略並未遭到定罪，他的著作也沒被列為禁書，他甚至再次獲得教宗接見，但是有關當局禁止他傳授日心說及地球繞日說。最後，整件事情依然帶給他極大的麻煩，因為十七年後伽利略在宗教法庭受審時，對他不利的證據大多是擷取自以前的會議紀錄。教會官員在多年前的會議中，已經明確禁止他傳授哥白尼的學說。

不過，有一陣子緊繃的局勢獲得了舒緩，尤其是一六二三年伽利略的朋友巴貝里尼樞機主教變成教宗烏爾巴諾八世（Urban VIII）以後。烏爾巴諾八世不像保祿五世，他對科學抱持積極的態度，擔任教宗的初期很樂於接見伽利略。

烏爾巴諾當上教宗後，伽利略受到友善氣氛的鼓舞，開始撰寫新書，並於一六三二年六十八歲時完成。那本嘔心瀝血之作名為《關於托勒密和哥白尼兩大世界體系的對話》（*Dialogo Sopra i due Massimi Sistemi del Mondo*）。但是那「對話」極其單向，教會的反應彷彿那本書的書名是《教會的教義為何錯誤以及教宗烏爾巴諾是白痴》。

伽利略那本《對話》是採朋友間的對話形式，書裡的人物有：辛普利西奧（Simplicio）是亞里斯多德學說的忠實支持者；沙格雷多（Sagredo）是睿智的中立派；薩爾維亞蒂（Salviati）為哥白尼的觀點提出有力的論據。伽利略撰寫那本書時很放心，因為他已經向教宗報備過，教宗似乎也批准了。但伽利略向教宗保證，他寫書的目的是為了幫教會和義大利的科學辯護，因為有人指控梵蒂岡因無知而禁止日心說。教宗烏爾巴諾批准那本書的條件是，伽利略必須在不做評判下，為兩邊提出理智的論點。如果伽利略確實盡力去做了，那表示他做得很差。他的傳記作者海爾布朗寫道，伽利略的《對話》「把相信地球不動說的哲學家貶抑成可笑、目光短淺、愚昧的白痴，頌讚哥白尼學說的支持者是優越的知識分子[39]」。

那本書還牽涉到另一個侮辱。教宗本來希望伽利略在書中加入免責聲明，以一段話肯定教會的教義是真實的。但伽利略並未聽從教宗的要求，而是以自己的語氣寫那段文字，由書中的人物辛普利西奧來表達對宗教的肯定（海爾布朗形容那個角色在書裡是個「傻瓜」）。教宗烏爾巴諾並不是傻瓜，因此勃然大怒。

那場爭議塵埃落定後，伽利略被判違反教會一六一六年禁止傳授哥白尼學說的敕令，並被迫宣告放棄他的信念。伽利略的罪行不只在於他的世界觀不為執政當局所接受，也因為他想取得真理的支配權或「所有者」*。其實教會裡的知識精英大多知道哥白尼的觀點可能是對的，他們反對的是有叛徒想要散播那個學說及挑戰教會的教義[40]。

一六三三年六月二十二日，伽利略穿著白色的懺悔衣，跪在法庭前，磕頭肯定聖經的權威，並宣示：「我，伽利略，已故佛羅倫斯人文森佐．伽利萊之子，現年七十歲……在此宣誓，我一向相信、確實相信，並在上帝的幫助下未來也會相信，天主教與羅馬教會所抱持、布道、指導的一切。[41]」

---

* 事實上，教會雖然禁止伽利略傳授哥白尼學說，但他遭到軟禁的那幾年，仍獲准持續研究及使用望遠鏡。

儘管伽利略宣稱他始終接受教會的教義，但他接著坦承，教會對他「發布禁令以後」，他仍主張那個受到譴責的哥白尼理論，因此他不得不「放棄『太陽是世界中心且不會動，以及地球不是世界中心且會動』的錯誤論點……」

最有趣的是伽利略懺悔的措辭，他說：「我撰寫並出版了一本書，在書中討論了這個遭到譴責的新學說，並引用了極具說服力的論據。」所以，儘管他宣誓效忠教會的真理版本，他依然為他的著作內容辯解。

最後，伽利略讓步表示：「為了讓主教閣下以及所有虔誠的基督徒消除對我的強烈疑慮，我稟著誠摯的心和真實的信念，宣告放棄、詛咒、憎惡前述的錯誤和異端……我發誓未來再也不說，也不以口頭或書面的方式，主張任何可能使人對我產生類似疑慮的東西。」

伽利略在宗教法庭所受的懲罰，不像焦爾達諾．布魯諾（Giordano Bruno）那麼嚴苛。布魯諾也宣稱地球繞著太陽運行，他的異端說法使他在公元一六〇〇年在羅馬被處以火刑。不過，教會藉由審判伽利略，擺明了官方立場。

兩天後，伽利略獲釋，交由佛羅倫斯的大使監護。晚年，他被軟禁在佛羅倫斯附近阿切特里（Arcetri）的別墅中。伽利略住在帕多瓦時，育有三名非婚生的子女。其中一個女兒和他很親近，但是在德國死於瘟疫，另一個女兒與他疏離，兒子文森佐（Vincenzo）住在附近，細心地照顧他。伽利略雖是囚犯，但官方並未禁止訪客造訪，連異端也不禁止，只要不是數學家都可以前往探訪。其中一位訪客是年輕的英國詩人約翰．彌爾頓（John Milton）。他後來在《失樂園》（*Paradise*

Lost）裡提到伽利略和他的望遠鏡。

諷刺的是，在阿切特里期間，伽利略寫下了最詳盡的運動物理學概念，一般認為那是他最偉大的著作：《關於兩門新科學的論述與數學推導》（*Discourses and Mathematical Demonstrations Relating to Two New Sciences*）。那本書無法在義大利出版，因為教宗禁止他創作，所以文稿是偷偷夾帶到尼德蘭的萊登（Leiden），於一六三八年出版。

那時伽利略已近風燭殘年，一六三七年陷入全盲，隔年開始出現消化日益衰弱的問題。他寫道：「我覺得一切食物都很噁心，喝酒對頭和眼睛只有壞處，連喝水都會腰疼……我的食慾盡失，對什麼都沒有胃口，即使能夠找到想吃的東西，醫生也會禁止。[42]」不過，他的心智依然活躍。一位訪客在伽利略死前不久去探訪他，他說伽利略最近很愛聽兩位數學家爭論（雖然官方禁止數學家造訪他）。

一六四二年，伽利略在兒子及幾位數學家的圍繞下離開人世，享年七十七歲。那年正好牛頓出生了。

伽利略本來想在佛羅倫斯的聖十字聖殿裡長眠，葬在他父親的旁邊。科西莫大公的繼任者費迪南（Ferdinando）甚至已經計畫在米開朗基羅的墓地對面為他建造一座大墓。不過，教宗烏爾巴諾明示：「為那種人建陵墓不恰當，因為好人可能因此對神聖的權威產生反感和偏見。[43]」所以伽利略的親屬把他的遺體放在教堂鐘樓底下，一個壁櫥大小的小房間裡。他們在那裡舉行了一場小型的葬禮，只有幾位朋友、親屬和弟子參加。很多人都覺得悵然若失，甚至連教會的人士也有同感。巴貝里尼樞機主教廷的圖書館員在羅馬勇敢地寫道，伽利略之死「不僅撼動了佛羅倫斯，也是整個世界及整個世紀的損失。我們從這位非凡之士所得到的輝煌成果，幾乎比所有的一般哲學家還多。[44]」

第七章 力學宇宙

伽利略出版《關於兩門新科學的論述與數學推導》時，他只把人類文化帶到一個嶄新世界的邊緣而已。牛頓則是跨出了最後那一大步，並在過程中完成了整個新思維的藍圖。牛頓之後，科學放棄了亞里斯多德學派以「目的」為主導的自然觀，開始接受畢達哥拉斯學派以「數學」為主導的宇宙觀。牛頓之後，愛奧尼亞所謂的「世界可透過觀察和推理來瞭解」的主張，轉變成一大比喻：世界像一個時鐘，數字定律主宰著它的機制，使自然的一切面向都可以精確預測，許多人相信連人類的互動也可以預測。

在遙遠的美國，開國元勛在《獨立宣言》中除了引用神學以外，也積極採納牛頓的思維，主張「自然法則和上帝旨意賦予[1]」人們政治自決。在法國，經歷法國大革命以及對科學的敵意之後，皮耶－西蒙．拉普拉斯（Pierre-Simon de Laplace）把牛頓物理學帶到了新的數學層次，並宣稱卓越的知識分子運用牛頓的理論，可以「理解那個主宰宇宙最大天體及最小原子運動的相同算式；毫無不確定性，未來就像過去一樣呈現在眼前。」

如今我們的思維都像牛頓學派。我們談到一個人的性格時，會用到「力」這個字眼；講到疾病的散播時，會提到「加速度」。我們談到身體的「慣性」，甚至心理的「慣性」，以及球隊的「動能」。在牛頓之前，以那些術語思考是前所未有的；如今，不以那些術語思考，反而令人難以想像。現在連對牛頓定律一無所知的人，思維上也深受其概念的影響。所以，研究牛頓的成果，等於是在探索我們自己的根。

由於現在大家對牛頓的世界觀已經習以為常，我們需要花點心思，才能欣賞其發明的精妙。事實上，我高中第一次學到牛頓定理時，覺得非常簡單，甚至不解大家為什麼會對這種簡單的東西大驚小怪。科學史上數一數二的天才竟然花了許多年的時間，才發明我十五歲上幾堂課就能領悟的東西，我覺得匪夷所思。這麼容易理解的概念，為什麼幾百年前會那麼難以領悟？

我父親似乎很清楚箇中原因。現在我會跟孩子分享便利貼之類的發明故事，我父親則是跟我提起他祖國的故事。他告訴我，幾百年前大家觀看世界時，他們看到的現實狀況與我們今天所感知的狀況截然不同。他說他青少年在波蘭時，和幾個朋友把床單蓋在山羊身上，讓羊蒙著床單穿過家裡，大人都以為見到鬼了。好吧，那是猶太節日「普珥節」（Purim，譯註：猶太曆中最歡樂的民間節日，是紀念猶太人在波斯帝國統治時期，神藉以斯帖拯救他們逃過滅族的危難。）的夜晚，大人都喝醉了，但我父親並未以酒醉來解釋他們的反應，他說他們只是以自己的信念來解釋看到的東西，鬼魂是他們習以為常的概念。他說，我可能會覺得那很無知，但是當年牛頓發表宇宙的數學定律時，大家可能也覺得一樣奇怪。如今即使你從未上過物理課，你的思維中也摻雜了一些牛頓概念。但是我們若不是在牛頓學說的文化中成長，那些定律對我們來說就不是那麼顯而易見了，多數人可能會覺得不知所云[2]。

＊＊＊

牛頓過世前不久，談到了他的人生，他如此描述他的貢獻：「我不知道世界怎麼看我，但是在我自己看來，我一直像個在海邊玩耍的男孩，偶爾會找到比較光滑的鵝卵石或比較漂亮的貝殼，而真理就像浩瀚的汪洋在我眼前展開，尚未探索。」[3]

對沒有牛頓那麼聰明或多產的學者來說，牛頓撿到的那些鵝卵石，可能為他們創造出極其輝煌的事業。他除了研究重力和運動以外，也傾注多年心力去發掘光學和光的祕密。他發明了如今我們所知的物理學，還有微積分。我告訴父親這些事蹟時（他在我開始研究牛頓的學說以前，沒聽過牛頓這號人物），他皺起眉頭說：「別像他一樣，要堅守一個領域！」一起初我聽到那個說法時，反應就如同一般青少年，覺得我爸根本就不懂。但其實我爸說的可能很有道理，因為牛頓差點就變成多方涉獵、但一事無成的天才。幸好，我們等一下會看到，在命運之神的介入下，如今大家普遍認為牛頓帶來了全面的思維革新。

獨行俠牛頓

其實牛頓從來沒到海邊玩過。他偶爾會和英國及歐陸的科學家互動，那確實令他受惠良多（通常是以通訊的方式交流），但他從未離開出生地伍爾斯索普（Woolsthorpe）、劍橋大學、首都倫敦這三點圍成的小區域，他似乎也不曾像多數人那樣「玩樂」過。他的人生中沒有很多親近的朋友或家人，甚至沒有情人，因為至少在晚年以前，要讓牛頓去社交，簡直跟說服一群貓聚在一起玩拼字遊戲一樣困難。也許他的遠親漢弗萊．牛頓（Humphrey Newton）的說法最為貼切，他曾擔任牛頓的助理五年，說他只看過牛頓笑一次——那次是因為有人問牛頓為什麼要學習歐幾里德的理論。

牛頓瞭解世界的熱情，是不帶個人感情的，他也無意為了人類福祉而去改善世界。他在世期間已名揚四海，但無人與他分享成就。他的智識過人，但一輩子未曾愛過。他獲得了最高的讚譽與榮耀，但大部分的時間都花在學術爭論上。如果我們能形容這位學術巨擘是個善解人意、平易近人的天才，那就太好了。但他要是真的有那些可親的特質，那應該是藏匿得很好，因為大家都覺得他討厭與人為伍，生性傲慢。他是那種你說今天的天色灰暗，他就偏要回你「才怪，天空其實很藍」的人。更討厭的是，他還有辦法證明給你看。物理學家理查．費曼（Richard Feynman，一九一八－一九八八年）撰寫《你管別人怎麼想》（*What Do You Care What Other People Think?*）時，提到很多只顧自己的科學家內心的感受。牛頓從未寫過回憶錄，但他要是真的動筆寫一本的話，可能會把書名取為《希望我真的氣死你》或《別煩我，你這個蠢蛋》。

霍金告訴我，他曾經覺得身體癱瘓也是一件值得慶幸的事，因為那讓他更專注於研究。我想，牛頓基於同樣的原因可能也會說，他完全活在自己的世界裡，不必浪費時間跟人往來有絕佳的優點。事實上，最近一項研究顯示，數學能力高強的學生若是不擅言詞，更有可能選擇以科學為業[4]。長久以來我一直懷疑，社交技巧拙劣和科學成就之間有關連，我確實認識不少成功的科學家，他們都非常奇怪，而且怪到除了在研究型的大學裡任職以外，很難在其他地方工作。例如，一位研究生每天都穿一樣的褲子和白襯衫，據說他其實有兩套衣服在替換，所以偶爾還是會換洗衣服。另一位知名的教授個性非常靦腆，你跟他說話時，他通常會避開你的眼神，講話也很小聲，而且他要是察覺到你跟他的距離不到一百二十公分，就會退後一步。說話小聲及保持距離這兩種行為，使他在研討會後很難跟大家閒聊，因為大家聽不清楚他在講什麼。我讀研究所時，第一次見到他。當時我犯了太靠近他的錯誤，他後退時，我還天真地往前一步，結果害他差點被椅子絆倒。

科學是極其美妙的主題，儘管科學進步需要概念的激盪，與人交流，集思廣益，但科學也需要長時間的獨自鑽研。也因此，不愛交際、甚至喜歡離群索居的人可能更有優勢。愛因斯坦曾經寫道：「促使人類投入藝術和科學的一大動力，是為了擺脫日常生活的苦悶和枯燥……每個人把這個宇宙及其構造變成個人感情生活的支點，以便藉此找到平靜與安穩，那是個人經驗的狹隘漩渦中所找不到的。[5]」

牛頓因為鄙視日常事物的追求，所以能在心無旁騖下，專注地投入他感興趣的東西。但是那種性格也導致他吝於分享多數的科學研究，不願發表大量的論著。幸好，他也沒把那些東西丟掉，他就像林鼠一樣，收藏的東西簡直可以開一個真人實境秀。只不過他不是囤積寵物的屍體、舊雜誌或穿不下的舊鞋，他囤積的「東西」包括隨手記下的數學、物理、煉金術、宗教和哲學，每分每毫的支出明細，以及他對父母的情感描述。

牛頓把他寫過的一切幾乎都留下來了，連廢棄的計算紙和老舊的學校筆記本都沒扔掉。所以想要深入瞭解牛頓的科學理念是如何演進的，可以從那些遺物中鑽研到前所未有的細膩程度。他的科學論文大多捐給了劍橋大學的圖書館，那裡是他的知識大本營。但其他的文字紀錄總共有數百萬字，最後是在蘇富比賣出。經濟學家凱因斯（John Maynard Keynes）是競標者之一，他買下了牛頓撰寫的多數煉金術文件。

牛頓的傳記作家理察・魏斯特福（Richard Westfall）花了二十年的時間，研究牛頓的一生。最後他總結，牛頓「無法以我們理解一般人的標準，去歸納出一個樣貌[6]」。但如果牛頓是外星人，至少他是個會留下日記的外星人。

＊＊＊

牛頓之所以努力地瞭解世界，完全是出於過人的好奇心。那種探索世界的強烈動力，似乎完全發自於內心，就像我父親拿麵包去換取數學解答的衝動那樣。不過，牛頓的那股動力還受到其他因素的驅動。儘管如今世人推崇他是科學理性的典範，他對宇宙本質的探索，其實和哥貝克力石陣那個年代的人一樣，與他的心靈及宗教密切相關。因為牛頓相信上帝是透過言語及創作來向人類展現神啟，所以研究宇宙定律就是研究上帝，對科學的熱情只是一種宗教的熱情罷了[7]。

牛頓喜歡獨處及長時間投入工作，至少從他的學術成就來看，那是他的過人優勢。他喜歡窩在自己的世界裡研究，對科學發展來說是一大福音，但他本人也為此付出了很大的代價，那似乎和他童年承受的孤寂及痛苦有關。

我求學時，總是很同情那些沒有人緣的孩子，因為我自己就是其中之一。但牛頓的情況更慘，連他的**母親**都不喜歡他。他生於一六四二年十二月二十五日，像個沒人要的聖誕禮物。幾個月前他的父親才剛過世，他的母親漢娜想必覺得牛頓的存在只是短暫的不便，因為他是早產兒，預期活不了多久。八十多年後，牛頓告訴侄婿，他出生時非常嬌小，可以放在小鍋子裡，而且身體極其脆弱，脖子要加個小墊枕才能固定。沒有人看好他活下來，兩位被派到兩、三英里外買補給品的婦人拖拉拉了許久，因為她們覺得還沒回去以前，那個嬰兒應該已經死了。但她們錯了，小嬰兒只靠那個小墊枕固定脖子就活了下來。

如果牛頓從來不覺得他的人生需要任何人，可能是因為他的母親**對他**從未發揮過多大的效用。他三歲時，母親改嫁給有錢的巴拿巴·史密斯牧師（Barnabas Smith）。史密斯的年紀是漢娜的兩倍多，他想娶年輕的妻子，但不想要年幼的繼子。

我們不知道這種情況可能衍生出什麼家庭氛圍，但想必會有一些緊繃的狀態。多年後，牛頓描寫童年時，他回憶道：「我威脅父母要放火燒了他們和整個家。[8]」牛頓並未提到父母聽到他的威脅後作何反應，但紀錄顯示，他很快就被丟給祖母照顧。牛頓和祖母相處得比較好，但祖孫倆也不算親近。在牛頓留下的文字紀錄中，從未出現溫馨回憶祖母的隻字片語。不過，往好處想，至少他沒有回憶曾經想要放火燒死祖母和整個家。

牛頓十歲時，史密斯牧師過世了，他短暫回到母親的身邊，那時家裡多了三個同母異父的手足。史密斯過世兩年後，漢娜把牛頓送到離伍爾斯索普十三公里外的格蘭瑟姆（Grantham）就讀清教徒學校。在那裡就讀時，他寄住在藥劑師兼化學家威廉·克拉克（William Clark）的家中，克拉克很欣賞並鼓勵牛頓的創意及好奇心。年少的牛頓在那裡學會以杵臼研磨化學物；他逆向跳入風中並比對跳躍的距離，藉此衡量風力；他自製一個小風車，用轉圈上的老鼠來啟動風車；他發明了一台用轉動曲柄來啟動的四輪車；也發明了尾巴綁著發光燈籠的風箏，夜晚放出去嚇鄰居。

他和克拉克相處融洽，但是同學間就不是那麼一回事了。在學校裡，他因為與眾不同又明顯比其他人聰慧，所以其他的孩子都很討厭他。幼年這種孤獨但創意旺盛的生活，為他後來大半輩子充滿創意但孤僻的人生預做了準備。

牛頓年近十七歲時，母親逼他輟學，要求他回家接管家產，但牛頓不善務農。由此可見，即使你是計算行星軌道的天才，也不見得會栽種苜蓿，更何況他根本對務農毫無興趣。他放任圍籬年久失修，讓豬隻擅自闖入玉米田，他只在小溪上搭建水車，或是自顧自地閱讀。魏斯特福寫道，他討厭一輩子「牧羊和鏟糞[9]」的生活。我想，我認識的物理學家要是遇到同樣的情況，也會有類似的反應。

幸好，牛頓的叔叔和格蘭瑟姆的老校長介入幫忙，他們深知牛頓的天分，一六六一年六月，幫牛頓進入劍橋大學的三一學院就讀。他在那裡接觸到那個年代的科學思維，後來產生了不同的意見，進而推翻那些思維。家裡的僕人都很慶幸他離開家了，他們不是為他開心，而是因為他總是苛待他們。

＊＊＊

後來的三十五年，劍橋成了牛頓的家園，也是他推動思想革命的起點。大家常把那場革命描述成連串的頓悟，但他探索宇宙奧祕的奮鬥過程，其實比較像壕溝戰，是一場接一場的艱辛智慧戰，犧牲了大量的精力和時間，逐步攻城掠地。任何天賦不如他或狂熱執著度不如他的人，都不可能在那種艱辛的奮鬥中成功。

剛開始，牛頓的生活很苦。他母親的年收入逾七百英鎊，過著舒適的生活，但他去劍橋求學時，母親只給他十磅的生活費，寥寥無幾，使他在劍橋淪為社會底層。

在劍橋那個僵化的階級架構中，有一種學生叫「減費生」（sizar）。那些窮學生為了換取免費的伙食及學費減免，賺取一點零用金，必須伺候富家子弟，幫他們梳理頭髮、清洗鞋子、端送麵包和啤酒、倒夜壺等等。比起減費生，牛頓的地位更為低下，他算是「次減費生」（subsizar），需要像減費生那樣做一些卑微的勞務，但伙食費及學費依然要自己支付。那些跟他的出生背景一樣、在格蘭瑟姆學校裡霸凌他的同學，這下子變成他伺候的對象，他想必覺得非常難受，所以牛頓在劍橋嚐到了「底層生活」的滋味。

一六六一年，伽利略的《關於兩門新科學的論述與數學推導》出版剛滿二十年，跟他的其他著作一樣，尚未對劍橋的課程產生影響。這表示當時牛頓以苦勞及費用換取的課程，涵蓋了亞里斯多德學派的一切世界觀，例如亞里斯多德的宇宙論、亞里斯多德的倫理、亞里斯多德的邏輯、亞里斯多德的哲學、亞里斯多德的物理、亞里斯多德的修辭等等。他研讀原版的亞里斯多德著作，以及有關亞里斯多德的課本，他翻遍了課程的相關書籍，但沒有一本讀完的，因為他跟伽利略一樣，覺得亞里斯多德的論述沒有說服力。

不過，亞里斯多德的著作仍是牛頓最早學到的縝密求知法，即使他不認同亞里斯多德的學說，但他學會了如何探索自然的多元議題，並以條理分明又連貫的方式，傾注全力去思考。事實上，抱著獨身主義又少有休閒活動的牛頓，比我聽過的任何人還要努力認真。他每天工作十八個小時，每週工作七天，而且這個習慣持續了數十年。

牛頓拋開劍橋課程中的亞里斯多德研究，一六六四年自己展開漫長的新思維探索之旅。他在筆記裡寫道，他啟動自己的研究計畫，閱讀及吸收當代歐洲思想家的傑作，包括克卜勒、伽利略、笛卡爾等人。牛頓求學時的成績雖然不算頂尖，但一六六五年畢業時，他獲得四年的公費補助，可以繼續在校進修。

一六六五年夏天，英國爆發嚴重的瘟疫，劍橋和其他學校紛紛封校，直到一六六七年春天才再度開學。封校期間，牛頓回到伍爾斯索普的母親家中，繼續一個人鑽研學問。一些歷史記載把一六六六年稱為牛頓的奇蹟年，據傳牛頓在家庭農場上發明了微積分，想出運動定律，並看到蘋果落地，因此發現了萬有引力定律。

果真如此的話，那一年還真不錯，但事實並非如此。萬有引力理論不是你可以在突然間頓悟的絕妙概念，而是一整套研究，那是構成整個新科學概念的基礎[10]。更重要的是，牛頓和蘋果那個故事所勾勒出來的形象其實是有害的，因為那會讓物理學看起來好像是靠突發奇想進步的學問，彷彿有人被砸到頭以後就能夠預測天氣似的。但事實上，即使是牛頓那樣的天才，也需要經歷過多次的腦力激盪，投入多年的心血去探索想法，才會逐漸明白那些想法的潛力，從而帶來進步。科學家忍受那些腦力衝擊所造成的頭痛，因為我們就像美式足球員一樣，對那個領域的熱愛更勝於衝擊所帶來的疼痛。

多數史學家之所以懷疑牛頓神奇頓悟的故事，是因為在瘟疫肆虐期間，牛頓對物理學的見解不是一次全部提出來的，而是在一六六四到一六六六年的三年間陸續提出。此外，一六六六年那段期間結束時，並未出現牛頓革命，連牛頓本人都還不是牛頓學說的信奉者。他依然認為等速運動是源自於移動物體的內部，他所謂的「重力」是指來自物件材料的某種固有屬性，而不是地球施展的外力。那時他提出的概念只是開端，那個開端使他對很多事情感到困惑不解，包括力、重力、運動等等——這些都是最後構成其偉大研究《數學原理》（*Principia Mathematica*）的基礎。

我們很清楚牛頓在伍爾斯索普的農場上想了什麼，因為他習慣把思考的東西全都寫在一大本筆記上，那本筆記是史密斯牧師留下來的，原本大多是空白。牛頓很幸運繼承了那本筆記本，後來因此有足夠的紙張，可以用數百萬個文字及數學符號記下研究。

前面提過大學和數學方程式之類的創新發明，但科學革命還有其他我們習以為常的推動要素，其中一大要素就是紙張的日益普及。牛頓很幸運，因為英國第一個順利營運的造紙廠成立於一五八八年。同樣重要的是，一六三五年皇家郵政服務開始對大眾開放，使不善交際的牛頓可以和其他的科學家通信，甚至和遠地的科學家交流。不過，牛頓那個年代，紙張仍要價不菲，所以他很珍惜那本筆記本，稱之為「流水帳」（Waste Book）。在那本筆記中，我們看到牛頓探索運動物理學的細節，得以一窺天才醞釀概念的珍貴過程。

例如，我們知道一六六五年一月二十日，牛頓開始在那本筆記裡，為他探索的「運動」寫下大量的數學內容，而非哲學內容。他分析的關鍵是使用他發明的微積分，那是一種用來分析改變的新

(a) (b) (c) (d)

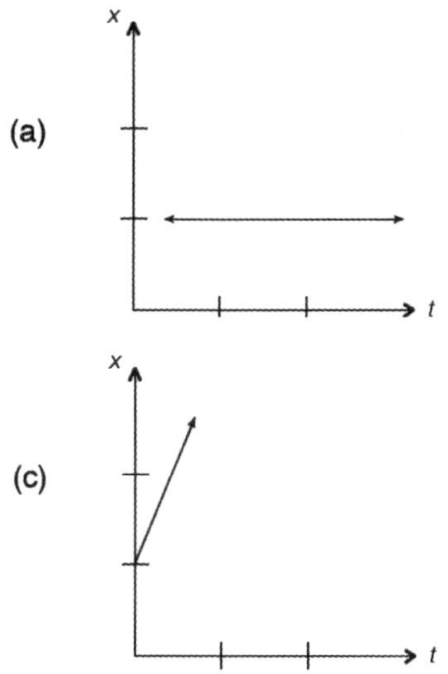

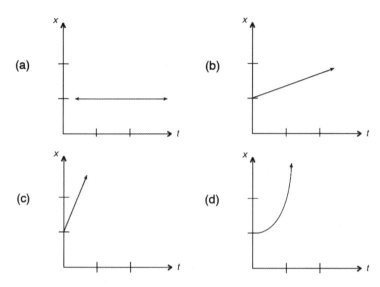

圖 (a) 到圖 (c) 描繪等速運動：(a) 速度 0（靜止不動）；(b) 慢速；(c) 快速。圖 (d) 是加速度運動。

數學。

牛頓依循奧雷姆的方式，把改變想成曲線的斜率。例如，如果你以縱軸代表物件移動的距離，橫軸代表時間，線的斜率就代表速度。水平線代表位置不變，陡峭的直線或曲線代表物體的位置移動很大，正以高速移動。

但奧雷姆與其他學者在解讀圖形時，使用的方法偏向定性分析。例如，「距離－時間」那張圖並不是顯示時間橫軸上**每個時間點**移動的距離；那條線的斜率也不代表物件**每個時刻**的移動速度。對牛頓以前的物理學家來說，速度是指**平均**速度，亦即移動的總距離除以移動的時間。那只是很粗略的計算，因為他們計算的時間間隔通常是小時、天、或甚至週。事實上，一六七〇年以前，科學家還無法精準地測量短時間的實驗。

一六七〇年英國的鐘錶匠威廉・克萊門（William Clement）發明了鐘擺型的時鐘以後，大家才終於有辦法衡量到秒數。

牛頓分析的獨到之處，在於他不再只是畫出平均值，而是畫出每個點的數值和斜率。他處理了一個沒有人提過的議題：如何定義物件在**每個時刻**的**瞬時速度**？當你以「距離除以時間」來計算速度時，如果時間只是一個瞬間的時點，那要怎麼除？那樣想合理嗎？牛頓在他的筆記裡探索了這個問題。

如果說伽利略喜歡想像「極限狀態」（例如斜坡的傾斜度愈來愈大，直到幾乎垂直），牛頓則是把那個概念帶到全新的極致。為了定義某個時點的瞬時速度，他先以傳統的方式計算一段時間內的平均速度（那段時間涵蓋了他想知道的那個時點），接著，他想像一個新的抽象狀況：把那段時間逐漸縮短，一直縮短到極致，趨近於零。

換句話說，牛頓想像一段時間可以小到比任何有限數字還小，但又比零還大，如今我們稱之為「無限小」或「微分」（infinitesimal）。如果你計算一段時間的平均速度，然後把那段時間縮到無限小，就會算出物件在一瞬間的瞬時速度。

找出某個時點瞬時速度的數學規則——或者，更一般的狀況，曲線上某點的斜率——就是微積分的基礎*。如果原子是構成化合物的不可分割要素，微分就像是建構時間和空間的不可分割要素。

牛頓以微積分發明出「變化」的數學。不久之前，人類才剛想出史上第一種衡量速度的方法：在一條長繩上打很多結（譯註：演變至今，knot（繩結）成了航海界獨有的計速單位「節」，簡稱

kn 或 kt，代表每小時一海浬（nm/h）），然後把長繩放在船尾，隨著水流放下，計算一定時間內沖走的**結數**，藉此計算船速。牛頓則是把「瞬間速度」的複雜概念帶進文化中，從此以後，大家談到「物件在某個時刻的速度」或是「任何東西的改變」時，就不再覺得奇怪了。

如今我們用微積分來描述各種改變，例如氣流通過機翼的方式、人口成長的方式、氣候演變的方式、股市的上下起伏、化學反應的演變等等。在現代科學的任何領域，你想畫出任何東西的數量變化時，微積分都是關鍵工具**。

微積分後來讓牛頓把「物件在某個時點受力的量」和「物件在該時刻的速度改變」聯想在一起。此外，那也顯示，把無限小的速度改變全部累加起來，就能以時間的函數算出物件的路徑。不過，那些定律和方法要再等數十年才會出現。

在物理學方面，牛頓的筆記本裡也出現前所未有的突破。例如，在牛頓之前，大家把物件相撞視為兩物的內部組成相互較量，就像兩個肌肉發達的格鬥士在競技場上較勁一樣，看誰先把對方甩出競技場。但牛頓的想法不同，他只從每個物件受到的外部因素（亦即「力」）來分析。

牛頓在筆記裡寫了一百多個和這個問題有關的公設。不過，即使他的想法進步了，他只為所謂的「力」提出一個有缺陷又令人費解的概述。尤其，他沒有寫到如何把「力」加以量化，例如地心

---

* 更精確地說法是「微分」（differential calculus），相反的程序則稱為「積分」（integral calculus）。「calculus」一字單獨使用時，通常涵蓋微分和積分。

** 理論上，人口成長和股價都是分立的數字，不是連續的數字，不適合使用微積分，但這些系統的性質往往是近乎連續的狀態。

引力或使物件「改變運動」的力該怎麼計算。牛頓在伍爾斯索普的農場上開始勾勒的理論，直到將近二十年後才完成全貌，而且他最初勾勒的東西和後來掀起牛頓革命的驚世見解相去甚遠。

＊＊＊

物理學家傑勒密・伯恩斯坦（Jeremy Bernstein）講過一九五八年奧地利的物理學家沃夫岡・包立（Wolfgang Pauli）造訪美國的故事。包立向哥倫比亞大學的觀眾提出一個理論，當時在場的尼爾斯・波耳（Niels Bohr）對他的理論感到懷疑。包立坦言，他的理論乍看之下可能有些瘋狂，波耳回應：「不對，問題在於那個理論看起來還**不夠**瘋狂。[11]」包立一聽，轉向觀眾辯稱：「我的理論**夠**瘋狂了！」波耳堅稱：「不，你的理論**不夠**瘋狂！」不久，兩個著名的物理學家都怒沖沖地站在前台，像小學五年級生一樣對吼。

我之所以提起這個故事，是想說：每個物理學家和創新者抱持的錯誤概念都比正確的還多。如果他們在自己的專業領域相當傑出，他們也會有一些瘋狂的點子，那些都是最棒的點子（當然，正確的點子才算數）。分辨對錯並不容易，可能需要投入大量的時間和心力，所以我們應該對抱持古怪想法的人多點同情。事實上，牛頓就是一例。在瘟疫期間，因提出過人的見解一鳴驚人後，他接下來的人生有很長一段時間都在探索錯誤的概念，許多後來鑽研牛頓研究的學者都覺得那些概念很瘋狂。

一開始一切很順利。一六六七年春季，劍橋重新開放後不久，牛頓回到三一學院。那年秋天，三一學院舉行選舉[12]。每個人偶爾都會遇到一些對自己的未來產生極大影響的獨立事件，例如改變人生的挑戰或工作面試、影響後來機會的大學或專業學校入學考試等等。對牛頓來說，三一學院的選舉可說是匯集了上述一切的大變動：那場選舉的結果將決定二十四歲的牛頓究竟是以「學人」這個更高的身分留在大學裡，還是回鄉過牧羊鏟糞的生活。當時，他獲選的可能性不高，因為三一學院已經有三年未舉行選舉，那年只有九個名額，但候選的人數多出許多，而且很多候選人有政治人脈，有些人甚至還取得英國國王的欽點信。不過，牛頓確實當選了。

既然可以從此擺脫務農生涯，大家可能認為牛頓會開始專注地投入研究，把「流水帳」裡有關微積分和運動的想法進一步發展成牛頓定律。但他沒有那樣做，當上「學人」之後的那幾年，他投入兩個截然不同的領域，做了引人注目的研究：光學和數學，尤其是代數。後者為他帶來了很大的收穫，因為劍橋大學的數學家們很快就把他視為天才。所以，當影響深遠的伊薩克·巴羅（Isaac Barrow）辭去夙負盛名的盧卡斯數學教授席位時（幾百年後霍金接了這個位置），巴羅安排牛頓來接替他的位置[13]。那個教席的薪資以當時的水準來看極其優厚，相較於其母提供的生活補助，劍橋給牛頓的補助金是十倍，每年有一百英鎊。

但牛頓的光學研究成果就沒有那麼好了。之前他還是學生時，讀了牛津科學家羅伯·波以耳（Robert Boyle，一六二七－一六九一年）和羅伯·虎克（Robert Hooke，一六三五－一七〇三年）近期的光學和光線研究。波以耳也是化學方面的先驅，虎克則是波以耳的助理，不僅熟悉理論，更是出色的實驗家，據形容是個「彎腰駝背、臉色蒼白」的人。波以耳和虎克的研究啟發了牛頓，但他從未承認。不久之後，牛頓不僅做計算，也開始做實驗，磨製鏡片，改良望遠鏡。

牛頓從多方面探索光線，他拿針狀的錐子戳壓眼睛，直到他看到白色和彩色的圓圈[14]。難道光是來自壓力嗎？他直視著太陽，一直盯到眼睛受不了才停止（由於盯了太久，隔好幾天才恢復視力）。他寫道，他把視線移開太陽時，顏色就變了。所以，光線是真實的嗎？抑或是我們想像出來的？

為了在實驗室裡研究色彩，牛頓在研究室窗戶的活動窗板上挖一個洞，讓陽光照進來。哲學學家認為，太陽的白光是最純淨的，完全無色。虎克已經讓陽光穿過稜鏡，發現透出稜鏡的光是有色的，所以他推斷稜鏡之類的透明物質會產生顏色。不過，牛頓也讓光線穿過稜鏡，但得出不同的結論。牛頓指出，稜鏡雖然把白光分離成有色光，但是直接讓有色光穿過稜鏡時，有色光並未改變。所以牛頓推論，稜鏡不會**產生**顏色，而是把組成白光的多種顏色**分離**出來（折射角度不同時，就會出現不同的顏色）。牛頓因此宣稱，白光並不純淨，而是一種組合。

那些觀察促使牛頓提出一個顏色和光的理論，那是他在一六六六年和一六七〇年之間開發出來的。其結論是（虎克稱之為「假說」時，牛頓氣炸了），光是由類似原子的微小光粒子射線所組成的。如今我們知道牛頓這個理論的細節是錯的；沒錯，幾百年後，愛因斯坦又再度提起「光粒子」的概念（如今稱為「光子」），但愛因斯坦的光粒子是量子粒子，不是依循牛頓的理論。

牛頓的望遠鏡研究為他帶來了名聲，但光粒子的概念在他那個年代（以及愛因斯坦的年代）卻遭到極大的質疑。虎克的理論主張光是由光波所組成的，兩人因此反目為敵。此外，虎克也指控，牛頓的實驗只是拿他之前做過的實驗來改一下，就聲稱是自己的實驗。

多年來牛頓廢寢忘食地研究光學，卻因此陷入學術之爭，而且情況迅速演變成惡鬥。更糟的是，虎克的個性急躁魯莽，講話直率刻薄，短短幾小時內就可以回應牛頓的辯詞；而牛頓的行事作風向來縝密細膩，他覺得做任何回應以前，都要下很多的功夫，有一次他甚至花了好幾個月才回應。

不過，撇開私人恩怨不談，牛頓也因此開創了新科學方法的社交面：公開討論及辯論概念。牛頓其實不喜歡這種方式，他向來個性孤僻，所以乾脆抽離這個領域。

一六七〇年代中期，牛頓對數學感到厭煩，也因為光學研究遭到批評而憤怒不已。這時才三十出頭的牛頓開始冒出白髮，而且經常蓬頭亂髮，他幾乎已經完全抽離了科學圈，接下來十年也一樣。

非主流學術的「瘋狂」研究：聖經和煉金術

不過，厭惡衝突不是導致他幾乎完全陷入孤立的唯一原因。在之前的那幾年間，即使他在研究數學和光學，他也開始把每週上百小時的研究時數轉移到兩個新的興趣上。他不急著跟任何人討論那兩項興趣，那是他後來經常遭到批評的「瘋狂」研究專案。事實上，那兩項興趣顯然是在主流學術之外：對聖經進行數學和文本分析，以及煉金術。

對後代的學者來說，牛頓決定潛心研究神學和煉金術往往令他們費解，那種行徑就好像他決定不再投稿《自然》，開始為山達基教撰寫文宣一樣。不過，那樣評斷牛頓，就忽略了科學主體的真正範疇，因為牛頓之所以辛勤地投入物理學、神學和煉金術的研究，其實可以用一個共同的目標一言以蔽之：為了探究世界的真相。稍微思考一下牛頓的辛勤探索其實很有趣——不是因為那些探索證明是對的，也不是因為那些探索證明牛頓有時候很瘋狂，而是因為它們突顯出科學探索最後究竟是成果豐碩、還是徒勞無功，往往只是一線之隔。

聖經承諾上天會對虔誠的人揭示真相，雖然單純閱讀文本時，某些元素不是那麼顯而易見，不過牛頓依然相信聖經的承諾。他也相信，以前的虔誠信徒，包括瑞士醫生帕拉賽瑟斯（Paracelsus）之類的卓越煉金術士，已經推測出重要的見解，並以暗碼的形式把那些見解寫在他們的作品中，以避免不虔誠的人知道。牛頓推演出萬有引力定律以後，他甚至開始相信摩西、畢達哥拉斯、柏拉圖都比他早知道那個定律[15]。

由於牛頓天賦過人，他想以數學來分析聖經其實是可以理解的。他的研究促使他算出創世、諾亞方舟，以及其他聖經事件的確切日期。此外，他也根據聖經預測了世界末日，並持續修正他的算法[16]。最後幾次預測中，他有一次預測世界末日是介於二〇六〇年到二三四四年之間。（不知道那會不會證實是真的，但怪的是，那確實和全球氣候變遷的一些情境非常吻合。）

此外，牛頓也開始懷疑一些聖經段落的真實性，並深信有一樁龐大的騙局為了支持耶穌是上帝的概念，而破壞了早期教會的傳承，他覺得那個概念是一種偶像崇拜。總之，他不相信三位一體，這實在有點諷刺，畢竟他是三一學院的教授。他抱持這樣的觀念也很危險，因為萬一有心人士得知他的觀點，他肯定會因此失去教職，或許還會失去更多的東西。不過，儘管牛頓投入很多心血去重新詮釋基督教，他對於公開自己的研究極其小心謹慎。（但牛頓認為，他最重要的研究其實是宗教研究，而不是科學方面的革新。）

那幾年，牛頓的另一項興趣是煉金術。煉金術也占用了他很多的時間和精力，而且他持續研究了三十年，遠比他投入物理學的時間還多。研究煉金術也很花錢，因為他還為此設立了煉金術實驗室和圖書館。如果我們直接把牛頓對煉金術的投入視為不科學，那也是誤會大了。因為他探索煉金術時，就像探索其他的學術一樣，非常仔細小心，而且非常理性。不過，由於他的推理是以我們完全不熟悉的脈絡為基礎，我們很難瞭解他得出來的煉金術結論。

現在我們對煉金術士的刻板印象是：穿著長袍，留著鬍子，唸著咒語，試圖把肉荳蔻煉成黃金。事實上，目前已知最早的煉金術士是一個埃及人，名叫曼底斯的波洛斯（Bolos of Mendes），活在公元前兩百年左右。每次做完「實驗」時，他都會唸以下的咒語：「一物配一物，一物剋一物，一物治一物。[17]」聽起來好像在講兩人結婚後可能發生的多種不同狀況。但是波洛斯所說的物質是化學物質，他確實對化學反應有一些瞭解。牛頓認為，在古代，波洛斯之類的學者已經發現了深奧的真相，只是後來失傳了，但是分析希臘神話可以重新發掘真相，他深信希臘神話是以暗碼形式撰寫的煉金祕訣。

牛頓在探索煉金術時，也是採用一絲不苟的科學研究方法，做了無數細膩的實驗，寫下大量的筆記。所以這位後來寫出《原理》的作者（《原理》常被譽為科學史上最偉大作品），也花了好幾年在筆記中寫下許多類似下面的實驗觀察：「在金星的中央鹽裡溶解揮發性的綠獅，加以蒸餾提煉。

提煉出來的靈氣是金星綠獅的血。綠獅亦即巴比倫的龍，它可以用其毒素毒死一切，但是被女神戴安娜的鴿子（亦即水星環）所祭出的安撫降服了。[18]」（譯註：綠獅是煉金術的術語，代表硫酸。金、銀、水銀、銅、鐵、錫、鉛分別對應太陽、月亮、水星、金星、火星、木星、土星。）

我剛踏入科學這一行時，崇拜每一位備受大眾肯定的大師，例如牛頓和愛因斯坦之類的先哲，以及費曼之類的當代天才。對年輕的科學家來說，踏入這種大師倍出的領域可能是壓力很大的事。我剛獲得加州理工學院的教職時，也感受到那樣的壓力，感覺就像升中學的前一晚，我擔心上體育課，尤其是必須跟其他的男學生一起洗澡，和大家裸裎相見[19]。因為在理論物理學界，你也是在袒露自己，只不過不是裸身，而是坦露智識，而且其他人不只會旁觀，還會下評斷。

很少人談過那種不安感，或分享自己的感受，但這種現象其實很常見。每位物理學家都必須找到自己的方式去因應那種壓力。不過，想要成功因應壓力的話，就要盡可能避免擔心自己是錯的。據傳，愛迪生常提出一項建議：「想要獲得絕佳的點子，要先想出許多點子。」確實，創新者走過的死胡同比康莊大道還多，所以你老是擔心轉錯彎的話，就永遠到不了有趣的地方。因此，我真心希望當初入行時就知道牛頓想過的所有錯誤點子，以及他徒勞無功的那段歲月。

對我這種人來說，知道那些極其出色的人偶爾也會搞錯，總是讓我放心不少。知道連牛頓那種天才都可能錯得離譜，就令人格外安心。他也許想出「熱是微小粒子移動的結果」，也認為所有物質都是由微小粒子組成的，但是他覺得自己感染肺結核時，還是喝了松節油、玫瑰水、蜜蠟、橄欖油調配的偏方。（據傳那個偏方也可以治胸痛和瘋狗咬傷。）沒錯，他發明了微積分，但他也覺得耶路撒冷所羅門神殿的平面圖裡，蘊藏著世界末日的數學線索。

為什麼牛頓會偏離本行那麼遠呢？仔細探究當時的情況，會看到一個原因最顯而易見：與世隔絕。就像知識隔離導致壞科學在中世紀的阿拉伯世界裡大幅擴散一樣，同樣的情況似乎也導致牛頓逐漸走偏。不過，與世隔絕是他自願的，因為他始終沒讓任何人知道他在研究宗教和煉金術，他不想冒著遭到取笑的風險，或甚至因為開放學術討論而遭到抨擊。牛津大學的哲學家W・H・紐頓－史密斯（W. H. Newton-Smith）寫道，沒有所謂的「好牛頓」和「壞牛頓」，理性和非理性的牛頓[20]；牛頓之所以走偏了，是因為他沒把概念提出來，讓大家公開討論與質疑。「公開論壇」是「科學體系中最重要的常態之一」。

牛頓不僅厭惡批評，在瘟疫肆虐期間，也不願分享他在運動物理學方面的革新研究。他擔任盧卡斯教授十五年後，那些概念依然是尚未發表的未成品。所以，一六八四年，四十一歲時，這個極其認真的前神童只留下一堆有關煉金術和宗教的混亂筆記和論文，多篇未完成的數學論文，以及依舊令人困惑不解、也不完整的運動理論。牛頓在好幾個領域裡都做了詳盡的探究，留下一些數學和物理學的概念，但那些概念就像過飽和食鹽水：濃度極高，但沒有結晶。

牛頓當時的職涯狀態就是如此，史學家韋斯福（Westfall）指出：「牛頓要是在一六八四年過世，並留下那些論文，我們會從那些論文知道這世上曾出現一個天才。不過，我們不會把他尊稱為開創現代智慧的先哲，頂多只會以簡短的段落提到他，並感嘆他無法完成未竟之志。[21]」

牛頓的命運沒有落入那樣的下場，並不是因為他決心完成研究內容並加以公開，而是因為一六八四年一個近乎偶然的事件改變了科學史的發展，牛頓和一位同僚的互動提供了他所需的概念和刺激。要不是因為那次偶然，科學史，乃至全世界，都將會截然不同，而且不是變得更好。

一個賭注促成牛頓寫出他最偉大的科學論文

那一顆促成史上最大科學躍進的種子，是在牛頓遇到一位同僚之後萌芽的。那位同事在當年的夏末碰巧經過劍橋。

那年一月，天文學家愛德蒙．哈雷（Edmond Halley）參加了倫敦的英國皇家學會所舉行的會議，並在會中和兩位同仁討論了當時的熱門議題。英國皇家學會是致力於科學的學術團體，有很大的影響力。數十年前，克卜勒引用丹麥貴族第谷．布拉赫（Tycho Brahe，一五四六－一六〇一年）所收集、準確性前所未見的行星資料，發現有三個定律似乎可用來描述行星的軌道。他宣稱，行星的軌道是橢圓形的，太陽是其中的一個中心點。他也找出那些軌道依循的某些規則，例如，行星繞軌道一圈的時間平方，和它距離太陽平均距離的三次方成比例。就某方面來說，他提出來的定律很簡潔優美，精簡地描述了行星在太空中的運轉。但另一方面，那只是空泛的看法，特定的說詞，並未說明為什麼軌道會依循那種定律。

哈雷和兩位同僚臆測，克卜勒的定律反映了某些更深層的意涵。尤其，他們推測，假設太陽對每顆行星的拉力大小，跟著行星和太陽的距離平方成反比（亦即所謂的「反平方定律」），克卜勒的定律依然成立。

遠端物體（例如太陽）對四面八方的施力大小，跟距離平方成反比，這個道理其實可以用幾何學來主張。想像一個極大的球體，那個球體大到讓太陽看起來像其中心的一小點。球體表面的每一點到球心的距離都一樣，太陽的影響力（亦即「力場」）應該是同樣分布在球體的表面。

現在，再想像一個球體是剛剛那個球體的兩倍大。幾何定律告訴我們，球體的半徑加倍時，表面積會變成原來的四倍，所以這時太陽引力是分布在四倍的表面積上。如此可以推斷，在那個四倍大的表面積上的任一點，太陽的引力是之前那個球體的四分之一。反平方定律就是這樣運作的：離得愈遠，施力跟著距離平方成反比。

哈雷和同仁懷疑克卜勒定律的背後存在著反平方定律，但是他們怎麼證明呢？其中一人說他可以證明，那個人就是虎克。另一人是克里斯多佛．雷恩（Christopher Wren），如今最為人知的身分是建築師，但他也是知名的天文學家。他跟虎克打賭，要是虎克能證明出來，他就給他獎金。但虎克婉拒了，他向來以個性反骨著稱，不過他婉拒的理由令人懷疑：他說，他暫時不想揭露證明，他想讓大家先去嘗試，嘗試失敗後才會知道那個證明有多難。或許虎克真的已經解開問題了，或許他也設計出可以飛往金星的飛船了，但總之他從未揭露證明。

那場會議結束七個月後，哈雷正巧來到劍橋，他決定去探望孤僻的牛頓教授。牛頓就像虎克一樣，宣稱他也做了研究，可以證明哈雷的上述臆測。但牛頓也跟虎克一樣，其實沒有證明出來。他故意翻箱倒篋找了一下文件，就是找不到他的證明，但他承諾會好好找一下，之後再寄給哈雷。過了幾個月，哈雷沒收到任何東西，你可以想見哈雷當時作何感想。他問了兩位頗具聲望的成年人，能不能解開一個問題，其中一人說：「我知道答案，但我不要講出來！」另一人的回應彷彿是說：「狗吃掉了我的作業！」所以雷恩的獎金始終發不出去。

牛頓後來確實找到證明了，但他又仔細看了一遍，發現那個證明有誤。他並未放棄，而是著手重新研究，最後成功了。那年十一月，他寄給哈雷九頁的論文，以顯示克卜勒的三個定律其實都是「引力的反平方定律」的數學推論。他把那篇短文稱為〈論天體的軌道運動〉（De Motu Corporum in Gyrum）。

哈雷非常興奮，他看出牛頓的論證充滿了革命性，希望英國皇家學會能把它發表出來，但牛頓反對，他說：「既然我開始研究這個議題了，我想徹底探究以後再發表論文。[22]」由於後來牛頓投注了極大的心力，發表的成果稱得上是史上最重大的學術論著，他那句話聽起來可謂史上最輕描淡寫的回應。牛頓後來「徹底探究」的結果，是證明行星軌道的根本原理，就是可以套用在一切物體上（包括天體和地球上的物體）的運動定律和力學定律。

後續的十八個月，牛頓撇開一切雜務，專注地延伸那篇論文，把它擴增成後來的《原理》。他就像物理學機器一樣，一旦投入一項主題，就廢寢忘食，這是他從以前就養成的習慣。據說，他的貓變得很胖，因為他直接把飼料堆在牠的盤子裡。他以前的大學室友說過，他早上看到牛頓時，通常會發現他依然在昨晚的位置上努力解著同一個問題。不過，這一次，牛頓又變得更極端了，他幾乎完全不跟任何人接觸，足不出戶。偶爾幾次出門，是去大學的食堂，站著吃一兩口東西，就立刻趕回家繼續奮戰。

最後牛頓關閉了煉金術實驗室，也擱下了神學探索。他還是繼續按照規定講課，但講課內容艱澀難懂，後來大家才知道原因：牛頓每堂課都是拿《原理》的草稿來授課。

＊＊＊

牛頓獲選為三一學院的「學人」後，剛開始的幾十年間，也許沒有太投入力學和運動的研究。但一六八〇年代，他的智識遠比一六六〇年代瘟疫肆虐時期還要高出許多。他對數學的理解也遠比以前嫻熟，再加上多年的煉金術研究，使他具備了更豐富的科學經驗。一些史學家甚至認為，正因為牛頓鑽研煉金術多年，他在運動科學上才有所突破，進而寫下《原理》一書。

諷刺的是，促成牛頓突破的要素之一，其實是他想起五年前虎克寫給他的一封信。虎克在那封信裡提議，把軌道運動看成兩種不同趨勢的結合。想像一個物體（例如行星）繞著另一個吸引它的物體（例如太陽）運轉，假設繞行的那個物體有直線運作的傾向，亦即飛出弧線軌道，一直線飛出去，就好像下雨天駕駛人錯過彎道而向前直駛一樣，數學家稱之為沿切線方向飛出。

另外，也假設這個物體有第二種傾向：被軌道的圓心所吸引。數學家稱那個方向的運動為「徑向運動」。虎克指出，徑向運動的趨勢和切線運動的趨勢可以互補，所以兩種趨勢結合起來，就產生了軌道運動。

我們很容易看出那個概念為什麼會引起牛頓的共鳴。前面提過，牛頓在精進伽利略的慣性定律時，曾在他那本「流水帳」裡寫道，物體除非受到外力的影響，否則都有持續直線前進的傾向。對繞著軌道運行的物體來說，第一種趨勢（以直線飛出軌道）就是從那個定律衍生出來的。牛頓發現，只要在上述情況中加入從軌道中心吸引物體的力，就提供了「徑向運動」的起因，亦即虎克的第二個必要條件。

但是這要怎麼用數學來描述呢？尤其，你如何連結反平方定律的數學和克卜勒發現的軌道數學特質呢？

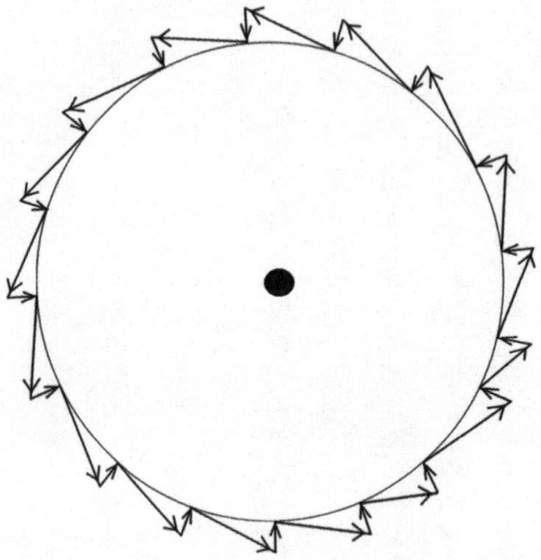

把繞圈運動視為由切線運動和徑向運動結合所引起的

試想，把時間分成很多細小的間隔。在每個間隔中，你都可以把繞行的物體當成沿著切線移動一小段，在此同時，它也會朝圓心移動一小段。這兩個運動加起來的淨效果，就是讓那個物體回到軌道，但比剛剛稍微往前一些。如此重複多次以後，就會出現類似上圖的鋸齒狀圓形軌道。

在這種軌道上，如果每個時間的間隔都極其微小，整個軌道會很接近平滑的圓圈。這裡，牛頓發明的微積分就派上用場了：時間的間隔**無限小**時，路徑是圓的。

牛頓發明的新數學讓他可以如此描述運行軌

道。他畫出一張圖，圖中的繞行物體是沿切線移動，但是往圓心「回落」，形成鋸齒狀的路徑。接著，他套用「極限」的情境，使鋸齒的直線邊縮到極小，如此一來，鋸齒狀的圓形軌道就變成平滑的圓圈了。

所以，軌道運動其實是圓心吸力持續把沿著切線飛出去的物體拉回來。牛頓以反平方定律來描述運行軌道的向心力，就得出克卜勒的三個定律，完成了哈雷所要求的證明。

證明自由落體和軌道運動都是力學和運動定律的例子，也是牛頓最偉大的成就之一，因為那一舉推翻了亞里斯多德的主張（天上與地面是不同的領域）。如果說伽利略的天文觀測顯示其他星球的特質和地球很像，牛頓的成就則是證實自然**定律**也適用於其他星球，不單只是適用於地球而已。

不過，即使是在一六八四年，牛頓對引力和運動的見解，也不是因為看到蘋果落下而頓悟的。萬有引力是牛頓持續修改《原理》的初稿時逐漸理解的概念[23]。

在這之前，如果科學家懷疑行星有引力，他們會覺得行星的引力只受其衛星的影響，不會受到其他行星的影響，彷彿每個行星都是各自獨立的世界，有一套自己的定律。事實上，牛頓一開始探索時只是想知道，地球上自由落體的起因是不是也可以拿來解釋地球對月球的引力，他並沒有想要解釋太陽對其他行星的吸力。

由此可見牛頓的非凡創意，他有跳脫框架思考的能力，促使他開始質疑傳統的思維。他寫信向一位英國的天文學家索取一六八〇到一六八四年間的彗星資料，以及木星和土星接近彼此時的軌道速度。他拿那些精確的資料進行繁複的計算並比較結果，開始相信同一個引力定律適用在宇宙各地——包括地球和所有的天體之間。於是，他修改了《原理》以反映那個事實。

牛頓定律的優勢，不只在於那些革新性的概念。有了那些定律以後，他可以用前所未有的精確度來做預測，並且拿來和實驗的結果做比較。例如，使用月亮距離以及地球半徑等資料，再考慮到太陽吸力導致月球軌道偏移、地球自轉所產生的離心力、地球不算是正圓體等細節，牛頓因此推論，在巴黎那個緯度，從靜止狀態掉落的物體，第一秒落下的距離是四．五七米[24]。向來研究細膩的牛頓指出，這個預測值和實驗結果之間的誤差在三千分之一以內[25]。而且，他還以不同的材質不厭其煩地重複實驗，包括金、銀、鉛、玻璃、沙、鹽、水、木、小麥等等。他最後總結，每種物體，無論是什麼材質組成的，無論是在地球上或宇宙間，都會吸引其他的物體，而且那吸力都是遵循同樣的定律。

牛頓學說的「力」

等牛頓終於「徹底研究」運動和力學時，他的〈論天體的軌道運動〉已經從九頁變成三大冊的《原理》，全名是《自然哲學的數學原理》（*Philosophia Naturalis Principia Mathematica*）。在《原理》中，牛頓不再只是探討物體的軌道運動，他詳細說明一套通用的力學和運動理論。這套理論的核心是三種量的相互關係：力量、動量（他稱之為運動的量）、質量。

我們看完了牛頓努力開發出定律的過程，現在來看他那三個定律是什麼意思。牛頓的第一定律是以伽利略的慣性定律為基礎，再加上「力量是導致改變的原因」這個重要的概念：

第一定律：物體不受外力下，靜者恆靜，動者恆做等速直線運動。

牛頓就像伽利略一樣，認為物體做等速的直線運動是自然狀態。由於如今我們已經習慣以牛頓學說來思考，我們很難理解當初這個概念剛提出時有多麼違反直覺。我們在現實世界中看到的多數運動，**並不是**照著牛頓描述的方式運行的：物體掉落時會加速，遇到空氣時會減速，並循著曲線掉落地面。牛頓主張，這些運動就某種意義來說是異常運動，是重力或摩擦力之類的無形力量所造成的結果。他說，放任物體運作時，它會等速移動；如果它的路徑是彎曲的，或是速度在改變，那是因為有力量施加在它上面。

這個「靜者恆靜、動者恆動」的概念讓我們得以探索宇宙。例如，在地面上行駛的法拉利汽車可以在四秒內從靜止加速到時速六十英里，但由於有空氣阻力和摩擦力的干擾，它必須努力地維持速度。在外太空，太空船每行進約十萬英里只會遇到一個游離的分子，所以不必擔心摩擦力或阻力。那表示你一旦讓太空船動起來，它就會持續以等速直線移動，不會像上述的法拉利那樣慢下來。如果你讓引擎持續運作，你可以持續幫太空船加速，它不會因為摩擦力的干擾而失去動能。假設，你的太空船有法拉利的加速力，你維持那個加速度一年而不是一秒，一年後的速度可達光速的一半。

當然，這也會牽扯到一些實務上的問題。例如，你需要攜帶的燃料重量和相對論的效果（稍後會談到）。此外，如果你想抵達一顆恆星，你需要選定一個好目標，因為恆星體系極其稀少，如果你隨機鎖定一個恆星體系，平均而言，太空船在抵達下一個恆星體系以前所行進的距離，比宇宙大爆炸以來光運行的距離還遠。

牛頓並未預想到人類造訪其他的行星，但是既然他主張施力會使物體加速，他在第二定律中進一步說明了力量、質量、加速度之間的關係（套用現代的術語，「運動變化」是指動量改變，亦即質量乘以加速度）：

第二定律：運動的變化，和物體沿著直線運動所受到的施力成比例。

假設你推著上面坐著小孩的推車。第二定律主張，在忽略摩擦力下，如果一秒的施力可讓含小孩共七十五磅的推車以時速五英里運行，那麼把小孩換成你家重量一百五十磅的青少年，你推動推車的力道必須變成之前的兩倍，或推動的時間必須是之前的兩倍，才能達到同樣的速度。幸好，你想要把七十五萬磅的大型噴射客機從靜止加速到時速五英里，只要推力是之前的一萬倍（這很難達到），或是推動的時間是之前的一萬倍長（只需要有耐心）就行了。所以只要你能維持同樣的施力一萬秒（亦即兩小時又四十七分鐘），你就能像推動小孩的推車那樣，推動載滿乘客的大型噴射客機了。

如今我們把牛頓的第二定律寫成 F = ma，亦即力等於質量乘以加速度。但牛頓的第二定律是牛頓過世許久以後才以方程式表示的，比他提出那個定律晚了近一百年。

在第三定律中，牛頓指出，宇宙的總動量不變，動量可以在物體之間移轉，但總動量不會增加或減少。如今宇宙中的總動量和宇宙剛形成時一樣多，只要宇宙繼續存在，總動量就會維持不變。

這裡應該注意一點，在牛頓的計算中，一個方向的動量，加上相反方向的對等動量時，總動量等於零。所以，一個物體可以在不違反牛頓的第三定律下，從靜止狀態變成運動狀態，只要該物體的運動被另一物體的反向運動所抵銷。牛頓是這樣說的：

第三定律：任何作用力總會產生大小相等、方向相反的反作用力。

這句看似簡單的句子告訴我們，子彈往前飛時，槍枝會往後退；溜冰者把溜冰鞋往後推時，她的身體會往前移；你打噴嚏時，從嘴巴噴出氣體，你的頭會往後揚起[26]（《脊椎》〔*Spine*〕期刊裡有一篇文章指出，平均而言，這時你頭往後揚起的加速度，是地球重力加速度的三倍）；太空船從尾端噴出熱氣時，太空船會加速往前衝，那個往前衝的動量和熱氣在真空中噴出的動量一樣大，但方向相反。

牛頓在《原理》中闡述的定律不是只有抽象的概念，他以令人信服的方式證明，他提出的幾個數學原理就可以用來解釋現實世界的無數現象。其中的運用包括：他證明萬有引力導致月球的不規律運動，他解釋了潮汐現象，他計算了聲音在空氣中的速度，他證實春分、秋分是月球對地球赤道隆起的引力作用所產生的結果。

這些都是驚人的成就，全世界都震驚了。但是就某些方面來說，更令人驚嘆的是，牛頓曉得他那幾個定律的實務運用還是有一定的限度。例如，牛頓知道，即使他的運動定律可以普遍用來理解我們周遭發生的一切事物，但那些定律只在沒有阻力和摩擦力的理想世界裡絕對成立。

牛頓過人的天賦就像伽利略一樣，有很大一部分在於他曉得現實環境中存在著無數複雜的因素，然後能夠排除那些紛亂錯雜的東西，展露出其根本的簡潔定律。

以自由落體為例：牛頓的定律指出，掉落的物體會加速，但是只在一開始。除非物體是在真空中掉落，否則它穿越過的介質最終會阻礙加速。那是因為物體在介質中掉落得愈快，會遇到愈多的阻礙——因為那個物體每一秒都會碰到更多的介質分子微粒，而且碰撞愈來愈劇烈。最後，物體加速掉落時，萬有引力和介質的阻力會相互抵銷，所以物體的速度並未增加。

如今我們稱最大速度為「終端速度」。終端速度以及達到終端速度所需要的掉落時間，取決於物體的形狀和重量，以及物體掉落時所穿越的介質屬性。所以，物體在真空中掉落時，每掉落一秒鐘，加速度是時速二十二英里。但是水滴從空中掉落時，達到時速十五英里後就不會再加速了。相較之下，乒乓球的加速度是時速二十英里，高爾夫球是九十英里，保齡球是三百五十英里。

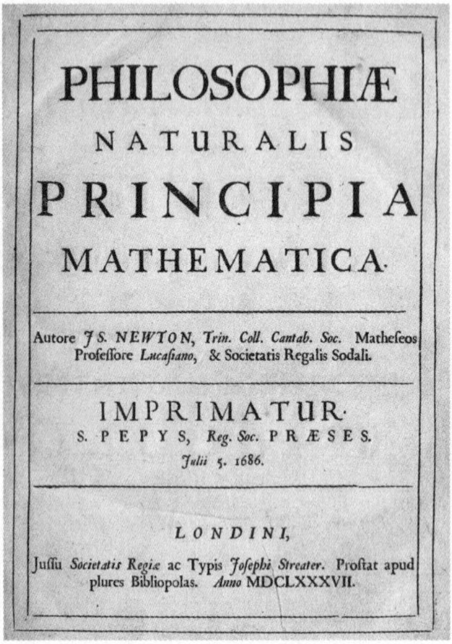

PHILOSOPHIÆ
NATURALIS
PRINCIPIA
MATHEMATICA.

Autore *JS. NEWTON*, *Trin. Coll. Cantab. Soc.* Matheseos Professore *Lucasiano*, & Societatis Regalis Sodali.

IMPRIMATUR.
S. PEPYS, *Reg. Soc.* PRÆSES.
Julii 5. 1686.

LONDINI,
Jussu *Societatis Regiæ* ac Typis *Josephi Streater*. Prostat apud plures Bibliopolas. *Anno* MDCLXXXVII.

牛頓的《原理》書封

如果你張開四肢，你的終端速度約是時速一二五英里；如果你把自己蜷縮成球狀，你的終端速度約是時速兩百英里。如果你從空氣稀薄的高度跳下來，你的降落速度可以超越音速（時速七六一英里）。二〇一二年，一位大膽的奧地利人就是那樣做，他從十二萬八千英尺高的熱氣球往下跳，達到時速八四三．六英里（二〇一四年美國人艾倫．尤斯塔斯〔Alan Eustace〕從更高的地方往下跳，但沒有達到那麼快的速度）。雖然牛頓對空氣的屬性還不夠瞭解，無法推算出終端速度，但是在《原理》的第二冊裡，他確實畫出自由落體的理論圖。

牛頓出生前不久，哲學家和科學家法蘭西斯・培根（Francis Bacon）寫道：「自然的研究鮮少有成果。[27]」相反的，牛頓過世數十年後，物理學家兼牧師羅傑・博斯科維奇（Roger Boscovich）寫道：「只要知道力學定律，以及任何時刻所有點的位置、速度和方向，就有可能預測必然依循那些定律的所有現象。[28]」這兩個年代的想法之所以如此迥異，都要歸功於牛頓。他為他那個年代的主要科學之謎，提出了意義深遠的精確解答，所以後續的一百年，只有在他沒接觸的領域才有可能出現新的進展。

* * *

一六八六年五月十九日，英國皇家學會同意出版《原理》，但條件是哈雷必須支付印刷成本，哈雷別無選擇，只好同意。英國皇家學會不是出版商，但一六八五年開始跨足出版業，出版《魚類的歷史》（*The History of Fishes*）。那本書的書名雖然有意思，但銷量不佳，所以皇家學會再也不敢碰出版了。再加上學會的經費拮据，連請哈雷擔任文書的年薪五十英鎊都付不出來，只能拿幾本《魚類的歷史》來抵付哈雷的年薪，所以哈雷也只能接受學會提出的條件，自掏腰包出版《原理》，並於隔年發行。

哈雷負擔了出版成本後，基本上就成了牛頓的出版商，他也同時兼任《原理》的編輯和行銷，並贈送《原理》給那個年代所有頂尖的哲學家和科學家，那本書在英國掀起了極大的風潮，也迅速在歐洲各地的咖啡館和知識圈引發熱烈討論。不久就可以清楚看出，牛頓寫了一本注定顛覆人類思維的著作，同時是科學史上影響最大的作品。

沒有人料到世上竟然會出現廣度和深度如此驚人的作品。歐陸三家頂尖的評論期刊都發文盛讚，其中一家期刊的書評寫道，《原理》提供「人類可以想見的最完美機制」[29]。連偉大的啟蒙運動哲學家約翰．洛克（John Locke）都「決心熟讀那本書」（雖然他不是數學家），因為大家公認牛頓終於推翻古老的亞里斯多德定性物理學派，現在他的研究成果才是科學應該採用的模板。

說到《原理》引發的負面反應，主要是來自一群人的抱怨，他們說牛頓定律裡有些主要概念不是只有牛頓想到而已。德國哲學家兼數學家哥特佛萊德．萊布尼茲（Gottfried Wilhelm Leibniz）也獨自發明了微積分，只是比牛頓稍微晚一點，他說牛頓想獨攬功勞。牛頓確實是想獨攬功勞，向來敏感孤僻的牛頓認為，任何時候，地球上的神聖知識只會有一位解碼者[30]。在他那個年代，他就是唯一的解碼者。在此同時，虎克也稱《原理》是「創世紀以來最重要的自然發現」，但接著又憤恨不平地宣稱，牛頓從他那裡偷了「反平方定律」那個重要的概念。虎克的說法有幾分道理，因為反平方定律的基本概念確實是他想出來的，雖然牛頓想出了數學表達方式。

有些人也指控牛頓推廣超自然或「神祕力量」，因為他說的萬有引力是從遠處運作的，龐大的天體可以透過太空的真空狀態影響遙遠的物體，而且不必透過明顯的工具來傳輸那個力量。其實愛因斯坦也對後面那句話感到困惑，尤其他最不解的是，牛頓的萬有引力影響是瞬間立即產生的。牛頓理論的那部分違反了愛因斯坦的狹義相對論。狹義相對論主張，任何東西的運行速度都比不上光速。愛因斯坦不只嘴巴說說而已，他還實際去驗證，並提出自己的引力理論（亦即廣義相對論），修正了問題，也取代了牛頓的萬有引力定律。相較之下，那些和牛頓同年代的人士只會批評引力從遠方運作的概念，卻提不出其他的版本，只得承認牛頓的研究對科學的影響。

牛頓面對上述批評時，他的反應和一六七〇年代光學研究受到批評的反應大相逕庭[31]。當時他在虎克等人的威嚇下抽離了科學界，切斷了多數的人際交流。現在，他徹底研究出結論，也非常清楚其研究成果的重大意義，於是他砲火全開，猛力反擊評論者，尤其在獨攬功勞的指責方面，他一直奮戰到虎克和萊布尼茲相繼去世之後還不肯罷休。至於說他推廣超自然力量的指控，牛頓則是予以否認：「我覺得這些原理不是神祕特質，而是一般自然定律。『現象』向我們展現其真實性，只不過成因尚未發現。[32]」

《原理》改變了牛頓的一生，不僅因為大家公認那部作品是思想史上的重要里程碑，也因為那部巨作把他推到大眾面前，使他一舉成名天下知。他因此比較懂得待人處世。後續的二十年，他擱下神學方面的多數研究，也調整了煉金術的研究，但並未中斷。

那個改變是從一六八七年三月開始的，就在他完成那些定律的研究後不久。他變得比以前更加大膽，開始參與劍橋大學和英王詹姆斯二世之間的政治之爭。英王試圖讓英國改信羅馬天主教，並對劍橋施壓，要求劍橋直接授與學位給一位本篤會修士，不需要考試，也不必向英國國教宣誓。但劍橋大學不肯答應並守住了傳統，對牛頓來說，那件事是一個轉捩點。他參與那項政治抗爭，使他在劍橋變成政治名人，一六八九年劍橋大學的理事會開會時，投票通過送他到英國議會，擔任該校的代表之一。

據說，他不太喜歡擔任議員，發言時只抱怨過吹進議堂的風太冷，但他確實逐漸愛上倫敦，結識了許多頂尖的知識分子和金融家，並樂於接受他們的仰慕。一六九六年，在劍橋待了三十五年後，牛頓決定從學術界退休，遷居他處。

在那次轉變中，牛頓從極具聲望的學術高位，轉戰倫敦某個地位相對較低的官職：造幣局的理事。不過，這時牛頓已經愛上倫敦的魅力，再加上年過半百，覺得自己的智力開始衰退，而且他也厭倦了學術界的薪資，造幣局的官職使他的年收入大增至四百英鎊。他可能也想到，身為英國的頂尖知識分子，只要適時運用政治手腕，就有機會晉升為造幣局局長。一七〇〇年，他確實辦到了，造幣局局長的平均年收入高達一千六百五十英鎊，約是一般工匠年收的七十五倍，這份薪資使他之前在劍橋擔任教職的收入顯得寒酸。因此，後續的二十七年，他在倫敦過著上流社會的生活，而且樂在其中。

此外，牛頓也在出版其巨作的組織裡晉升到最高位：一七〇三年，虎克過世後，他獲選為英國皇家學會的會長。但年事漸長及成就過人並未使他變得更成熟，他以鐵腕風格掌控皇家學會，甚至在成員稍有「輕率或無禮」之舉時，就取消其會員資格[33]。他也愈來愈不願意和其他人分享任何學術發現的功勞，並濫用職權，以多種報復手段鞏固其職位。

青年與中年時期的牛頓

* * *

一七二六年三月二十三日，英國皇家學會在日誌裡記錄：「會長一席因艾薩克・牛頓爵士辭世而空出，本日無會議。[34]」幾天前牛頓過世了，享年八十四歲。

在那之前，牛頓預期自己不久人世已經好一段時間了，因為他晚年罹患嚴重的慢性肺炎，還有許多其他疾病，那些病症出現在煉金術士身上並不令人意外。幾百年後有人分析牛頓的毛髮，發現其毛髮的鉛、砷、銻含量是常人的四倍，汞含量更是常人的十五倍[35]。不過，牛頓診斷的死因是膀胱結石，結石令他痛不欲生。

牛頓的命運和伽利略的命運形成了強烈的對比。多年後，有鑑於牛頓科學的成果，教會對科學新概念的反對已經冷卻下來了，連義大利的天主教天文學家也有權教導及進一步拓展哥白尼的理論（只要他們一再重申「那只是理論」就可以）[36]。在此同時，英國開始明白科學有幫助產業發展及改善人民生活的潛力，科學已經發展出完整的實驗和計算文化，並演變成一種聲譽卓著的領域，至少在上流社會是如此。而且，牛頓晚年時期，反對權威開始變成歐洲文化的一個主題，無論是反對亞里斯多德、托勒密等古代權威的概念，還是反對宗教和君主的權威。

從伽利略和牛頓的喪禮儀式，最能看出科學在那兩個年代的差異。伽利略只獲准舉行私人的小型喪禮，並在教堂內某個不起眼的角落安息。牛頓的遺體下葬以前，先放在西敏寺供大眾瞻仰弔唁。他安葬在那裡後，還立了巨大的紀念碑，石棺底下還有台座。石棺上的浮雕顯示幾個男孩手拿著代表牛頓最大發明的工具，墓碑上銘刻著：

艾薩克·牛頓爵士長眠於此，他憑著近乎神聖的智識以及獨樹一格的數學原理，探索行星的運行、彗星的軌道、海洋的潮汐、光線的相異之處，以及其他學者從未想過的光線顏色屬性。他勤奮、精明、忠實地闡述自然、古代以及神聖的聖經，以自己的理念證明萬能上帝的至善，並以他的方式展現真理的簡潔。凡人慶幸世間竟然存在如此偉大的人物！他生於一六四二年十二月二十五日，歿於一七二六年三月二十日[37]。

牛頓的人生和伽利略的人生總共橫跨了一百六十多年，他們一起見證了所謂的科學革命，而且在許多方面都是這段革命的主要功臣。

在牛頓漫長的職業生涯中，他以運動定律和他發現的單一力學定律（萬有引力定律）來闡述行星和太陽系的諸多現象。不過，他的理想和抱負遠遠超過了那些知識。他認為，力是導致自然界所有改變的終極原因，從化學反應到鏡子的反光都是如此。更重要的是，他深信未來當我們逐漸瞭解構成物質那些微小「粒子」之間的吸力或斥力時（牛頓版的古代原子概念），他的運動定律就足以解釋宇宙中看到的一切。

如今，我們可以明顯看出牛頓充滿了先見，他對原子之間作用力的瞭解幾乎完全命中事實，但是人類產生那樣的理解是在兩百五十年後。當人類終於瞭解時，卻發現支配原子的定律無法融入牛頓建構的物理架構中。那些支配原子的定律揭開了人類感官無法體驗的新世界，人類只能靠想像力去勾勒那個新的現實。那個架構是如此的新奇，必須以另一套新的定律全面取代牛頓知名的定律。對牛頓來說，那套新定律可能看起來比亞里斯多德的物理學還要陌生奇特。

第八章 萬物組成

我十幾歲時，發現有兩種截然不同的科學方式可以探索宇宙的奧祕，對那兩種方法都充滿了興趣。我一直聽到有關物理學家的奇怪謠言，還有他們發現的量子定律。那個定律似乎是說，我可以同時存在兩個地方，我懷疑那種說法在現實世界中是否成立，反正我也沒想要去很多的地方。不過，我也聽說化學家在探索一些比較踏實的祕密，那些祕密激進又危險，似乎和破解宇宙的祕密無關，這激發了我的冒險精神，而且還承諾賦予我身為孩子所沒有的能力。所以不久之後，我開始混合氨和碘酒、過氯酸鉀和糖、鋅粉和硝酸鹽及氯化銨，搞出了一些爆炸。阿基米德說，只要有夠長的槓桿，他就能撬動地球；我則是相信，只要混合恰當的家用化學物品，我就可以**爆開**地球。這就是促使我瞭解周遭物質的原動力。

世界上第一批科學思想家，為那兩條探索實體世界的路徑奠定了基礎。他們質問是什麼造成改變，探索東西的組成，以及那些組成如何決定東西的屬性。最後，亞里斯多德為兩者提出了一套路線圖，但他提出的路徑後來證明是死胡同。

牛頓與他之前的許多前輩為了瞭解「改變」這個問題，歷經了千辛萬苦。牛頓也試圖瞭解物質的科學，但他的化學成就不如物理學那麼輝煌，問題不在於他的智慧不夠，或是他鑽進了煉金術那條漫長的死胡同。原因在於，即使化學（亦即物質的科學）是跟著物理學（亦即改變的科學）一起進展的，兩者其實是性質迥異的科學。化學比較混沌複雜，若要徹底探索，需要先開發出一些科技創新，那些創新在牛頓那個年代大多尚未發明出來。因此，牛頓受到阻礙，化學界缺乏傑出的巨擘，一舉把那門學問推向卓越。化學的發展是比較漸進的，由幾位先驅共享榮光。

我亟欲瞭解人類是如何發現物質的組成，化學可說是我的初戀。我從小在芝加哥的小公寓裡成長，起居環境非常狹隘，但我們有一個很大的地下室任我使用，我可以在裡面構築自己的夢幻樂土。那是我精心打造的實驗室，裡面有一櫃又一櫃的玻璃器皿，色彩豐富的粉末，以及好幾罐強酸和強鹼。

有些化學物品是我自己非法取得的，或是瞎掰理由請不疑有詐的父母幫忙取得（「如果我有一加侖的鹽酸，就可以清除混凝土上的貓尿」）。我一點也不擔心如此撒謊會惹上什麼麻煩，當時只覺得，只要研究化學，我就可以學習自製酷炫的煙火，又滿足我對世界的好奇心。我也跟牛頓抱持一樣的想法，覺得專心投入研究遠比試圖拓展社交生活好多了。取得化學物質比結交朋友來得容易，我想跟那些化學物質玩耍時，它們從來不會以「我要回家洗頭」或「我不跟怪咖玩」來回絕我。不過，就像許多初戀一樣，化學和我最後還是分道揚鑣了。我開始愛上新學科：物理。那時我才知道，不同的科學領域不僅鎖定不同的問題，連文化也截然不同。

物理和化學之間的差異，從我犯的多項錯誤來看最為明顯。例如，我很快就發現，如果我的物理計算最後得出「4 = 28」這樣的等式，不表示我發現了某種前所未見的奧祕真相，而是因為我犯了某種錯誤。但那是無害的錯誤，只存在紙上。在物理學中，那種愚蠢的錯誤幾乎都一定會導出無傷大雅的數學謬誤，雖然令人失落，但並無大礙。相反的，化學就不同了。我的化學失誤往往會產生大量的煙霧和烈焰，以及酸性物質所造成的皮肉傷，留下幾十年後依然存在的疤痕。

對於物理和化學的差異，我父親是根據他認識的人中最接近那兩項學科的人，來描述兩者的差異特質。他說，「物理學家」是在集中營裡要求他用麵包去交換數學解答的那個人（其實他是數學家），「化學家」則是他被送進布亨瓦德集中營以前，在猶太人地下組織所遇到的人[*1]。

我父親曾參與一個預謀破壞鐵路的組織，那條鐵路穿過其故鄉琴斯托霍瓦。那位化學家說，他把爆裂物放在鐵軌的重要部位，就能讓火車出軌，但他必須溜出猶太人的聚居地，去取得一些原料，他堅稱他可以用賄賂和偷竊的方式取得。這需要跑好幾趟，總之他一出去就再也沒回來了，從此音訊全無。

我父親告訴我，那個物理學家是個舉止文雅、沉默寡言的人，他以他最熟悉的方式逃避集中營的恐怖：縮回自己的內心世界。相較之下，那位化學家具有激進夢想家和牛仔的特質，積極地投入行動，直接面對世界的混沌狀況。我父親說，那就是化學和物理學之間的差異。

早期的化學家確實不像早期的物理學家，他們必須有一定程度的勇氣，因為意外爆炸是一種職業風險，中毒也是，因為他們常需要利用味覺來協助辨識物質。早期最有名的實驗者，或許是瑞典的藥劑師兼化學家卡爾·席勒（Carl Scheele）。他率先製造出有強烈腐蝕性又有毒的氣體「氯」，也設法精確描述了劇毒氣體「氰化氫」的味道，而且竟然沒被毒死。但一七八六年，席勒疑似因急性汞中毒而過世，得年四十三歲[2]。

至於我自己的看法，我覺得化學家和物理學家的差異，就像父親和我的差異。因為那位化學家消失後，我父親和另外四位參與爆破計畫的人仍繼續執行計畫，只不過是使用手工工具來鬆動鐵軌（他告訴我：「各種螺絲起子。[3]」），而不是使用爆裂物。其中一位共謀者因過度驚慌而引起附近武裝親衛隊的注意，導致東窗事發。結果只有我父親和另一位共謀者僥倖逃脫，他們躺臥在鐵軌間，讓一長排的貨運列車從上方駛過。相反的，我很少在外部世界採取什麼重要的行動，只會運用方程式和紙張計算事物的後果。

物理和化學之間的鴻溝，同時反映了這兩種領域的淵源和文化。物理是源自於泰勒斯、畢達哥拉斯、亞里斯多德的內心理論；化學則是源自於工匠和煉金術士的密室。雖然這兩個領域的從業人員都是受到純粹的求知慾所驅動，化學有部分的根源是來自實務界——有時是為了改善人類的生活，有時是源自於貪婪的慾望。化學中蘊含著崇高的特質（求知及熟悉物質的崇高慾念），但也一直帶有很大的獲利潛力。

＊＊＊

牛頓發現的運動三定律，即使肉眼看不到摩擦力和空氣阻力，也看不到萬有引力的無形影響，但是就某種意義上來說，那些定律是單純的。相反的，化學沒有一套類似的通用運動定律，而且複雜許多，因為世界上有多種物質，多到目不暇給，化學必須逐步地把它們分析出來。

最初的化學發現顯示，有些物質（亦即元素）是基本的，有些物質是由不同元素組成的。希臘人憑直覺就發現了這點，例如，亞里斯多德指出，元素是「其他物體可分解出來的東西，但元素本

＊我第一次得知我父親曾經參與過猶太人地下組織，不是聽他自己說的，而是在大學的圖書館翻閱一本相關主題的書時，碰巧看到他名列其中。我讀了那段文字以後，才開始詢問他那段經歷。

身已經無法再細分成別的東西」[4]。他把四種元素命名為土、氣、水、火。

顯然，許多物質是由其他的物質所組成的，例如鹽加上淡水就變成鹽水，鐵泡在水裡會生鏽，伏特加和苦艾酒可調成馬丁尼。但反過來，通常藉由加熱，你也可以把許多物質分解成組成的元素，例如石灰岩加熱會分解成氧化鈣和氣體（二氧化碳）；糖加熱會產生碳和水。不過，這種單純的觀察無法得出多大的結果，因為那不是套用在各種事物上的通則。例如，你把水加熱，結果產生氣體，那個氣體的化學組成和液態的水一樣，只不過型態不同罷了。汞加熱時，並不會分解成組成的成分，而是會和空氣中的氧結合成一種化合物，名叫生石灰。

另外，還有燃燒。以木材的燃燒為例，木材燃燒時變成火和灰，但我們不能因此推論木材是由火和灰組成的。更進一步來說，和亞里斯多德的分類法相反的是，火不是一種物質，而是其他物質經歷化學反應時所散發的光和熱。燃燒木材時真正散發出來的是看不見的多種氣體——主要是二氧化碳和水蒸氣，但是裡頭的氣體總共有一百多種[5]。古人沒有技術幫他們收集那些氣體，更別說是分隔及辨識氣體了。

這種挑戰使人類很難分辨哪些是化合物，哪些是基本元素。因次，許多古人（例如亞里斯多德）誤以為水、火等等東西是基本元素，卻沒辨識出他們熟悉的七種金屬元素（汞、銅、鐵、鉛、錫、金、銀）。

就像物理學的誕生需要先發明數學一樣，化學也要等某些技術問世以後才算真的誕生，例如精準衡量物質的重量；衡量化學反應中吸收或釋放的熱量；判斷物質的酸鹼性；收集、抽空、處理氣體；衡量溫度和壓力的儀器。十七、十八世紀有了這些技術以後，化學家才開始解開錯綜複雜的知識之謎，想出思考化學反應的有效方法。不過，這也證明了人類的毅力。因為在技術尚未進步以前，那些在古代城市裡研究化學的從業人員，已在許多不同領域裡累積了大量的知識，例如染色、香水製造、玻璃製造、冶金、遺體防腐等等。

從遺體防腐到煉金術

遺體防腐是最早出現的領域。在那個領域中，化學的起源可追溯到加泰土丘，因為即使他們不用防腐物質來保留遺體，他們確實發展出死亡的文化以及懷念死者的特殊方式。到了古埃及的年代，大家對死後命運的日益關心促成了木乃伊的發明，當時的人認為那是死後幸福快樂的關鍵（確實，當時做成木乃伊的顧客並沒有「死去活來」以表達不滿）。所以大家對防腐藥劑的需求愈來愈多，一個新行業就此應運而生。套用杜邦公司的口號：「利用化學，以更好的東西促進更好的來生。」（譯註：杜邦的原始口號是「以更好的東西促進更好的生活」）

從古至今一直都有夢想家，有些人實現了夢想，或至少把夢想變成謀生的方式。後者不見得有過人的天賦或知識，但他們都因為勤奮努力而與眾不同。埃及的創業家和創新者想必都曾經抱著精進防腐技術以致富的夢想，因為他們為此投入許多時間，費心地研究。在長時間不斷試誤下，埃及的防腐業者終於學會運用鈉鹽、樹脂、沒藥，以及其他防腐物質的有效組合，使遺體不會腐化。這整個研究的過程中，他們對涉及的化學流程以及導致屍體腐化的原因都一無所知。

由於防腐是一門生意，不是科學，所以大家並未把這種技術的發明視為多麼艱深的理論，只把它當作獨家祕方，以防洩露出去。而且，由於防腐和死者及陰間有關，大家逐漸把這方面的從業人員視為巫師和術士。後來，隨著其他神祕專業的演化，逐漸衍生出礦石、油類、花草萃取物、植物莢和根莖、玻璃、金屬的知識。煉金術的神祕文化就是源自於這些匠人的「原始化學」（proto-chemistry）實務。

這些領域的從業人員一起建構出龐雜的專業知識，但彼此之間並未產生關連。直到公元前三三一年希臘的亞歷山大大帝在尼羅河口建立其埃及的首府亞歷山卓（Alexandria）以後，這些多元的技術才開始凝聚成一種統一的研究領域。

亞歷山卓是個繁華的城市，有優雅的建築及寬達三十公尺的大道。建城數十年後，希臘的埃及國王托勒密二世（Ptolemy II）建立了文化珍寶：博物館。那個博物館不像現代的博物館那樣陳列文物，而是一個匯集上百位科學家和學者的地方，他們領著國家提供的定期津貼，享有免費住宿以及博物館的廚房所提供的免費膳食。此外，裡面還有收藏五十萬部卷軸的圖書館、天文台、解剖實驗室、花園、動物園，以及其他的研究設施。這裡是探索知識的重鎮，是代表人類求知慾的活力象徵。這裡也是史上第一座研究機構，它的作用就像後來歐洲出現的大學一樣，遺憾的是，它在公元三世紀遭到祝融焚毀。[6]

亞歷山卓很快就變成文化聖地，並在兩百年內成為全球最大也最偉大的城市。許多希臘的物質理論和變化理論，在這裡和各種埃及的化學知識交流。這種知識交流改變了一切。

在希臘人侵入埃及以前，埃及上千年來在物質方面的知識都是實務導向。希臘入侵以後，希臘的物理學為埃及的知識提供了一套理論架構，尤其亞里斯多德的物質理論為物質的改變和互動方式提供了一套解釋。當然，亞里斯多德的理論並不正確，但它啟發了一種探索物質科學的統一方式。

亞里斯多德的「物質轉變」理論，對埃及的影響特別顯著。以沸騰的過程為例，亞里斯多德認為水元素有兩個基本特質：濕和冷。相對的，氣元素的特質是濕和熱。在他看來，沸騰是火元素把水的「冷」轉成「熱」的過程，所以水變成了氣。埃及人從這個概念中嗅到了獲利的潛力，他們想更進一步發揮：既然水可以轉變成氣，我們可能把比較不貴重的物質轉變成黃金嗎？這有點像我女兒小時候的情況，我們告訴她，把牙齒放在枕頭底下，就可以從牙仙子那裡得到一塊錢，她一聽馬上回應：「那我剪下來的指甲屑可以換多少錢？」

埃及人注意到黃金就像亞里斯多德主張的基本元素，也有一些基本的特質：黃金是金屬，軟的，黃色的。黃金同時具備這三項特質，但是那三項特質可以組成多種不同的物質。所以有沒有方法可以轉變物質的屬性呢？尤其，沸騰的過程是用火把液態的水轉變成氣態的水氣，或許這世上也有類似的方法可以把「黃色的軟金屬」轉變成黃金。

基於這樣的考量，公元前兩百年，一些化學知識混合了希臘哲學的概念，以及古代那些防腐、冶金和其他實務的原始化學知識，促成了一種探索化學改變的統一方法。於是，煉金術就這樣誕生了，其主要目的就是為了生產黃金，後來的目的也包括冶煉「長生不老藥」。

「化學」這門科學究竟是何時出現的，史學家對於確切的時間仍有爭議。不過，化學不是苜蓿，所以其萌芽時間是見仁見智的問題，而不是確切的事實。但有一點毫無爭議，即煉金術確實有其實用之處：無論化學是何時演變成現代的形式，它都是從煉金術那門古老的神祕技藝發展出來的科學。

＊＊＊

率先把煉金術推向科學發展的人，是一位人類思想史上比較奇怪的人物。希歐佛拉斯塔斯・邦巴斯特・馮・歐亨海墨（Theophrastus Bombast von Hohenheim，一四九三－一五四一年）生於如今位於瑞士境內的小村莊。他二十一歲時，父親送他去學冶金和煉金術，但後來他宣稱自己拿到醫學學位，因此當起了醫生。二十出頭時，他改名為帕拉賽瑟斯（Paracelsus），意思是「比賽瑟斯偉大」，賽瑟斯（Celsus）是公元一世紀的羅馬醫生。由於賽瑟斯的研究在十六世紀相當熱門，帕拉賽瑟斯藉由改名搭上順風車。不過，他改名不只是為了搭順風車，也是為了表達他對當時主流醫學方式的不屑。他展現輕蔑的方式很生動，某年夏天他加入學生的傳統營火會，將一把又一把的硫磺，連同希臘醫學權威蓋倫（Galen）的醫學著作一起丟入火中。

帕拉賽瑟斯對蓋倫的不滿，其實和伽利略及牛頓對亞里斯多德的不滿一樣：後人的觀察和經驗都證明蓋倫的論點不成立。尤其，傳統概念認為疾病是體液（humours）失衡造成的，帕拉賽瑟斯認為那種觀點根本不合時宜。他覺得是外在因素導致疾病，而且服用適當的藥物就能治病。

為了找出那些「適當的藥物」，帕拉賽瑟斯因此試圖改造煉金術。這個領域雖然已經有不少的成果（例如發現金屬鹽、礦酸、酒精之類的新物質），但帕拉賽瑟斯希望煉金術能夠放棄尋找黃金，把焦點轉移到比較重要的目標上：創造可治病的化學物質。同樣重要的是，帕拉賽瑟斯也想改革那些不精確又馬虎的煉金技術。他身為行銷者兼學者，特地為改良版的煉金術取了一個新名字：他把 alchemy（煉金術）的阿拉伯字首 al（意指 the）換成希臘語的 *iatro*（醫學），創造出 iatrochemia（醫化學）這個字。但是這個字唸起來很拗口，所以不久之後就演化成更短的 chemia，後來變成英文字 chemistry（化學）的基礎。

帕拉賽瑟斯的想法後來影響了牛頓及其對手萊布尼茲，他們也幫忙把煉金術導向化學發展。不過，儘管帕拉賽瑟斯是熱情的改革先驅，他的說服力卻因為個性因素而大打折扣。他的態度很容易得罪人，我所謂的得罪，是指「他的行徑跟瘋子胡言亂語差不多」。

帕拉賽瑟斯，十七世紀法蘭德斯藝術家康坦・馬賽斯（Quentin Massys，1466-1529）佚失的原版畫作的副本

帕拉賽瑟斯沒留鬍子，氣質陰柔，對性愛毫無興趣，但是如果奧運會有「豪飲」比賽的話，他應該可以拿白金牌。他大多時候都是酩酊大醉，一位同時期的人士說他「過得跟豬一樣」。他自我推銷時從不含蓄，很

愛宣稱「所有大學和所有老作家加在一起的天賦連我的屁股都不如[7]」。他似乎也很愛激怒權勢當局，有時甚至是故意的。例如，他獲任為巴塞爾大學（University of Basel）的講師時，第一堂課穿著實驗室的皮圍裙去上課，而不是穿著制式的學術袍。他授課時是講瑞士德語，而不是一般使用的拉丁語。他宣稱要揭開醫學上的最大祕密，結果卻掀開一個屎鍋。

這些古怪行徑所衍生的效果就像今天一樣：導致他疏離了醫界和學界的同仁，但深受學生的喜愛。不過，帕拉賽瑟斯一開口，大家還是會聆聽，因為他有一些藥物確實有效。例如，他發現鴉片劑放在酒精裡，比放在水裡更容易溶解，所以他研發出一種鴉片溶劑，命名為鴉片酊（laudanum），止疼效果很好。

然而，把帕拉賽瑟斯的思想發揚光大的最大動力還是經濟因素。新化學療法可以治病的承諾，為藥劑師帶來了收入、社會地位與人氣，因此也創造出大眾對這個領域的知識需求。這方面的教科書和課程開始大增，煉金術的用語和方法轉換成化學的新語言，變得更精確統一。到了十七世紀初，雖然仍有很多人從事古老的煉金術，帕拉賽瑟斯的新型煉金術——化學——也日益風行。

帕拉賽瑟斯就像數學領域的默頓學者一樣，是一種轉型的過渡人物。他幫本業轉型，並為後來的從業人員奠定了基礎。帕拉賽瑟斯同時跨足煉金術和化學界，他對兩者的影響程度，從他的生活即可明顯得見：他對傳統煉金術多所批評，但自己也涉足其中。終其一生，他都在做創造黃金的實驗，甚至一度宣稱他發現長生不老藥，而且喝下去了，所以注定長生不老。

唉，一五四一年九月，他待在奧地利薩爾斯堡的白馬飯店時，死神就來召喚他了。某晚他沿著一條狹窄昏暗的街道走回旅館時，自己重重地跌了一跤，也可能是被當地不滿的醫生所雇用的流氓痛毆了一頓。無論他是怎麼受傷的，總之，幾天後他傷重不治死亡，得年四十七歲。據傳，他臨終時，因長年熬夜及酗酒，看起來遠比實際年齡還要衰老。他要是再多活一年半，就可以見證哥白尼發表偉大的著作《天體運行論》（*De Revolutionibus Orbium Coelestium*）。一般認為那本書是科學革命的開始，帕拉賽瑟斯肯定會認同那場革命。

* * *

帕拉賽瑟斯過世後的一百五十年間，克卜勒、伽利略、牛頓等先驅把前人的研究發揚光大，創造出研究天文學和物理學的新方法。久而久之，依循定律的計量宇宙概念，逐漸取代了由形而上的原則所支配的定性宇宙理論。大家不再依賴學術權威及形而上的求知方式，開始覺得我們應該透過觀察和實驗來瞭解自然定律，並以「數學」語言來表達那些定律。

就像物理學一樣，新生代的化學家所面臨的智慧挑戰，不只是開發出嚴謹的思維和實驗方式而已，也要開始淘汰過去的理念和概念。新的化學領域為了走向成熟，必須同時學習帕拉賽瑟斯的概念，並推翻亞里斯多德的僵化理論（不是他的運動理論，而是物質理論。牛頓和其他的物理學家及數學家正在推翻亞里斯多德的運動理論）。

在解開謎題以前，必須先找出組成元件，而在物質世界中，這些組成元件就是化學元素。當大家依然相信所有的物質都是由土、氣、火、水組成時（或其他類似的理論），他們對物質的瞭解是以虛構的故事為基礎，他們創造有用的新化學物質的能力依然有賴不斷地試誤，無法真正地瞭解。所以，在十七世紀的新學術氛圍中，當伽利略和牛頓終於在物理學界推翻亞里斯多德的理論，並以觀察和實驗導向的理論取代亞里斯多德的古老理論時，有一個人對光學的研究啟發了牛頓，促使他也在化學界推翻了亞里斯多德。這個人就是波以耳（Robert Boyle），他是愛爾蘭第一代科克伯爵（Earl of Cork）的兒子[8]。

想要畢生致力於研究科學，一種方式是獲得大學的教職，另一種方式是家財萬貫，不愁吃穿。許多支持早期化學發展的人，並不像物理學的先驅那樣是大學教授，而是財富自主的人，他們在那個實驗室很罕見的年代，有本錢自己設立實驗室。波以耳是伯爵之子，他老爸不僅有錢，而且可能是英國首富。

波以耳的母親鮮為人知，大家只知道她十七歲時嫁給伯爵，並於婚後的二十三年間生了十五個孩子，後來因肺結核過世，大概也算是一種解脫。波以耳排行十四，是她的第七個兒子。伯爵似乎只愛傳宗接代，不愛教養孩子，所以每個孩子出世不久，就分別送交給不同的保母照顧，接著上寄宿學校和大學，或是送到國外讓私人教師指導。

波以耳在可塑性最強的階段於日內瓦成長。十四歲時，某晚雷雨交加使他猛然驚醒，他嚇到當場發誓，他要是能安度那場大雷雨，以後會致力奉獻給上帝。如果每個人都能信守誓言，或記得自己被迫說出的誓言，我們的世界會變得更加美好。不過，波以耳確實記住那個誓言了，無論那場大雷雨是不是真正的原因，總之波以耳後來變得非常虔誠，即使他擁有巨額財富，依然過著清心寡欲的生活。

經歷那場改變命運的大雷雨後，隔年波以耳造訪佛羅倫斯，當時伽利略在那附近流亡過世。不知怎的，波以耳拿到伽利略談論哥白尼體系的著作《關於托勒密和哥白尼兩大世界體系的對話》。這在思想史上是一樁偶然事件，但很值得注意，因為當時十五歲的波以耳讀了那本書以後，就愛上了科學[9]。

我們從歷史紀錄上無從判斷為什麼波以耳會選擇研究化學，但是他自從變成虔誠的信徒後，就一直在找侍奉上帝的適切方式，後來他認為化學就是他侍奉上帝的方法。他跟牛頓和帕拉賽瑟斯一樣，也是獨身主義者，而且對研究極其投入。他和牛頓都認為，努力瞭解自然是發現上帝原則的方式。不過，化學家波以耳和鑽研物理學的牛頓有所不同的是，他覺得科學之所以重要，是因為它可以改善人民生活的疾苦。

波以耳是樂善好施的科學家。一六五六年，他二十九歲，搬到牛津大學。當時牛津尚未提供正式的化學課程，但他自己出錢成立實驗室，致力於研究（主要是做化學研究，但不限於化學）。

牛津大學在英國內戰期間一直是保皇黨的大本營，很多人來這裡逃避倫敦議會黨人的迫害。波以耳對雙方都沒有強烈的偏好，但他確實加入一群逃避迫害者，每週聚會一次，討論共同的興趣：以新的實驗方法探索科學。一六六二年，君主制復辟不久，查爾斯二世賦予那個團體許可證，從此變成英國皇家學會（更精準的名稱是「倫敦皇家自然知識促進學會」），那個學會對牛頓的職業生涯有極其重要的影響。

英國皇家學會很快就變成匯集許多當代頂尖科學家的地方，包括牛頓、虎克、哈雷等等，他們來這裡討論、辯論、批判彼此的概念，以及佐證那些概念，把那些想法傳播到外界。皇家學會的格言是 *Nullius in verba*，大致上是說：「不隨他人之言。」但最主要的意思是「不隨亞里斯多德之言」，因為所有的成員都瞭解，想要進步的話，就必須突破亞里斯多德的世界觀。

此外，波以耳常抱持「凡事存疑」的心態，這點也反映在他一六六一年出版的著作《懷疑派化學家》（*The Sceptical Chymist*）的書名上，那本書主要是對亞里斯多德理論的抨擊。波以耳像同儕一樣，知道為了把科學的嚴謹帶入深深吸引他的化學領域，就必須推翻以前的多數論點。化學的根源也許是來自於遺體防腐商、玻璃製造商、染料製造商、冶金學家、煉金術士、藥劑師的實驗室，但波以耳認為化學是一個統一的領域，應該自成一門學問，而且它和天文學及物理學一樣，是瞭解自然界的基礎所不可或缺的，值得以理性嚴謹的方式探索。

燃燒和呼吸的共通點

波以耳在著作中提出許多化學流程的例子，以反駁亞里斯多德的元素概念。例如，他詳細說明木頭的燃燒產生灰。他觀察到，燒大型圓木時，圓木兩端冒出的水「絕對不是水元素」，煙也「絕對不是氣元素」，蒸餾時會產生油和鹽[10]。所以，說火把圓木轉變成土、氣、水之類的元素，其實是經不起檢驗的。此外，金、銀之類的物質似乎也無法分解成更單純的組件，所以或許它們也應該列為元素。

波以耳最大的成就是抨擊「氣是元素」的概念，並以實驗佐證其論點。那個實驗是在一位古怪的助理協助下完成的，那位年輕助理是牛津大學的大學生，也是死忠的保皇派，名叫虎克。可憐的虎克，後來遭到牛頓的輕視，而且許多歷史紀錄中鮮少提及他幫波以耳做實驗的貢獻，雖然所有的實驗和多數的研究可能都是他一手包辦的。[11]

他們做的一系列實驗之一是探索呼吸，他們想知道肺部是以什麼方式和我們吸入的空氣互動的。他們覺得肺部裡肯定有什麼重要的活動，畢竟，要是肺裡沒有任何互動，那麼呼吸不過是浪費時間罷了，或者，對有些人來說，呼吸只是不抽雪茄時讓肺部維持忙碌的活動。為了一探究竟，他們對鳥、老鼠之類的動物做呼吸實驗。他們發現，把這些動物放進密封容器時，他們的呼吸會變得很吃力，到最後就停止呼吸了。

波以耳這個實驗帶給我們什麼啟示？最明顯的啟示是：如果你有養寵物，千萬別請他幫你看家。不過，那個實驗也顯示，動物呼吸時，牠們可能是吸入空氣中的某種成分，那種成分耗盡時，動物就會死亡；或者，牠們是呼出某種氣體，那種氣體濃度太高時會致命；或是兩者兼有之。波以耳覺得答案是前者，但他的實驗顯示，空氣不是元素，而是由不同的成分所組成的。

波以耳也利用虎克剛發明的改良版真空幫浦，以探索空氣在燃燒中扮演的角色。他觀察到，密封容器中有燃燒的物體時，若是抽出裡面的所有氣體，裡面的火就熄滅了。所以波以耳的結論是，燃燒就像呼吸一樣，一定要有空氣中的某種不明物質，燃燒或呼吸才能進行。

找出元素成了波以耳研究的重心。他知道亞里斯多德及其後繼者是錯的，但由於當時可用的資源很有限，他只能以比較精確的概念來取代古代的概念，但無法完全推翻。不過，光是證明空氣是由不同的氣體所組成，就是對亞里斯多德理論的致命一擊。那就像伽利略觀察到月球上有丘陵和隕石坑、木星有自己的衛星一樣。波以耳藉由那些研究，使化學這門新興科學不再依賴古老的傳統智慧，並以仔細的實驗和觀察取而代之。

＊＊＊

空氣的化學研究特別有意義，畢竟，瞭解硝石或氧化汞，對人類的瞭解沒什麼助益，但空氣是每個人活命都不可或缺的東西。可是在波以耳之前，空氣從來不是大家最愛研究的物質，因為研究氣體很難，深受當時技術不足的限制。等到十八世紀末，集氣槽之類的新實驗器材發明以後，我們才能夠收集化學反應所產生的氣體[12]。

由於化學反應常吸收或釋出看不見的氣體，化學家在不瞭解氣態下研究化學流程（尤其是燃燒）時，常得出不完整或誤導的分析。化學若要真正走出中世紀的黑暗時期，上述情況必須有所改變，也就是說，他們必須先瞭解火的性質。

波以耳之後，過了一百年，約瑟夫・卜利士力（Joseph Priestley，一七三三－一八〇四年）終於發現燃燒所需的氣體：氧。諷刺的是，一七九一年，一群憤怒的暴民放火燒毀了卜利士力的房子。暴民之所以惱火，是因為卜利士力支持美國獨立革命和法國大革命。一七九四年，卜利士力因為那些爭議而從祖國英國移居美國[13]。

卜利士力是一神論者，也是宗教自由的積極倡導者。他原本是牧師，一七六一年在不信奉國教的學院裡，擔任現代語文老師（那種學院對不信奉英國國教的人來說就相當於大學）。他在那裡任教時，因為受到同仁演講的啟發，開始撰寫「電學」這門新科學的歷史。他為該主題所做的研究，促使他做了一些原創的實驗。

卜利士力和波以耳的生活及成長背景迥異，那也反映出那兩個時代的對比。波以耳過世時，正值啟蒙運動初期（啟蒙運動約介於一六八五到一八一五年間）。相反的，卜利士力做研究時，正值啟蒙運動的巔峰期。

對科學和社會來說，啟蒙運動都是劇烈改革的年代。哲學家康德（Immanuel Kant）指出，「啟蒙運動」一詞代表「人類擺脫自己所造成的不成熟」[14]。此外，康德也以「勇於求知」（Sapere aude）來闡述啟蒙運動的精神。的確，啟蒙運動的特色，在於重視科學的進步，質疑古老的教條，並主張理性勝過盲目的信仰、可為社會帶來務實的效益。

同樣重要的是，在波以耳和牛頓那個年代，科學是少數精英思想家的專屬領域。但十八世紀是工業時代的初期，中產階級持續興起，貴族統治逐漸沒落。所以，到了十八世紀後半葉，有更廣大的受教育階層關注科學，這群人分子比較多元，涵蓋了中產階級。很多中產階級藉由教育來改善經濟地位。尤其，化學更因為多了一大群像卜利士力那樣的從業人員，以及他們所帶來的創新與冒險精神而受惠。

一七六七年，卜利士力出版電學著作，但是同一年他的興趣也從物理學轉到了化學，尤其是氣體方面。他之所以改變研究領域，不是因為他對那門科學有什麼獨到的見解，或是覺得那是比較重要的研究領域。而是因為他搬家搬到啤酒廠隔壁，啤酒桶內的東西發酵時，冒出大量氣體，使他大為好奇。他後來收集了大量的氣體，灌入密封容器裡，然後做了類似波以耳的實驗。他發現把燃燒的木屑放在那個容器裡，火會熄滅；把老鼠放進那個容器裡，很快就死了。他也注意到，那個氣體若是溶入水中，會產生冒泡的液體，風味宜人。如今我們知道那個氣體是二氧化碳，所以卜利士力在無意間發明了製造碳酸飲料的方法，但很可惜，他的財力不豐，並未把那個發明加以商業化。幾年後，約翰·雅各·施偉普（Johann Jacob Schweppe）才把它商業化，如今市面上仍有舒味思汽水（Schweppe）。

說卜利士力是因為對商業的副產品感興趣而跨入化學界，其實滿貼切的。因為隨著十八世紀末工業革命的到來，科學和工業的相互刺激促成了更多的成就。上個世紀的科學進步所衍生的實務運用寥寥無幾，但十八世紀末開始的進步則完全轉變了日常生活。科學與工業結合所產生的直接結果包括蒸汽機、工廠運用水力發電、工具機的開發，以及後來鐵道、電報和電話、電力、燈泡的出現等等。

一七六〇年左右，工業革命剛開始時，比較依賴工匠的發明，而不是發現新的科學原理。不過，工業革命還是刺激富人更積極地支持科學研究，以改善製造技術。例如，謝爾本伯爵威廉·佩蒂（William Petty）就是對科學感興趣的富有贊助人。一七七三年，他聘請卜利士力來擔任圖書館員及其子女的家教，也為他蓋了一間實驗室，並給他大量的業餘時間從事研究。

卜利士力是個聰明又細心的實驗家。他在新的實驗室裡，開始以生石灰做實驗。我們現在知道生石灰是氧化汞，換句話說，就是汞「鏽」。那個年代的化學家知道，把汞加熱可以變成生石灰，汞從空氣中吸收了某種東西，但他們不知道吸收了什麼。有趣的是，把生石灰繼續加熱時，又會恢復成汞，可見加熱時又把生石灰吸收的東西排出去了。

卜利士力發現，生石灰排出的氣體有顯著的屬性，他寫道：「這種氣體有亢奮的特質，蠟燭在這種氣體中燃燒時，火焰格外強勁……為了證明這種氣體的優異特質，我讓老鼠吸入這種氣體。在密閉的容器中，如果是裝普通的空氣，老鼠約十五分鐘就死了。但是換成這種氣體時，老鼠竟然活了一個小時，而且出來的時候還特別有活力。」他又繼續研究這種「亢奮的」氣體——沒錯，那個氣體就是氧：「我的肺沒有感覺到這種氣體和一般空氣有什麼差異，但吸入這種氣體後，暫時感到胸腔特別的輕快自在。[15]」他推測，也許這種神祕的氣體會變成悠閒富人的新嗜好。

不過，卜利士力後來並未成為販售氧氣給富人的交易商，而是深入研究那種氣體。他讓氧氣接觸暗紅色的血塊，血就變成了鮮紅色。他也發現，把暗紅色的血放在封閉的小空間裡，讓它吸收空氣中的氧，等血液變成鮮紅色以後，密閉空間裡的動物很快就窒息而死。

卜利士力認為這些實驗顯示，我們的肺部是和空氣互動以活化血液。他也拿薄荷和菠菜來做實驗，結果發現，栽種植物可以恢復空氣支持呼吸和燃燒的能力。換句話說，他是第一個注意到「光合作用」的人。

卜利士力雖然發現很多氧氣的效果，大家也常說他是氧氣的發現者，但他並不瞭解氧氣在燃燒過程中的意義，而是認同當時一種熱門但複雜的理論：物體燃燒不是因為它們對空氣中的某個物質有反應，而是因為它們在**釋放**所謂的「燃素」。

卜利士力做了揭露真相的實驗，卻未能看出真相，後來是法國人安托萬·拉瓦節（Antoine Lavoisier，一七四三－一七九四年）揭開了卜利士力那些實驗的真正意義：呼吸和燃燒都是從空氣中吸收氧的過程，而不是釋放「燃素」到空氣中[16]。

拉瓦節：質量守恆定律

希望這個從煉金術發展出來的領域，達到牛頓物理學那種精準數學的嚴謹性，也許是不切實際的幻想，但十八世紀許多化學家都認為那是可以達成的。那時甚至有人臆測，構成物質的原子之間也有引力，而且那引力本質上就是萬有引力，可用來解釋化學性質（如今我們知道那臆測是對的，只不過那是電磁力）。那些概念是源自於牛頓，他主張「自然界有一些東西可用很強的引力使物體的粒子（亦即原子）黏在一起，實驗科學的任務就是把那些東西找出來。[17]」那也是當時化學愈來愈明顯的煩惱：牛頓的概念中，究竟有多少東西可以直接從物理學套用到其他科學上？

拉瓦節是深受牛頓革命所影響的化學家之一。當時大家把化學視為「只以少數的事實為根據……由毫無連貫的概念和未經證實的推測所組成……毫無科學邏輯[18]」的主題，不過，拉瓦節還是想讓化學模擬實驗物理學的嚴謹量化方法，而不是理論物理學的純數學系統。以那個年代的知識和技術程度來看，這是很明智的選擇。最終，理論物理學將能夠以方程式來解釋化學，但是那要等量子理論發展出來，甚至高速的數位電腦發明以後才辦得到。

拉瓦節投入化學研究，反映出他對化學和物理學的熱愛。他可能實際上更喜愛物理學，但身為巴黎富有律師的兒子，從小在極度保護其地位和特權的環境中成長，他逐漸覺得物理學太激進、爭議太大了。儘管拉瓦節的家人鼓勵他展現雄心壯志，但他們也預期他有社交手腕及勤奮努力，他們強調謹慎和自制，那不是他先天的性格。

拉瓦節的真正興趣是在科學上，認識他的人想必都覺得那很明顯。他有一些瘋狂的想法，而且還會大張旗鼓去執行。十幾歲時，他想探索飲食對健康的影響，所以有好一段時間只喝牛奶，其他的東西都不吃。他也曾提議把自己關在暗室裡六週，以強化他在光線下判斷細微差異的能力（後來似乎是在朋友的勸阻下才打消念頭）。他對科學探索也抱持同樣的熱情，終其一生，他就像許多科學界的先驅一樣，為了求知而焚膏繼晷，投入繁瑣的研究。

拉瓦節很幸運，對他來說，錢從來不是問題。他二十幾歲時，就預先取得折合現今幣值約一千萬美元的遺產。他把那些錢拿去投資獲利，買下總農公司（Company of General Farmers）的部分股份。總農不是種植農作物的農夫，而是包收租稅官，專門為君王收稅。

拉瓦節不僅投資那家公司，也參與實際營運，他必須監督菸草規定的施行，公司則必須為此支付他每年平均相當於兩百五十萬美元左右的酬庸。他把那些錢拿來打造全世界最好的私人實驗室，據說裡面放了許多玻璃器皿。你可以想像他光是欣賞那些燒杯，可能就和用起來一樣充滿樂趣。另外，他也花錢投入一些人道活動。

一七七四年秋季，拉瓦節聽卜利士力提起他做的實驗。那年，卜利士力陪謝爾本伯爵暢遊歐洲並擔任其科學嚮導，其中一站是巴黎。抵達巴黎後，他們三人和巴黎科學界的一些名人一起用餐，並於餐後聊起科學。

卜利士力提起他做的研究時，拉瓦節馬上聯想到卜利士力的燃燒實驗和他做的生鏽實驗有共通點，他聽了相當驚喜。但他也覺得卜利士力不太瞭解化學的理論原則，甚至不清楚他做的那些實驗有何寓意。拉瓦節寫道，卜利士力的研究「是實驗交織而成的結構，幾乎沒有任何推理論證[19]」。

當然，想在科學的理論和實驗上都出類拔萃極其困難，我知道很少頂尖的科學家敢說自己兩方面都很在行。我自己早期被發現有理論方面的天賦，所以必修的物理實驗課只有一門，在那門實驗課裡，老師要求我們從頭設計及製作一個收音機，那個專案就做了一整個學期。後來，我的收音機只有在顛倒過來搖晃之後才能運作，而且只能收聽到一個電台（波士頓某個專門播放刺耳前衛音樂的電台），所以我其實很感謝物理學的分工機制，我的多數朋友（無論是理論家、還是實驗家）也這麼想。

拉瓦節在化學的理論和實驗方面都是高手。他覺得卜利士力的理解力較差，很高興自己有機會探索生鏽和燃燒流程之間的相似之處。所以隔天一早，他馬上用汞及汞的氧化物（生石灰），複製了卜利士力的實驗。他改良了卜利士力的實驗，並仔細測量一切數據，接著他為卜利士力的發現提出連卜利士力自己都始料未及的說明：汞燃燒時（形成生石灰），會結合一種氣體，那種氣體是自然界的基本要素，而且他的測量顯示，汞增加的重量等於它結合的氣體重量。

拉瓦節的細膩量測也證實了另一點：那個流程逆轉時（石灰加熱後變回汞），重量會減輕，想必是釋出了原本吸收的氣體，而且減輕的重量和當初增加的重量相當。一般認為，從這些實驗中發現氣體吸收與釋放的人是卜利士力，但真正解釋其意義並把那個氣體命名為「氧」的人是拉瓦節＊。

拉瓦節後來把觀察焦點轉向科學中最有名的定律之一：質量守恆定律（law of conservation of mass）。化學反應產生的總質量，必定和最初反應物的質量相同。這或許是煉金術到現代化學的演變歷程中最重要的里程碑：確定化學變化是元素的合併及重新組合。

拉瓦節與包稅制的關係，使他有充分的財力去支應他做的科學研究，卻也害他惹上了殺身之禍。法國大革命爆發後，包收租稅官的身分使他淪為革命人士的眼中釘。無論在何時何地，收稅者都像罹患肺結核又咳個不停的傢伙一樣，猶如過街老鼠。不過，這些包收租稅官特別令人痛恨，因為大家都認為他們收取很多稅金是不合理、不公平的，尤其對窮人的影響甚鉅。

據說，拉瓦節擔任包收租稅官時，克盡職責，行事公平誠實，也同情他收稅的對象，但法國大革命不做那麼細微的判斷，他的身分引來革命者的極度憎恨。

＊「oxygen」（氧）的意思是「產生酸的東西」，拉瓦節之所以挑選那個字為氧氣命名，是因為所有他熟悉的酸類組成中都含氧。

他犯下的最大錯誤，是請政府在巴黎市周圍築起厚重的石牆，築牆成本折合現代幣值高達數百萬美元。大家只能從城牆的收稅口進出巴黎，而且還有武裝警衛在那個出入口計量及記錄進出巴黎的所有物品以便徵稅。拉瓦節把他對測量的熱愛帶出了實驗室，融入收稅工作中，因此激起了民怨。

一七八九年法國大革命開始時，拉瓦節築起的城牆是第一個遭到攻擊的建築。一七九三年在恐怖統治下（Reign of Terror），他和其他的收稅官一起遭到拘捕並判處死刑。他要求延後行刑，以便完成正在進行的研究。據說法官告訴他：「共和不需要科學家。」[20]也許共和不需要，但化學很需要。幸好，在他五十年的生命中，拉瓦節已經轉變了化學這個領域。

拉瓦節被處死以前，已經找出三十三種元素，其中只有十個有誤，他也為化合物創造出一套統一的命名系統，根據組成的元素來命名，取代以前那些令人目不暇接又毫無啟發性的化學用語。我前面提過，數學身為物理學的語言有多麼重要。在化學中，通用的語言也至關緊要。例如，在拉瓦節之前，汞的生石灰和水銀的生石灰其實是指同樣的化合物，卻有兩種不同的名稱。在拉瓦節的術語中，那個化合物叫「氧化汞」。

拉瓦節並未發明「$2Hg + O_2 \rightarrow 2HgO$」之類的現代化學方程式（那個方程式描述氧化汞的產生），但他為那種方程式奠定了基礎。他的發現促成了化學革命，並激發產業界的研究熱情，使未來的化學家有新的物質可以研究，也有新的問題可以探索。

一七八九年，拉瓦節出版《化學基本論述》（*Elementary Treatise on Chemistry*）以彙整其概念。如今大家認為那是化學的第一本現代教科書，釐清了「元素是一種不可分解的物質」，推翻了四元素理論及燃素的概念，主張質量守恆定律，並提出合理的新命名法。那本書在一個世代內就變成了經典，啟發了後代無數的化學先驅。不過，此時拉瓦節已遭到處死，遺體棄置於亂葬崗。

拉瓦節終其一生投入科學研究，但他也非常渴望名氣。他對於自己始終沒有分解出新的元素，感到很遺憾（儘管他一直想要分享發現氧氣的功勞）。一九〇〇年，就在法國覺得他們不需要科學家的一百年後，法國終於在巴黎為拉瓦節豎立了銅像。參與揭幕儀式的達官顯要表示，拉瓦節「值得眾人的尊敬」，是「人類的偉大恩人」，因為他「建立了主宰化學轉變的基本定律」[21]。一位發言者宣稱，那座銅像充分展現出拉瓦節的「才能和智慧的光輝」。

這聽起來像是拉瓦節所渴望的肯定，不過他本人可能不喜歡那個揭幕儀式。因為那尊銅像的臉不是拉瓦節，而是哲學家兼數學家馬奎斯．孔多塞（Marquis de Condorcet），孔多塞在拉瓦節的晚年曾擔任法蘭西科學院的常務祕書。雕塑家路易–厄尼斯特．巴里亞斯（Louis-Ernest Barrias，一八四一－一九〇五年）仿造其他藝術家的雕塑，結果搞錯了對象[22]。不過，法國人發現錯誤後也不以為意，依然保留那座錯誤的銅像——用別人的頭來紀念那個被他們送上斷頭臺的

拉瓦節的銅像，但頭部是孔多塞

人*。最後，那尊銅像也跟拉瓦節一樣短命，變成戰爭的犧牲品——在納粹占領巴黎期間遭到報廢，並回收製成子彈[23]。至少拉瓦節的概念是永恆不朽的，那些概念顛覆了化學領域。

* * *

大家常提到「科學進展」，但科學不是自己向前推進的，而是由人類推進的。我們的前進比較像接力賽，而不是行軍。而且這場接力賽還挺怪的，因為每個拿到接力棒的人，往往是朝著前人沒料到、也不認同的方向奔跑。拉瓦節跑出了輝煌的成果後，下一位接棒的卓越化學家就是如此。

拉瓦節釐清了元素在化學反應中的角色，並推廣量化的描述方式。如今我們知道，想要真正瞭解化學，尤其是從**量化**觀點瞭解化學反應，你需要瞭解原子。但拉瓦節蔑視原子的概念，這不是因為他的觀念保守或目光短淺。他是基於非常務實的理由，反對從原子的角度思考。

打從希臘時代開始，學者就開始揣測原子的存在，只不過他們是使用其他的名稱，例如「微粒」或「物質粒子」。然而，由於原子很小，在近兩百四十年的研究過程中，沒有人想出觀察與測量的方法。

想知道原子有多小，你可以想像在大海裡填滿玻璃珠，然後想像那些玻璃珠都縮小成原子那麼小，那會占據多少空間呢？不到一茶匙。你覺得人類有可能觀察那麼微小的東西嗎？

沒想到，還真的可以！最早達成這個奇蹟似成就的人是貴格會的教師約翰．道爾頓（John Dalton，一七六六－一八四四年）[25]。歷史上許多卓越的科學家都是人生非常豐富多彩的人物，但道爾頓不在其內，他是貧窮紡織工的兒子，凡事講究條理，從科學研究到每天作息都有條不紊（每天下午五點喝茶，接著九點吃晚餐時，固定吃肉和馬鈴薯）。

道爾頓以著作《化學哲學的新系統》（*A New System of Chemical Philosophy*）聞名於世，那是一套詳盡的三大冊論述。更驚人的是，道爾頓完全是利用業餘的時間研究及寫書。第一冊於一八一〇年出版，那時他四十五歲左右，整冊多達九一六頁。在那九一六頁中，只有一章（僅五頁）提到那個如今讓他聞名全球的劃時代概念：根據實驗室的測量來計算原子相對重量的方法。由此可見科學概念的驚人威力，短短五頁就能一舉推翻存續兩千年的謬論。

道爾頓之所以會有那個想法，就像許多想法一樣，是一段迂迴曲折的歷程。即使道爾頓活在十九世紀，他的概念是受到十七世紀中葉的人所啟發——沒錯，又是牛頓，可見牛頓的影響有多大。

道爾頓很喜歡散步，幼時住在英國最潮濕的坎伯蘭（Cumberland）地區，開始對氣象學產生興趣。他也是個神童，十幾歲就研究牛頓的《原理》。這兩個興趣結合起來出奇地強大，使他開始對氣體的物理性質產生了興趣，例如坎伯蘭鄉間的潮濕空氣。道爾頓深受牛頓的微粒理論所吸引（基本上是以牛頓的力學和運動理論更新古希臘的原子概念），開始懷疑氣體的溶解度不同是因為它們的原子大小不同，促使他開始思考原子的重量。

道爾頓根據的概念是，如果只考慮純化合物，那麼化合物必定是由元素以同樣的比例組成的。

---

* 諷刺的是，據報導，一九一三年，法國送了一尊真人大小的孔多塞大理石半身像給費城的美國賢哲會（American Philosophical Society），那個大理石雕像其實不是孔多塞，而是拉瓦節[24]！

例如，有兩種不同的氧化銅。如果分開來看那兩種氧化物，我們會發現，其中一種氧化銅是每消耗一克的氧氣，需要搭配四克的銅；另一種氧化銅是，每消耗一克的氧氣，需要搭配八克的銅。這表示在第二種氧化銅中，每個氧原子所搭配的銅**原子**數量，是第一種氧化銅的兩倍。

為了簡單起見，現在假設第一種氧化銅是一個氧原子搭配一個銅原子，第二種氧化銅是一個氧原子搭配兩個銅原子。由於前面提到第一種氧化銅是一克氧搭配四克銅，你可以推論一個銅原子的重量是一個氧原子的四倍。道爾頓就是用這種推理方式來計算已知元素的相對原子量。

由於道爾頓是計算**相對的**重量，他必須從某個基準開始計算。所以他把最輕的已知元素「氫」的重量設定為「一」，然後計算其他元素相對於氫的重量。

不幸的是，他的假設「元素以最簡單的比例組合起來」不見得都成立。例如，那個假設會以化學式 HO 代表水，而不是如今我們所熟悉的 H_2O。所以，他計算氧原子相對於氫原子的重量時，算出來的結果只有正確答案的一半。道爾頓知道有這種不確定性，以水為例，他知道 HO_2 和 H_2O 都很可能成立。如果一般化合物的化學式是 $H_{37}O_{22}$，要解出相對重量就困難多了。幸好，事實不是如此。

道爾頓知道他的估算只是假設，需要以大量化合物的資料為基礎，才能看出矛盾的地方，進而找出那些化學式裡的錯誤。這個技術上的難題後來持續困擾了化學家五十年，但這項耗時的比對工作並未減少這個方法在化學界的影響力，因為道爾頓的原子論後來可以和實驗室的測量產生關連，因此終於有了實務意義。更重要的是，他以拉瓦節的研究為基礎，運用自己的概念，首度為化學創造出量化的語言——以分子間的原子交換來瞭解化學家所做的實驗。例如，在現代的版本中，若要描述氫和氧組成水，化學家或高中生會把它寫成：「$2H_2 + O_2 \rightarrow 2H_2O$」。

化學的新語言徹底改變了化學家瞭解與推論化學反應的能力，他的概念從此變成化學理論的核心。道爾頓的研究成果使他享譽全球，儘管他迴避公開表揚的場合，但他接受了那些讚譽，包括英國皇家學會的會員身分（他原本極力婉拒）。一八四四年道爾頓過世，他原本期待簡單的喪禮，結果來了四萬多人弔唁。

因為有道爾頓的努力，人類對物質屬性的思考，從古代的神祕理論進步到超乎感官理解的程度。但是如果每個元素是靠原子量來區別，原子屬性如何和我們觀察的化學和物理特質產生關連呢？那是接力賽的下一棒所做的事，也是最後一個不需要突破牛頓科學，就能解開的深奧化學題。至於更深的化學見解，則需要等候物理學的量子革命。

* * *

霍金因病癱瘓多年，那個疾病原本可能在幾年內結束他的生命，但他倖存了數十年。他曾經告訴我，他覺得固執是他最大的特質，我覺得他可能是對的。雖然那個特質有時讓他很難共事，但他知道那個死不讓步的個性讓他活了下來，並賦予他力量，讓他持續做研究。

科學理論一旦完成後，往往看起來像是不證自明，但是推演理論的過程通常需要極大的毅力才能成功。心理學家說有一種特質叫做「恆毅力」（grit），這個特質和毅力及堅持到底有關，但也需要熱情，這些都是我們在本書中經常看到的人物特質。根據心理學家的定義，恆毅力是指「長期以持久的興趣和努力去追求目標的性格[26]」，所以心理學家也發現恆毅力和一切事物的成功有關，從婚姻的幸福美滿到加入陸軍特種作戰部隊都一樣。或許這是我們目前為止提到的許多人物都那麼固執、甚至自大的原因。卓越的創新者大多是這樣，他們非得如此堅持不可。

門得列夫與化學元素週期表

接下來要介紹的科學先驅是以脾氣暴躁（以及每年只修剪一次頭髮和鬍鬚）聞名的俄羅斯化學家德米崔·門得列夫（Dmitri Mendeleev，一八三四－一九〇七年）[27]，他也完全符合上面的固執描述。事實上，他因為脾氣太差，最後他的妻子乾脆躲在鄉下的農莊以迴避他。萬一他出現在農莊，他的妻子就馬上帶著子女直奔他們在城市的住所。

門得列夫和霍金一樣大難不死，他快二十歲時，罹患結核病住院，後來不僅存活下來，還在醫院附近找到一個實驗室，利用休養期間在那裡做化學實驗。後來，他取得教師資格後，卻得罪了教育部官員，因此被分發到遙遠的克里米亞當高中老師。那是一八五五年，門得列夫抵達當地時，發現那所高中不僅位於戰區，而且很久以前就關閉了。他不懼打擊，返家後，他放棄在高中授課的念頭，去聖彼得堡大學擔任編外講師（privatdozent，無薪俸，只領鐘點費），後來升任為該校的教授。

門得列夫能夠成為化學家或接受教育，完全要歸功於他的母親。他出生於西伯利亞西部的貧窮家庭，在十四或十七個孩子之中排行老么（究竟有幾個孩子，各方說法不一）。他的學業成績不佳，但喜歡隨性做科學實驗，他的母親相信他有天賦。門得列夫十五歲時，父親過世，母親便帶著他去尋找肯讓他就讀的大學。

為了尋找學校，他們四處奔波了兩千兩百五十公里，大多是以搭便車的方式搭別人的馬車，最後他在聖彼得堡的中央教育學院（Central Pedagogical Institute）獲得小額的獎學金，那個學院的院長是其先父的老友。不久，他的母親就過世了。三十七年後，他把科學論文獻給母親以緬懷她，並引用母親的「神聖」遺言：「切莫幻想，堅守工作而非文字，耐心追尋神聖與科學的真理。」門得列夫就像很多偉大的科學家一樣，一輩子恪守那些話。

門得列夫

就某種程度來說，門得列夫很幸運能生在那個時代。幾乎每個偉大的發現和創新，都是來自於人類的洞見和天時地利的結合。愛因斯坦也很幸運，電磁學的現代理論出現不久，他開始展開職業生涯。電磁學的現代理論顯示光速是恆定的，那個概念後來變成相對論的關鍵。同樣的，賈伯斯（Steve Jobs）也很幸運，他展開職業生涯時，正值科技達到可以開發出實用個人電腦的階段。相反的，亞美尼亞裔的美國發明家兼企業家路德・希傑恩（Luther Simjian）握有多項專利，但他的概念比適切的時機早了十年左右：一九六〇年，他想出自動櫃員機（ATM）的概念，並稱之為銀票機（Bankograph）[28]。他說服一家紐約市的銀行安裝了幾台，但一般顧客不敢使用那些機器，所以只剩不想面對銀行櫃員的妓女和賭徒使用。十年後，時代不同了，自動櫃員機開始普及，不過銀行是使用別人的設計。

門得列夫的運氣不錯，遇上了適當的時機。他成年時，正好碰上化學進一步發展的時機成熟——一八六〇年代，元素可按「族」歸類的概念在歐洲各地醞釀著。例如，大家注意到氟、氯、溴似乎屬於同一類（一八四二年，瑞典的化學家永斯・雅各・貝吉流斯〔Jöns Jakob Berzelius〕把它們歸為「鹵素」），它們都是腐蝕性很強的氣體，與鈉結合後會變成像鹽那樣的無害晶體（例如食鹽就是氯化鈉）。此外，大家也不難發現鈉、鋰、鉀之類的鹼金屬之間有相似性，它們都是光澤、柔軟、高活性。事實上，屬於鹼金屬族的元素實在太像了，如果你用鉀取代食鹽裡的鈉，你得到的東西很接近氯化鈉，可以作為食鹽的代用品。

卡爾・林奈（Carl Linnaeus）發明了一套生物體的分類法，化學家受到他的啟發，也想為元素開發一套詳盡的家族系統，以解釋元素之間的關係。但不是所有的分組都很明顯，大家也不是很清楚元素之間的關係，或是同族元素相似是因為什麼原子屬性所致。這些議題吸引了歐洲各地思想家的關注，連一家製糖廠也積極投入思考（那家製糖廠裡的化學家很熱中這個議題）。雖然不少思想家努力地推敲答案，但只有一個人成功了，那個人就是門得列夫。

你可能心想，既然歸類整理元素的概念已經在「醞釀中」了，成功辨到的人頂多只是獲得熱情的歡呼罷了，你不見得會認為他是那個領域最偉大的天才之一，但門得列夫確實是天才。究竟是什麼原因，讓他足以和波以耳、道爾頓、拉瓦節等巨擘平起平坐呢？

門得列夫開發出來的「元素週期表」，不是類似野外賞鳥圖鑑那種東西，而是類似化學版的牛頓定律，或至少是近似牛頓定律那樣的神奇成就。因為那個週期表不僅列出元素的「族」，根本就像通靈板（Ouija board，譯註：刻有字母和其他符號的板牌，用於降靈會中接收亡魂傳遞的訊息。）一樣，化學家可以用它來瞭解及預估任何元素的屬性，甚至連未知的元素也可以預測。

回首過往，我們很容易把門得列夫的突破性成就，歸因於他在恰當的時機提出了恰當的問題，以及他認真的工作態度、熱情、固執和極端的自信。但是就像很多發現和創新一樣，他的才華特質和運氣一樣重要，或至少有一個不相干的環境為那些特質先搭好了舞台，讓他可以充分發揮。在門得列夫的例子中，這個契機是指他偶然決定寫一本化學教科書。

寫教科書的決定是發生在一八六六年，那時門得列夫三十二歲，獲聘為聖彼得堡的化學教授。聖彼得堡是一百五十年前由彼得大帝建立的，這時終於變成歐洲新興的知識人文中心。這裡的大學是俄羅斯最好的，但俄羅斯落後歐洲其他地區。門得列夫瀏覽了一下俄羅斯的化學文獻，發現沒有像樣的更新版本可用來教學，所以他決定自己寫一本。他花了好幾年才寫完，後來譯成多國語言，變成世界各地大學普遍使用的教科書，暢銷數十年。那本書並非正統的教科書，裡面充滿了軼事、臆測和古怪的內容。那是出於熱愛所撰寫的作品，由於他想盡可能寫到最好，那股動力促使他專注在一些議題上，進而促成了偉大的發現。

門得列夫寫書時面臨的第一個挑戰是，如何規劃那本書的整體結構。他決定把元素和化合物按屬性來歸類。他先寫完比較簡單的鹵素和鹼金屬後，接下來必須決定寫哪個類別。那個順序是隨興的嗎？還是有一套原則支配著排列順序？

門得列夫為這個問題掙扎了一段時間，深入探索他的化學知識，想找出不同類別之間是否相關的蛛絲馬跡。某週六，他專注研究了一整晚，直到黎明，依舊一無所獲。但他一時興起，在信封背後按照原子量遞增的順序，寫下氧族元素、氮族元素、鹵素的元素（共十二個元素）。

這下子他突然注意到一個驚人的型態：那個列表是從氮、氧、氟開始列起（每個族裡最輕的元素），接下來是每個族裡第二輕的元素，然後依此類推。換句話說，那個列表形成一種重複的「週期」型態，只有兩個元素不符合那個型態。

門得列夫把每個族的元素都寫成橫排，然後把各族往上逐一堆疊起來，變成一個表格（我們現在是把各族寫成縱列）。這裡頭真的蘊含什麼嗎？如果這十二個元素確實構成一種有意義的型態，當時已知的五十一種其他元素是否也符合這套邏輯呢？

門得列夫曾和朋友玩一種考驗耐心的紙牌遊戲（名叫「接龍」），遊戲是以特定的方式排列撲克牌。他後來回憶，那些撲克牌所排成的表格，看起來就像那天他以十二個元素排出來的表格。於是，他決定把所有已知的元素名稱和原子量寫在卡片上，試著排出表格，玩著他所謂的「化學接龍」遊戲。他開始把卡片移來移去，以合理的方式排列它們。

門得列夫的做法有幾個嚴重的問題。其一，有些元素看不出來該歸屬於哪個族，有些元素的屬性還不是很明朗。此外，大家對於某些元素的原子量也有不同的意見。如今我們知道當初有些元素的指定重量是錯的。或許最嚴重的問題是，還有一些元素尚未發現，所以排列起來可能沒有意義。

這些問題使門得列夫的任務變得特別困難，但還有其他比較微妙的原因：沒有理由相信以原子量為基礎的系統**應該是**對的，因為當時沒有人瞭解原子量反映的化學意義。（如今我們知道那是原子核裡質子和中子的數量，中子的重量和原子的化學性質無關）。這裡，門得列夫固執的性格支持著他繼續探索那個概念，他之所以持續研究，只是因為直覺和信念告訴他要堅持下去。

門得列夫的研究清楚地顯示，科學的流程很像在拼湊拼圖，但他的研究也顯示科學流程和拼圖的重要差異：市面上買的拼圖是可以拼成圖案的，但門得列夫的拼圖碎片卻怎麼也拼不齊。在科學和所有的創新中，有些問題似乎顯示你的方法行不通，但有時候你必須忽略那些問題，相信自己終究會找到解方，或那些問題最後會證明無關緊要。在這方面，門得列夫憑著過人的天賦和毅力，改造一些拼塊並自製一些其他的拼塊，最後終於拼湊出完整的圖案。

從後見之明來看，我們很容易以英雄的形象來描述門得列夫的成就。我想，前面的描述大致上也是如此。無論你的概念乍看之下有多瘋狂，只要行得通，就會被視為英雄。相反的，從古至今也有許多瘋狂的概念證實是錯的。事實上，行不通的概念遠遠多於行得通的概念。錯誤的概念很快就被遺忘了，當初相信那些概念的人，投注了無數的時間和心血，最後都付諸東流，我們往往稱那些概念的提倡者是失敗者或瘋子。但是所謂的英雄氣概，就是指冒險。科學研究無論成功與否，它真正充滿英雄氣概的地方，在於科學家和創新者所冒的風險——他們經年累月地投入大量的心力以探索答案，但最後不見得都能得到豐富的成果或產品。

門得列夫確實投入了很多時間，當元素不符合他所想的系統時，他不願承認自己的想法有誤，而是堅持到底，並推論那些衡量原子量的人是錯的。他大膽刪除衡量的原子量，填入讓元素符合其系統的數值。

他最大膽的主張，發生在他的圖表出現空缺的時候——有些空格尚未出現符合該特質的元素。門得列夫並未就此放棄他的想法，或是改變他的歸類原則。他堅信那些空格代表尚未發現的元素，甚至根據空格在週期表上的位置，預言那個新元素的屬性，包括重量、物理特質、可與哪些元素結合，以及與其他元素組成什麼化合物等等。

例如，鋁的附近有個空格。門得列夫先以「鋁下」（eka-aluminum）稱呼那個元素，並預測以後化學家發現那個元素時，那會是一種閃亮的金屬，導熱性極佳，熔點低，一立方公分的重量是五・九克。幾年後，法國的化學家保羅－埃米爾・勒科克・德布瓦博德蘭（Paul-Émile Lecoq de Boisbaudran）在礦石中發現一種元素符合那些特質，只不過他發現那個元素一立方公分的重量是四・七克。門得列夫馬上寫一封信給勒科克，說他的樣本一定不純。於是，勒科克以新的樣本重做分析，並確定那個樣本是純正的，這次分析出來的重量確實是門得列夫預言的五・九克。勒科克以法國的拉丁名稱高盧（Gallia），把那個元素命名為鎵（gallium）。

一八六九年，門得列夫發表他的元素週期表，一開始是在一本不起眼的俄羅斯期刊上，後來又在備受敬重的德國刊物上發表一次，標題是〈論元素的屬性和其原子量的關係〉[29]。除了鎵以外，他的元素週期表還預留了幾個空格給其他的未知元素，那些元素如今稱為鈧、鍺、鎝。鎝是放射性元素，極其罕見，直到一九三七年才在迴旋加速器的合成裡發現，那時門得列夫已經過世三十幾年了。

　　諾貝爾化學獎第一次頒發是在一九〇一年，亦即門得列夫過世的前六年。諾貝爾頒獎史的一大誤判，就是未能肯定門得列夫的成就，因為他的元素週期表是現代化學的核心組織原則。那個發現使我們得以

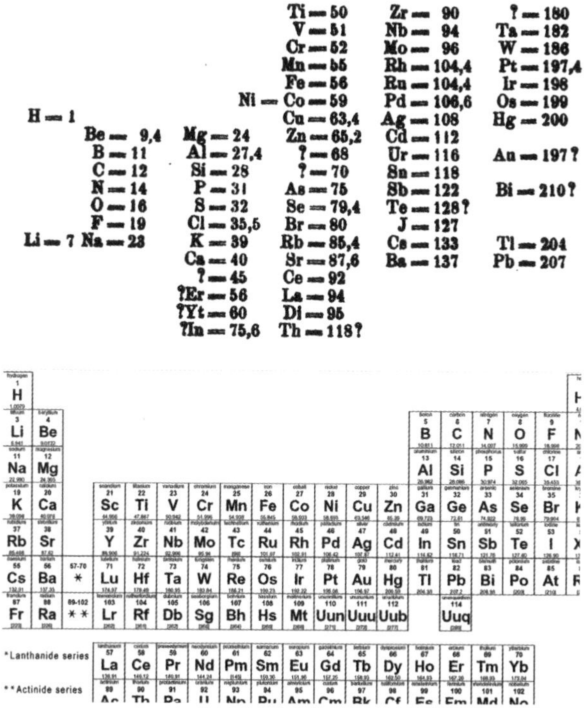

上圖是一八六九年門得列夫發表的原始週期表，下圖是現今的元素週期表

熟悉物質的科學，那也是防腐師及煉金術士展開研究兩千年來的成就巔峰。

不過，門得列夫最後晉升到另一個更頂級的殿堂。一九五五年，柏克萊的科學家又在迴旋加速器裡發現一個新元素，一九六三年他們以門得列夫的名字，把它命名為鍆（mendelevium），以肯定其輝煌的成就。諾貝爾的得獎人如今已有八百多位，但只有十六個元素是以科學家的名字命名，門得列夫就是其一，他在自己發明的元素週期表中終於占有一席之地，原子序為一〇一，就在鑀（einsteinium，以愛因斯坦命名）和鎶（copernicium，以哥白尼命名）等元素的附近。

第九章 生物世界

自古以來學者臆測，物體是由基本元件組成的，但沒有人想過生物也是如此。一六六四年，虎克把小刀磨到「利如剃刀」後[1]，切下一片軟木薄片，並用自製的顯微鏡觀察。當時他想必嚇了一跳，因為他是第一個看到所謂「細胞」的人類。他之所以把它取名為「細胞」（cell），是因為那讓他想起修道院裡分給修道士的小房間（譯註：cell 也有「小室」的意思）。

我們可以把細胞視為生命的原子，但細胞比原子還要複雜（對第一次看到的人來說衝擊更大），而且是活的。細胞是個充滿活力的工廠，持續消耗能源和原料，並產生許多不同的產品（主要是蛋白質，以進行各種重要的生物功能）。細胞的運作需要很多知識，所以即使細胞沒有腦子，它們確實「知道」事情——它們「知道」如何製造人體成長與活動所需的蛋白質和其他養分，或許最重要的是，他們知道如何再生。

細胞與生物的複雜性

細胞最重要的產物就是自我複製。人類因為有這個能力，所以從單細胞開始，經過四十幾次連串的細胞分裂後，終於變成由三十兆個細胞所組成的生物[2]——這個細胞數是銀河繁星數量的一百倍。這些細胞活動（無數毫無思考力的個別細胞一起互動）加總起來就是人類，實在相當奇妙。同樣令人驚訝的是，我們還可以解析那一切是怎麼運作的，就像電腦在沒有程式設計師的指令下自我分析一樣，那正是生物學的奇妙之處。

當你想到生物界大多是我們肉眼看不見的世界時，這一切又顯得更神奇了。一部分原因在於細胞極其微小，另一部分原因在於生物極其多元。如果你把細菌之類的生物排除在外，只數那些細胞有核的生物，科學家估計，地球上約有上千萬個物種[3]，目前我們只發現及分類其中的一%左右，光是螞蟻至少就有兩萬兩千種。而且，相對於地球上的每個人，地球某處就棲息了一百萬到一千萬隻的螞蟻。

我們都熟悉一些出現在庭院裡的昆蟲，但是用鏟子挖起一把泥土，那裡面的生物種類就是我們數不完的數字——包括數百種或甚至數千種的無脊椎物種、數千種極微小的線蟲，以及數萬種的細菌。地球上的生物如此龐雜，事實上，我們不斷地攝取很多我們可能不想吃下肚的生物。例如，你買不到毫無昆蟲碎片的花生醬，政府認為要生產毫無昆蟲碎片的花生醬太不切實際了，所以允許每份花生醬裡（三十一克）最多可含十個昆蟲碎片[4]。另外，一份花椰菜裡可含六十隻蚜蟲或蟎蟲[5]，一罐肉桂粉裡可含四百個昆蟲碎片。

這些例子聽起來很倒胃口，但是記得人體內有很多外來生物其實是好事——我們每個人都是一個生態系統。例如，科學家發現，人類的前臂上有四十四「屬」微生物（「屬」是物種群）[6]，人類的腸道裡至少有一百六十種細菌。那麼你的腳趾間呢？有四十種真菌。事實上，如果你還費心去加總，你會發現人體內的微生物細胞遠比人體細胞還多。

人體的每個部位都是一個獨特的棲地。你的腸子或腳趾間的微生物，和**我身體上**同一區微生物的共通點，會比你自己前臂的微生物還多。甚至有一個學術中心的名稱叫「肚臍生物多樣性」專案，位於北卡羅萊納州立大學，目的是研究肚臍裡生存的微生物。另外，還有討厭的蟎蟲，牠們是蝨子、蜘蛛、蠍子的親屬，長度不到三分之一毫米，就住在你臉上的毛囊和連接毛囊的腺體上，主要是在鼻子、睫毛、眉毛附近，牠們在那裡吸取你豐滿的細胞。但別擔心，牠們通常不會造成不良的影響。如果你是樂觀主義者，世上有一半成人沒有蟎蟲的困擾，你可以想像自己就是其一。

由於生物很複雜，而且生物的大小、形狀、棲地五花八門，再加上我們先天很容易以為我們「純粹是」物理定律的產物，這也難怪生物學這門科學的發展落後於物理學和化學。生物學就像其他的科學，必須先摒除「人類自以為很特別」以及「造物主或魔法主導世界」的想法才能夠發展。這表示我們必須先摒除天主教會以神為中心的教義，以及亞里斯多德以人類為中心的理論。

亞里斯多德很熱中於生物學，他目前留下的著作中，有近四分之一和生物學有關[7]。雖然亞里斯多德的物理學是以地球為宇宙的中心，他的生物學則比較貼近個人，頌揚人類，尤其是男性。

亞里斯多德認為，神聖的造物主設計了所有的生物，這些生物和無生物不同，因為他們有獨到的特質或本質，而且死後那些特質或本質就消失了。亞里斯多德主張，在所有的生物設計藍圖中，人類代表設計的巔峰。亞里斯多德非常堅持這點，所以他在描述一個物種的特質時，他說那個特質相對於人類的特質是一種「畸形」。同樣的，他也認為女人是變形或壞損的男人。

這種錯誤的傳統觀念開始式微時，現代生物學才有萌芽的空間。亞里斯多德的生物學中，有一項原則稱為「自然發生論」，意指生物是從灰塵之類的無生物演變出來的。早期破解這類謬論就是生物學的一大突破。約莫同一時間，顯微鏡的新科技顯示，即使是很簡單的生物也有器官，而且人類就像其他的動植物一樣是由細胞組成的，這些新知讓我們開始質疑老舊的思維。但是生物學在尚未發現其偉大的組織原則以前，還無法真正地成熟，變成一門科學。

物理學是探索物體的互動方式，它有一套運動定律。化學是探索元素和化合物的互動方式，它有一套元素週期表。生物學是探索物種運作與互動的方式，為此，它需要瞭解那些物種為什麼有那些特質，也就是說，我們必須找出其背後的真正原因——不能凡事都以「因為上帝那樣設計」為由。後來，達爾文以物競天擇為基礎，提出演化論以後，人類才終於瞭解生物學的真相。

創造老鼠的配方：自然發生論

早在生物學出現以前，就已經有生物的觀察者。農民、漁民、醫生、哲學家都很熟悉大海和鄉村的生物。但生物學不單只是詳細記錄植物或鳥類的野外指南而已，因為科學不只是靜靜地坐著描述世界，而是站起來大聲地主張概念，以解釋我們的所見所聞。不過，解釋比描述困難許多。所以，在科學方法發展出來以前，生物學就像其他的科學一樣，深受看似合理、但其實有誤的解說和概念所干擾。

以古埃及的青蛙為例，每年春天，尼羅河氾濫，淹沒周圍土地，最後留下豐饒的土壤。那些土地在農民的辛勤耕耘下，很快就能餵飽人民。泥濘的土地也帶來乾燥土地上看不到的一種生物：青蛙。這種吵雜的生物出現得很突然，而且為數眾多，彷彿是泥巴生出來的，所以古埃及人認為青蛙是泥土生的。

埃及人的理論並不是鬆散推理的結果，古代的觀察者在認真觀察以後，大多得出同樣的結論。屠夫發現蛆從肉裡冒出來，農夫也發現老鼠從存放小麥的箱子裡冒出來。十七世紀，化學家揚·巴普蒂斯塔·范·海爾蒙特（Jan Baptist van Helmont）甚至提出一套以日常物質創造老鼠的配方：只要把幾粒麥子放在缸子裡，再放入髒內衣，等待二十一天，就會冒出老鼠。據傳，那個配方經常奏效。

范·海爾蒙特所根據的理論就是自然發生論，簡單的生物可以從某種非生物體衍生出來。從古埃及開始（可能也包括之前），人類就相信所有的生物體內都存在著某種生命力或能量。久而久之，那種觀點也衍生出另一想法：相信生命的能量可以浥注到非生物體中，從而創造出新生命[8]。當亞里斯多德把那種學說融合成一貫的理論時，就贏得了特殊的權威。不過，就像十七世紀某些重要的觀察和實驗導致亞里斯多德的物理學開始沒落一樣，十七世紀科學的興起也使亞里斯多德的生物學概念受到猛烈的抨擊，其中令人印象最深刻的質疑，是一六六八年義大利醫生弗朗切斯科·雷迪（Francesco Redi）對自然發生論所做的測試，那是生物學界第一個真正的科學實驗。

雷迪檢測「自然發生論」的方法很簡單。他拿了幾個廣口瓶，在瓶裡放置新鮮的蛇肉、魚肉和小牛肉，接著有些瓶子不封口，有些則是用紗網之類的材質或紙張蓋住瓶口。他推測，如果自然發生論是真的，這三種瓶子內應該都會出現蒼蠅和蛆。但是雷迪懷疑，如果蛆是從蒼蠅產下的微小蟲卵冒出來的，那麼只有瓶口沒封住的肉會冒出蛆，瓶口有紙張蓋住的肉不會冒出蛆。他也預測，蛆會出現在瓶口的紗網上，因為那是蒼蠅最接近肉的地方，後來實驗結果確實和他預測的一樣。

大家對雷迪的實驗結果褒貶不一。有些人覺得那個實驗推翻了自然發生論，有些人則決定不予理會或是找碴。很多人之所以不予理會或找碴，單純是因為他們想堅持之前的信念。畢竟，那個議題有神學的寓意，有些人覺得自然發生論保留了上帝創造萬物的概念。不過，也有些人是基於科學的理由懷疑雷迪的推論。例如，根據他的實驗結果來推論其他生物是錯的，也許他的實驗只證明自然發生論不適用於蒼蠅。

雷迪本人的態度倒是相當大方，他以開放的心態接納輿論的褒貶，甚至去找了他猜想自然發生論可能**真的**發生的其他案例。後來，這個議題又繼續吵了兩百年。直到十九世紀末，路易・巴斯德（Louis Pasteur）以細膩的實驗證明，連微生物都無法自然產生，才永遠平息了這個爭議。不過，雷迪的實驗雖然沒有一舉推翻自然發生論，但他的研究依然相當出色。他的實驗之所以特別，在於任何人都可以進行類似的測試，可是沒有人曾經想過。

大家往往認為偉大的科學家有過人的智慧。在社會中，尤其是商業界，我們通常會迴避那些和大家格格不入的人，可是這些與眾不同的人通常會看到大家沒注意到的事。雷迪是一個相當複雜多元的人，他是科學家，但也很迷信，會在身上塗油以驅除疾病。他是醫生兼博物學家，也是詩人，曾寫過一首經典好詩頌讚托斯卡尼的葡萄酒。關於自然發生論，只有雷迪能夠突破傳統思維，發揮另類思考。而且在那個科學推理尚未普及的年代，他像科學家一樣推論及實驗，不僅質疑了無效的理論，也挑戰了亞里斯多德的權威，並明顯指出一個解開生物學問題的新方法。

顯微鏡革命

亞里斯多德的自然發生論有一項主張：「低等生物」的組成太簡單了，無法繁衍。但後來的顯微鏡研究顯示，微生物已經複雜到有生殖器官了。雷迪就是看到顯微鏡的研究結果，才會想要做那個實驗。

其實顯微鏡是數十年前發明的，和望遠鏡發明的時間差不多，只不過沒有人確切知道是何人或何時發明的。我們只知道一開始顯微鏡和望遠鏡都是使用同一個拉丁字 *perspicillum* 為名，伽利略甚至是使用同一個儀器（望遠鏡）向內看及向外看。一六〇九年，他對一位訪客說：「透過這個管子觀察，我看過蒼蠅跟羔羊一樣大。[9]」

顯微鏡就像望遠鏡一樣，顯現出古人從未想像過或理論無法解釋的自然界細節，有助於學者敞開心房，接納不同的思維方式，促成連串的知識進步，並於達爾文出現時達到巔峰。不過，顯微鏡也像望遠鏡一樣，一開始遇到強烈的反彈。中世紀學者擔心「視覺幻象」，不相信介於他們和物體之間的任何儀器。望遠鏡因伽利略的擁護，很快就經得起批評並獲得接納；顯微鏡的愛用者則是花了半個世紀的時間，才終於讓顯微鏡獲得普遍的信任。

虎克就是顯微鏡的愛用者[10]，他在英國皇家學會的授意下，利用顯微鏡做研究，所以他對生物學的根源貢獻卓著，一如他對化學和物理學那樣厥功甚偉。一六六三年，英國皇家學會要求虎克，每次開會時都要至少提出一項新奇的觀察結果。儘管眼疾導致他很難長時間盯著鏡頭觀察，他還是運用自己改良的儀器完成了任務，並提出連串驚人的觀察結果。

一六六五年，三十歲的虎克出版《顯微圖譜》（*Micrographia*），這本書匯集了虎克在數個領域的研究結果和概念，但也透過五十七張虎克親自描繪的細膩插圖，向世人揭露那個奇妙的微觀世界，因此一出版即造成轟動。那些圖讓人類首度看到跳蚤的解剖結構、蝨子的身軀、蒼蠅的眼睛、蜜蜂的刺針。虎克把牠們都放大成整版的大圖，有些甚至是以書中摺頁的方式呈現。從未看過昆蟲放大的人類頓時驚訝地發現，連簡單的生物也有身體部位和器官。那些顯微圖譜就像伽利略發現月球也有山丘和低谷那樣，直接推翻了亞里斯多德的學說。

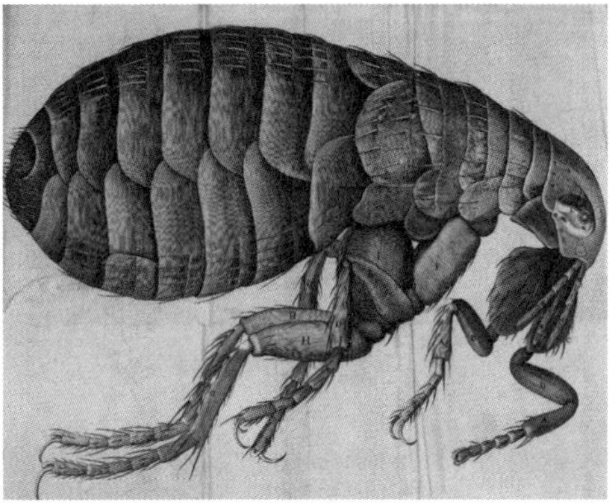

虎克的《顯微圖譜》

《顯微圖譜》出版那年，正值大瘟疫肆虐的巔峰，七分之一的倫敦人口不幸喪生。翌年，倫敦又遭逢史上最嚴重的大火吞噬。不過，儘管多災多難，大家依舊爭相閱讀《顯微圖譜》，使它變成了暢銷書。知名日記作家兼海軍軍官塞繆爾・皮普斯（Samuel Pepys，後來成為國會議員）更是讀到欲罷不能，熬夜看到深夜兩點，還說那本書是「我這輩子讀過最別出心裁的傑作[11]」。

虎克因此激勵了新一代的學者，但也引來一些質疑，有些人難以接受那些怪誕的素描，覺得他的觀察儀器不值得信賴。尤其，虎克去看英國劇作家湯瑪斯・沙德韋爾

（Thomas Shadwell）編寫的當代科學諷刺劇時，發現台上嘲諷的多項實驗幾乎都是他做的，而且是從他心愛的著作裡取材，當場覺得非常難堪[12]。

業餘科學家安東尼．范．雷文霍克（Antonie van Leeuwenhoek，一六三二－一七二三年）從未懷疑虎克的主張[13]。他生於荷蘭的台夫特，父親專門為舉世聞名的台夫特藍瓷製作包裝籃以行銷全球，母親的娘家是生產台夫特的另一項名產：釀造啤酒。雷文霍克十六歲時，到一家布商擔任出納員和簿記員，一六五四年自己創業，銷售布料、彩帶和鈕釦。不久之後，他又多了一個和本業毫無關係的工作：監督台夫特市政廳的維修和保養。

雷文霍克從未讀過大學，也不懂當時的科學語言「拉丁文」。儘管他非常長壽，活了九十幾歲，他只離開過荷蘭兩次——一次是造訪比利時的安特衛普，一次是去英國。但雷文霍克喜歡閱讀，虎克的暢銷書帶給他很大的啟發，改變了他的一生。

《顯微圖譜》在前言中說明了如何自製簡易的顯微鏡，雷文霍克身為布商，可能有一些磨製鏡片的經驗，因為他需要用鏡片檢查亞麻的樣本。讀了《顯微圖譜》後，他開始對鏡片製作非常熱中。為了製造新的顯微鏡並運用顯微鏡來觀察，他投入了無數的時間。

雷文霍克早期的觀察只是重複虎克的實驗，但他的成果很快就超越了虎克。在那個年代，虎克的顯微鏡技術出眾，他拿出二十到五十倍的放大倍率時，皇家學會已經驚歎不已。所以，你可以想見，一六七三年皇家學會的祕書亨利．奧登柏格（Henry Oldenburg）收到一封信，聲稱荷蘭某位未受過高等教育的建築管理員兼布商「設計出遠比我們見過還要強大許多的顯微鏡」時[14]，他有多麼驚訝。事實上，四十一歲的雷文霍克設計出來的顯微鏡倍數是虎克的十倍。

雷文霍克的顯微鏡之所以如此強大，主要是因為工藝卓越，而不是設計巧妙。那其實只是一套簡單的儀器，從玻璃或甚至砂粒中精挑細選某部分研磨成單一鏡片，接著把那個鏡片裝在他自己從礦石中提煉金和銀所製成的金屬板上。他把每個標本永久固定住，並為每個研究製作新的顯微鏡，或許是因為要調到恰當的定位跟製作鏡片一樣困難。無論原因是什麼，他沒告訴任何人，對自己的研究方法也極度保密，因為他像牛頓一樣，希望避免「他人的反駁或指責」。在他漫長的一生中，他製作了五百多個鏡片，但至今沒有人知道他究竟是怎麼製作出來的。

奧登柏格得知雷文霍克的成就時，英國和荷蘭的海軍正處於英荷戰爭，以砲火相互攻擊。但英荷交戰並未阻止奧登柏格接觸雷文霍克，他鼓勵雷文霍克發表研究成果，雷文霍克接受了他的建議。聞名的英國皇家學會的關注令雷文霍克戒慎恐懼，所以他在第一封信中表示，萬一他們發現他的研究有缺失，他為此感到抱歉。他寫道，那是「我自己衝動及好奇下所得到的結果，因為我們鎮上除了我以外，沒有自然哲學家從事這門技藝。在下筆拙，恣意寫下隨想，請勿見怪。[15]」

雷文霍克的「隨想」遠比虎克的發現更大，因為虎克只看到微小昆蟲的身體部位，雷文霍克則是看到肉眼看不見的生物。以前從來沒有人想過世上竟然還有那些生物，牠們比肉眼可見的最小生物還小千倍、甚至萬倍。雷文霍克稱之為「微型動物」（animalcules），如今我們稱之為微生物。

伽利略從觀察月球地貌及發現土星環中獲得極大的樂趣，雷文霍克也從鏡頭底下那些奇妙微小生物的世界得到相同的喜悅。在一封信裡，他寫到一滴水中的世界：「我現在可以清楚看到，有小蛇狀的東西或小蟲全擠在一起蠕動著……整顆水滴好像充滿了五花八門的微型動物……我必須說，看著數千隻生物在小水滴中活蹦亂跳，我找不到比這個更令人愉悅的景致了。[16]」

雷文霍克偶爾會以這種類似「上帝看世界」的口吻來描述觀察結果，但有時也會把微生物放得很大，並詳盡描述許多新的物種。例如，他描述某種生物「身體渾圓，伸出兩個動個不停的小角，像馬的耳朵那樣……只不過那兩個角比較靠近臀部，而臀部末端還有一條尾巴。[17]」雷文霍克與皇家學會聯繫的五十年間，從未出席皇家學會的會議，但寫了數百封信，而且絕大多數的信件都保留了下來。奧登柏格請人加以編輯，並翻譯成英文或拉丁文，再交由英國皇家學會出版。

雷文霍克的研究成果掀起了很大的轟動。全世界驚訝地發現，原來每滴池水都是一個充滿生物的小宇宙，是人類感官完全感受不到的。而且，當雷文霍克以顯微鏡觀察精子細胞、微血管等人體組織時，他也揭露了人體架構，讓大家知道其實人體和其他生物有許多共通之處，沒什麼特別。

雷文霍克跟虎克一樣，也遇到一些懷疑者，質疑那一切都是他瞎掰的。他請了一些德高望重的人士、公證人、甚至台夫特教會的牧師來親眼目睹其研究的結果並簽名作證，以反擊質疑者。絕大多數的科學家都相信他，虎克也可以複製一些雷文霍克的研究。隨著消息傳開，世界各地的遊客開始慕名前來雷文霍克經營的商店，要求窺探那些微生物。英國皇家學會的創辦人和贊助人查理二世要求虎克展示他複製的雷文霍克實驗，俄羅斯的彼得大帝還親自造訪雷文霍克。對一位布商來說，這算是不錯的境遇。

一六八〇年，雷文霍克在未出席英國皇家學會下，獲選為皇家學會的會員。爾後，他又持續研究了四十幾年，直到生命的尾聲仍孜孜不倦，享年九十一歲。一百五十年後，世上才出現另一位與他媲美的微生物專家。

雷文霍克臨終時做的最後一件事，是請朋友幫他把最後兩封信翻譯成拉丁文，寄給英國皇家學會，他也為他們準備了禮物：一個黑色鑲金的小櫃子，裡面裝了幾個最精良的顯微鏡，有些是他從未給別人看過的。如今只剩幾個顯微鏡完好無損，二〇〇九年，其中一個顯微鏡以三十一萬兩千英鎊的拍賣價格成交[18]。

雷文霍克終其一生為後來的生物學奠定了多方面的基礎，包括微生物學、胚胎學、昆蟲學、組織學等等。所以二十世紀某位生物學家稱雷文霍克的書信是「科學界最重要的連續通訊[19]」。同樣重要的是，雷文霍克就像物理學界的伽利略以及化學界的拉瓦節，為生物學建立了科學傳統。一七二三年，台夫特新教堂的牧師寫信給英國皇家學會，告知雷文霍克的死訊，信中提到：「雷文霍克認為，自然哲學運用實驗方法，佐以感官證據，最能有效地探索真相。因此，他秉著勤奮不懈的精神，以雙手親自製作出最精良的鏡片，並利用那些鏡片發現了許多自然的奧祕，如今享譽整個自然哲學界。[20]」

探究演化理論

如果虎克和雷文霍克就某種意義上來說是生物界的伽利略，那麼達爾文（一八〇九－一八八二年）就好比生物界的牛頓了[21]。而且，達爾文和牛頓都安葬在西敏寺，兩人長眠的地方相隔僅數英尺。達爾文的護柩者包含兩位公爵、一位伯爵，以及過去、當時和未來的英國皇家學會會長。有些人可能覺得達爾文葬在教堂裡不太恰當，但卡萊爾主教（Bishop of Carlisle）在其追思會上說：「認為自然知識和信仰上帝之間必然相互矛盾，是個愚蠢的想法。若是讓這種概念產生舉足輕重的影響力，實屬不幸。[22]」達爾文的主要科學成就，一開始幾乎無人聞問，後來遭遇猛烈的抨擊和質疑，那場葬禮為他的一生劃下了輝煌的句點。

達爾文的出版商約翰．穆雷（John Murray）也是一開始就低估其研究成果的人，達爾文在那本著作裡詳細闡述其理論，穆雷答應出版那本書，但首印量僅一千兩百五十本。穆雷有充分的理由擔心銷量不佳，因為試讀過的人都不太感興趣，其中一位試讀者甚至建議穆雷不要出版，他寫道：「他的理論不完善，而且論述比較薄弱。」那位試讀者還建議達爾文去寫有關鴿子的書，然後在那本鴿子書裡加入其理論的簡短論述。他建議：「大家都對鴿子很感興趣，不久就人手一本了。[23]」出版商向達爾文轉告了他的建議，但達爾文不願那樣做。他之所以婉拒，不是因為深信自己的著作可以大賣，他說：「天曉得大眾會怎麼想。[24]」

其實達爾文根本不必擔心。《物種起源》（*On the Origin of Species by Means of Natural Selection; or, the Preservation of Favoured Races in the Struggle for Life*）後來變成生物界的《原理》。一八五九年十一月二十四日出版，首印的一千兩百五十本馬上被急切的書商搜刮一空，從此以後持續再刷。（不過，那本書並不像傳聞說的出版當天即宣告售罄。）對二十年來以熱情和耐心為理論收集證據的達爾文來說，著作的暢銷應該是頗為欣慰的肯定。他的研究規模實在太浩大了，光是衍生的副產物之一就是厚達六八四頁的藤壺專題論文。

達爾文之前的研究者對於細菌到哺乳動物等多種生物，已經知道很多描述性的細節，但是他們對於「什麼因素導致生物具備某些特質」之類的基本問題，仍一無所知。達爾文之前的生物學家，就像牛頓之前的物理學家，或元素週期表出現以前的化學家，只會收集資料，但他們不知道這一切資料是如何拼湊在一起的。他們之所以做不到，是因為在達爾文之前，生物學這個新興領域受到一些舊有信念的羈絆。他們認為不同生物的起源及關係，已經超越了科學的領域。這種信念是源自於死板接納聖經創世記的字面意思，因為聖經主張地球和所有的生物都是上帝在六天內創造出來的，而且上帝創造世界以來，所有的物種都沒變過。

這不是說以前都沒有人想過「物種會演化」，以前確實有人這樣想過，早在希臘時代就有人想過了，而且達爾文的祖父伊拉斯謨斯．達爾文（Erasmus Darwin）也想過。但是達爾文以前的演化理論都很含糊，比起它們想要取代的宗教教義，也沒有科學到哪裡去。所以，即使達爾文以前有人談過演化的概念，多數人（包括科學家）都認為人類是在金字塔的頂端，底下有許多比較原始的物種，那些物種的特質都是固定的，是造物主設計出來的，而且我們永遠無法得知造物主的設計想法。

達爾文改變了那種觀點。如果說達爾文以前有一小群人臆測著演化理論，達爾文的理論則像一棵參天大樹般籠罩著他們，為科學提供了龐大的樣本。相對於前人提出的每個論點或證據，達爾文可以提出上百個論據。更重要的是，他發現了演化背後的機制——物競天擇——使演化論經得起檢驗，有科學意義，讓生物學從此擺脫了神學，變成真正的科學，而且像物理和化學那樣根源於物理定律。

* * *

一八〇九年二月十二日，查爾斯·達爾文（Charles Darwin）在英國舒茲伯利（Shrewsbury）的家中出生，父親羅伯·達爾文（Robert Darwin）是鎮上的醫生，母親蘇珊娜·瑋緻活（Susannah Wedgwood）的父親就是瑋緻活瓷器公司（Wedgwood）的創辦人。達爾文家境富裕，家族顯赫，但從小課業不佳，厭惡上學。他後來寫道，他記性不好，不擅長死背，「沒有特殊天賦」。他太小看自己了，因為他也發現他「對事實及其意義有強烈的好奇心」[25]，還有「長時間積極探究同一主題的活力」。這兩項特質對科學家或任何創新者來說確實是特殊天賦，後來讓達爾文受惠良多。

從達爾文在劍橋大學就讀時發生的一件事，可以充分看出他有過人的好奇心和毅力。當時他的一大嗜好是收集甲蟲，他寫道：「某天我撥開老樹皮時，看到兩隻罕見的甲蟲，於是我兩手各抓起一隻。接著，我又看到第三隻罕見的甲蟲，實在不想錯過，所以我把右手那隻甲蟲放進嘴裡。」[26]（只有那種性格的青年，才有那種過人的毅力為藤壺寫出六八四頁的論文（雖然論文完成以前他曾經寫道：「我對藤壺的痛恨，無人能及。」[27]）

達爾文花了很多年才找到志業。這段追尋志業的歷程是一八二五年秋季開始的，那時他十六歲，父親送他去愛丁堡大學念醫科，因為他的父親和祖父都是如此，但後來證明那是個錯誤的決定。

原因之一在於達爾文很敏感，那個年代的手術需要處理大量的血液飛濺，再加上沒有麻醉技術，病人總是哀嚎不已。不過，多年後，他為了演化論蒐集證據時，這種敏感的性格並未阻止他解剖狗和鴨子。也許他無法讀醫科是因為缺乏興趣和動機，因為他後來寫道，他相信父親會留給他足夠的財產，「讓他過還不錯的日子」，這番預期「足以讓人打消努力學醫的念頭」[28]。所以，一八二七年春季，他沒拿到學位就離開愛丁堡了。

劍橋是他的第二站，父親送他到劍橋是為了讓他學習神學，以便展開神職生涯。這次達爾文順利完成學業，拿到了學位，在一七八名畢業生中排名第十。這個排名高得令他吃驚，但或許也反映出他已對地質學和自然史培養出真正的興趣——從他的甲蟲收集即可見得。不過，他的職業生涯似乎是朝著教會發展，科學頂多只能當成業餘的嗜好。畢業後，他先去北威爾斯健行，進行地質之旅。返家後，一封信為他的人生提供了不同選項：搭上艦長羅伯特·菲茨羅伊（Robert Fitzroy）領導的小獵犬號軍艦（HMS Beagle）環遊世界。

那封信是劍橋的植物學教授約翰·韓斯洛（John Henslow）寄來的。達爾文畢業的排名雖高，但他在劍橋的表現不是特別出眾。不過，韓斯洛看出了他的潛力，他曾說：「達爾文這個傢伙還挺會問問題的。」[29]這句誇獎看似平淡無奇，但可以看出在韓斯洛的心中，達爾文具備了科學家的靈魂。韓斯洛和這位充滿好奇心的學生變成了朋友，當有人請韓斯洛為小獵犬號的博物學家一職推薦年輕人才時，他推薦了達爾文。

韓斯洛那封信可說是連串離奇事件的高潮。一連串事件是從小獵犬的前艦長普林格·斯托克斯

（Pringle Stokes）開始的，他在船上朝著自己的腦袋開了一槍，子彈沒殺死他，但他後來死於壞疽。菲茨羅伊是斯托克斯的副手，臨危受命成為艦長，指揮軍艦返航，但他一直記得斯托克斯的憂鬱症是多年海上航行的孤單造成的，因為法令規定艦長不准和船員社交。菲茨羅伊的叔叔幾年前才割喉自殺，四十多年後菲茨羅伊自己也步上後塵，所以當時他想必也意識到他應該盡可能避免「艦長自盡」的魔咒。因此，當年二十六歲的菲茨羅伊接替斯托克斯擔任艦長時，他覺得自己需要一個一起航海的伙伴。當時的慣例是由船上的醫生兼任博物學家，但菲茨羅伊刻意放出消息，說他想找一位社會地位高又年輕的「紳士－博物學家」——基本上是在招募一個人來當他的朋友。

達爾文不是菲茨羅伊的首選，他本來屬意其他人選。要是當初其他人接受了那個職位，達爾文很可能在教會中平靜地度過一生，永遠也不會想出演化論——就像當初要不是哈雷偶然去找牛頓，問他反平方定律，牛頓可能也不會完成並發表偉大的研究一樣。由於菲茨羅伊提供的那個職位沒有薪水（職位的報償是來自沿途靠岸收集標本之後再銷售的收入），他屬意的那幾個人都不願意或無法自費出海多年，因此最後二十二歲的達爾文雀屏中選。這給了達爾文出外探險的機會，不必一輩子在教會裡宣揚地球是公元前四〇〇四年十月二十三日晚上創造出來的（十七世紀出版的聖經分析如此宣稱）。達爾文把握了這個機會，因此改變了他的一生及科學的歷史。

一八三一年小獵犬號啟程，直到一八三六年才返鄉。這不是一趟舒適的旅程，達爾文住在船尾的狹小艙房裡，那是船上搖晃得最厲害的地方。他和兩位船員同住一房，睡在懸掛於海圖桌上方的吊床，他寫信告訴韓斯洛：「我只有翻身的空間而已。[30]」暈船成了家常便飯。他是艦上唯一和艦長有交情的人，兩人常一起用餐，因此培養了友誼，但也經常爭吵，尤其是為了奴隸制爭論不休。達爾文對奴隸制深惡痛絕，但每次船艦靠岸時，他們一再看到奴隸制在現實生活中上演。

儘管如此，靠岸探險的刺激體驗，抵銷了旅程中的種種不適。那段期間，達爾文參加了巴西的嘉年華會，看到智利奧索爾諾（Osorno）市區外的火山爆發，體驗了地震並走過地震在康塞普西翁（Concepción）留下的廢墟，目睹了蒙特維多（Montevideo）和利馬（Lima）的革命。在此同時，他也持續收集標本和化石，並把它們打包裝箱，寄回英國，請韓斯洛代為保存。

達爾文後來覺得，那次旅行是對他一生影響最大的活動，不僅影響了他的性格，也讓他對自然界產生了全新的觀點。不過，他**不是**在那趟旅程中發現知名的演化理論[31]，也不是在當時逐漸接受演化的觀點。事實上，那趟旅程結束時，他的想法和啟程時一樣，對聖經的道德權威毫無疑慮。

不過，他對未來的計畫確實改變了。旅行結束後，他寫信給在教會任職的表親：「我很羨慕你的狀況，但不敢想像那樣的幸福願景。對一個適合神職的人來說，牧師的生活是可敬快樂的。[32]」達爾文雖然對神職生涯語多肯定，但他認定自己不適合那樣的生活，他選擇在倫敦的科學界發展。

＊＊＊

回到英國後，達爾文發現，他在寫給韓斯洛教授的信中詳細提到的觀察結果，竟然獲得一些科學界的關注，尤其是有關地質學的部分。不久，達爾文就在著名的倫敦地質學會開設講座，暢談「某些火山現象和山脈形成及大陸升起效應的關連」之類的主題。在此同時，他也享有經濟獨立，毫無經濟壓力，因為每年父親都會給他四百英鎊的津貼。巧的是，那筆金額正好和牛頓剛開始在造幣局工作的年薪相當，但是根據英國國家檔案館（British National Archives）的資料，在一八三〇年代，那個金額「只是」一般工匠年收的五倍（但依然夠買二十六匹馬或七十五頭牛）。那筆錢讓達爾文在心無旁騖下，全心把小獵犬號上的日記寫成一本書，並且好好地整理他收集的動植物標本。那些努力付出後來改變了人類對生物本質的概念。

由於達爾文在旅程中並未對生物學產生多偉大的頓悟，當時他可能預期，仔細觀察那些運回英國的標本可以得出扎實的結果，但還不至於產生革新性的研究成果。不過，沒多久他就發現，他的探索可能比他預期的還要刺激。他把一些標本拿給專家分析，他們的分析報告令他震驚。

例如，有一組化石顯示「連續定律」（law of succession）的存在——絕跡的南美哺乳動物是被類似物種的其他動物所取代。另一份報告是和加拉巴哥群島（Galápagos Islands）的仿聲鳥有關，報告上說那裡有三個物種，而不是他所想的四個物種；而且那些鳥是島上獨有的，那裡發現的巨大烏龜也是島上獨有的。（有一個故事說，達爾文發現加拉巴哥群島的不同島嶼上，雀鳥的鳥喙各不相同，因此產生頓悟，那個故事其實是杜撰的[33]。他確實帶回了雀鳥的標本，但他沒受過鳥類學方面的訓練，所以把牠們誤認成一群雀鳥、鷦鷯，「大喙鳥」、黑鸝親屬的組合，並未按照島嶼標記。）

專家的分析報告中，最令人驚訝的或許和美洲鴕的標本有關。達爾文和船員把那隻鴕鳥抓來煮食下肚後，他才發現那可能很重要，並把鴕鳥的遺骨寄回英國。專家發現那個標本其實是屬於某個新物種，它就像一般的美洲鴕，有自己的主要活動範圍，但也和一般的美洲鴕競爭中間的過渡地帶。

這和大家的普遍認知相互矛盾，當時大家普遍認為每個物種都會為自己的棲地調整成最適狀態，沒有任何模糊地帶讓類似的物種相互競爭。

達爾文收到這些發人深省的報告後，開始對上帝創造萬物的角色產生了不同的想法。有一個人對他帶來很大的影響：查爾斯．巴貝奇（Charles Babbage）。巴貝奇是劍橋大學的盧卡斯數學教授（牛頓以前也是），以發明機械電腦著稱。巴貝奇主持了一系列的夜間聚會，讓自由思想者齊聚一堂交流，他寫了一本書主張上帝是透過物理定律運作的，而不是靠命令和奇蹟。那個概念為宗教和科學的共存提供了最有可能的基礎，對年輕的達爾文有很大的吸引力。

達爾文逐漸相信，物種不是上帝為了符合某個宏大的計畫，而設計出來的固定生命形式。物種會跟著生態棲位，不斷地調適自己。一八三七年夏季，亦即小獵犬號結束旅程的隔年，達爾文已經相信演化的概念，不過距離建構理論還很遙遠。

不久，達爾文就開始否定「人類是萬物之靈」或「任一動物優於其他動物」的概念。他覺得每個物種都一樣了不起，對其生存環境和其在環境中的角色來說，都是完美或近乎完美的。達爾文認為，這些新概念並未否定上帝創造世界的角色，他認為上帝設計了繁衍定律，讓物種可以隨著需要改變自己以適應環境變化。

如果上帝創造了繁衍定律，讓物種可以隨著環境改變，那些定律究竟是什麼呢？牛頓透過運動定律，瞭解上帝設計的物理宇宙，所以達爾文一開始也想尋找演化的機制，他覺得應該有一個演化機制可以解釋上帝設計的生物世界。

達爾文像牛頓一樣，一開始在好幾本筆記本上寫滿了想法和概念。他分析在旅程中觀察的那些物種和化石的關係；研究倫敦動物園裡的猿猴、猩猩和猴子，記錄他們類似人類的情緒；探索鴿子、狗、馬匹育種者的工作，思考他們透過「人為選擇」可以繁衍出多麼不同的特質；他也從宏大的觀點臆測，演化對形而上學的問題以及人類心理如何產生影響。接著，一八三八年九月左右，達爾文讀到馬爾薩斯（T. R. Malthus）的熱門著作《人口論》（*Essay on the Principle of Population*），終於促使他踏上發現演化流程之路。

馬爾薩斯的《人口論》不是一本令人愉悅的書，他認為人類自然發展下，最終的狀態是悲慘的，因為人口增加勢必會導致大家為了競爭糧食和其他資源而訴諸暴力。他主張，由於土地和生產有限，那些資源只能以「等差級數」成長，例如一、二、三、四、五，但人口是每個世代按照「等比級數」成長，例如一、二、四、八、十六。

如今我們知道一隻魷魚一季可產三千顆卵，如果每顆卵都孵出魷魚，這樣持續繁衍到第七代，光是魷魚的數量就足以裝滿整個空心的地球；繁衍不到三十代，光是魚卵就足以填滿整個觀察得到的宇宙。

達爾文沒有那些資料，他對數學不是很在行，但他也知道馬爾薩斯所想的情境不會發生。他推論，大自然不會出現那麼多卵和後代，競爭只會讓一些數量存活下來。一般來說，最善於調適的生物，最有可能存活下來。他稱那個流程為「物競天擇」，以突顯出和育種者的「人為選擇」不同。

達爾文後來在自傳中描述他突然產生的領悟：「我突然想到，在這些情況下，有利的變異往往會保留下來，不利的變異則會遭到淘汰。[34]」不過，發現者的新概念很少來得那麼突然，或是那麼周全，達爾文那番描述似乎是後來美化的版本。檢閱他當時的筆記可以看到不同的狀況：一開始他只有隱約的想法，思索多年以後，才把整個概念清楚寫成文章。

物競天擇的概念花了好一段時間才醞釀出來，一個原因在於，達爾文發現，每個世代淘汰不合適的個體時，也許可以精進該物種的特質，但無法創造出**新的**物種（亦即無法創造出與原始物種截然不同的個體，而且兩者差異大到無法再交配並生下可繼續繁衍的後代）。既有特質的淘汰，必須和**新**特質的來源互補。達爾文後來推斷，那是來自偶然的機會。

例如，斑胸草雀的鳥喙顏色通常是介於淡紅到深紅之間。透過精心的育種，可以創造出鳥喙偏向淡紅或深紅的斑胸草雀，但是想要有顏色截然不同的鳥喙，例如藍色，那只有在「突變」下才有可能發生，亦即基因結構偶然改變，因此創造出新的變種。

這下子，達爾文的理論終於成形了。隨機變異和物競天擇一起創造出有新特質的個體，並讓那些有利的特質更有機會傳承下去，結果就像育種者培育動植物時，刻意培育想要的特質那樣，大自然也會創造出最適合生存環境的物種。

達爾文領悟到「隨機」在演化中的角色，可說是科學發展的重要里程碑，因為達爾文發現的機制很難把「演化論」和「上帝設計」的概念兜在一起。當然，演化概念本身就違背了聖經的創世說法，但達爾文的理論又更進一步，讓人難以合理化解釋亞里斯多德和傳統基督教的觀點。亞里斯多德和傳統基督教都認為，事件的發生是受到「目的」的驅動，而不是物理定律造成的。在這方面，達爾文對人類理解生物界的貢獻，就像伽利略和牛頓對人類理解無生物界的貢獻那樣：他使科學脫離了宗教疑慮和古希臘傳統的根源。

悲劇、疾病和達爾文的祕密研究

達爾文就像伽利略和牛頓，是有宗教信仰的人，他的演化論顯然和自己的信仰體系有所牴觸。他試著同時接納神學和科學的觀點（在各自的情境中接納），而不是積極尋求兩者的協調，以避免衝突。但他無法完全迴避這個議題，因為一八三九年一月他娶了表妹艾瑪・瑋緻活（Emma Wedgwood）。艾瑪是虔誠的基督徒，對他的演化觀點感到不安。達爾文曾寫信告訴她：「要是我死了，妳要知道我曾經為此多次流淚。」[35]儘管他們在這方面有歧見，但他們終身相愛，生了十個孩子。

很多人寫過演化論和基督教能否協調的問題，不過真正破壞達爾文宗教信仰的因素，除了他的演化論研究以外，第二個孩子安妮於十歲喪生也是一大原因[36]。安妮的死因不明，但她過世之前發了一週以上的高燒，並出現嚴重的消化問題。後來達爾文寫道：「我們失去了天倫之樂以及往昔的慰藉，她肯定知道我們有多愛她。哦，她現在應該也知道，我們依然深愛著她可愛的容顏，恆久不渝。[37]」

達爾文的第一個孩子是在一八三九年誕生，那時三十歲的達爾文開始罹患至今不明的疾病，偶爾會發作，導致他身體衰弱。從此以後，他從家庭和科學研究中獲得的樂趣，不時會因為疾病復發而受擾，有時病痛甚至導致他好幾個月無法工作。

達爾文全身上下都是病症，簡直就像聖經描述的瘟疫那樣：胃痛、嘔吐、脹氣、頭痛、心悸、發抖、歇斯底里地哭泣、耳鳴、疲勞、焦慮和憂鬱。他嘗試的療法也一樣五花八門，有些是達爾文在絕望下，病急亂投醫的嘗試。例如，以濕冷的毛巾大力地搓揉、足浴、冰塊摩擦、冷水淋浴、流行一時的電擊帶電療法、順勢療法，以及維多利亞時代愛用的鉍劑，但沒有一項奏效。所以二十歲還英勇探險的達爾文，到了三十歲已經變成體弱多病的隱居者。

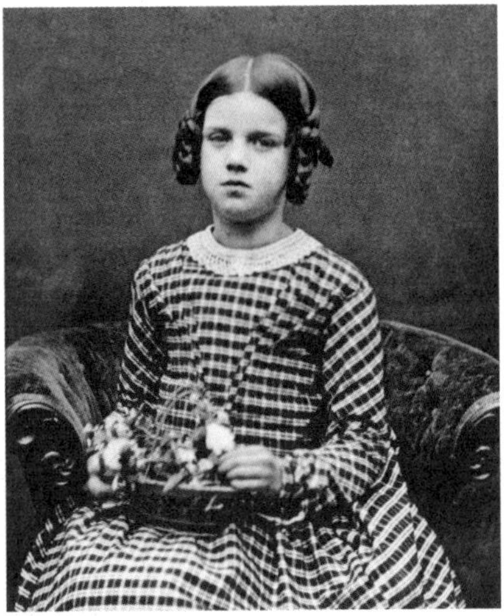

安妮・達爾文（一八四一－一八五一）

在孩子出世、忙於研究、疾病折磨下，達爾文夫妻倆開始抽離原本的社交圈，遁世離群。達爾文的生活變得安靜而規律，每天一成不變[38]。一八四二年六月，他終於完成三十五頁的演化論概要。同年九月，他說服父親借錢給他，讓他在肯特郡的唐城（Down）買下十五英畝的隱居之地。那個教區約有四百位居民，離倫敦二十六公里，達爾文說那裡是「天涯海角」[39]。他在那裡的生活，就像他以前想當教區牧師的生活那樣。他利用安靜的隱居時間，開始增補演化論，一八四四年二月已經寫出兩百三十一頁的手稿。

達爾文的手稿是一份科學遺囑，他不打算馬上出版。他把手稿和一封信交給妻子，在信中叮嚀她，萬一他「突然過世」，才讀那份手稿。由於他的疾病一再復發，他擔心自己不久人世。信中指出，那是他「最後最慎重的請求」[40]，他希望死後手稿能夠公諸於世。達爾文寫道：「即使只能獲得一位稱職行家的接納，那也是科學發展的一大步。[41]」

達爾文不希望在生前發表觀點，其實有充分的理由。他在最崇高的科學圈子裡，已享有卓越的聲譽，但他的新觀點勢必會招致批評。更重要的是，他有很多從事神職的朋友，還有信仰虔誠的妻子，他們都支持創世論者的主張。

當年秋天，一位作者以匿名方式出版《自然創造史的遺蹟》（*Vestiges of the Natural History of Creation*），那本書掀起的反應似乎印證了達爾文猶豫的原因*。該書並未提出合理的演化論，只是把幾個科學觀念編組在一起（包括物種的演變），後來成了國際暢銷書，但遭到宗教組織大肆抨擊。例如，一位評論者指控作者「毒害科學的基礎，削弱宗教的根基」[42]。

科學圈也有一些人不太友善。科學家向來以難搞著稱，即使是今天，簡便的溝通和旅遊已經讓大家比以前更容易合作了，但提出新觀點還是可能遭到無禮的攻擊，因為科學家除了對自己的主題和概念充滿熱情以外，有時也會積極反對他們覺得誤導或無趣的東西。我認識一位有名的物理學家，他參加研討會時，要是發現講者的演講內容不值得他關注，他會當場打開報紙，開始看報，明顯展現出不耐。還有一位科學家喜歡坐在會場的最前排，在別人演講到一半時，站起來表達他的負面觀點，接著便拂袖而去。不過，我見過最奇葩的舉止，是出自另一位知名的科學家。他是每個世代的物理學家都很熟悉的人物，因為他寫了各大研究所使用的電磁學教科書。

研討會的現場約有十幾排座位，這位教授坐在前排，他把裝著咖啡的保麗龍杯高高地舉到頭上，稍微來回繞了一下，讓後面的人都能看到他用英文大寫在杯子上寫的字（但前方一臉疑惑的講者看不到）：「這演講是鬼－扯－！」他如此表達意見以後，便起身離開。諷刺的是，那場研討會的主題是「魅－反魅粒子的光譜學」。雖然這裡的「魅」（charm）是一種術語，和日常所指的意義無關，但我覺得把這位教授歸為「反魅」類別倒是挺貼切的。如果那種深奧的主題都能招致如此無禮的質疑，可以想見那些挑戰一般見解的「大創見」會遭到多大的抨擊。

事實上，新的科學觀點不僅遭到宗教界的反擊，科學家面對任何創見時，原本就有強烈的反對傳統。這通常是**好事**，因為概念有誤解時，科學家的質疑可以防止科學走偏。而且，只要你能提出恰當的證據，科學家通常比其他人更容易改變想法，接受奇怪的新概念。

不過，改變對每個人來說都很難。終生致力推動某種思維的資深科學家，有時會以極其負面的方式，對付與他立場相左的東西。因此，提出驚人的科學新理論，其實是冒著被攻擊的危險，大家可能抨擊你愚蠢、誤解或不稱職。培養創新沒有萬無一失的方法，但是要扼殺創新卻很容易，只要讓人覺得「質疑普世觀點很危險」就行了。不過，革命性的創新往往必須在那種氛圍下提出。

＊ 一八八四年，愛丁堡的大眾期刊發行商羅伯・錢伯斯（Robert Chambers）於死後十三年，正式掛名為該書的作者。達爾文猜測，錢伯斯是一八四七年和他見面以後寫下那本書的。

以演化論為例，達爾文需要擔心的事情很多，從他的朋友亞當・賽吉維克（Adam Sedgwick）對《自然創造史的遺蹟》的反應即可見得。賽吉維克是劍橋的知名教授，曾教過達爾文地質學，他說《自然創造史的遺蹟》是一本「爛書」[43]，還寫了八十五頁的嚴苛惡評。達爾文在坦然面對那種抨擊以前，先累積了大量的權威性證據以佐證其論點。所以後續的十五年間，他傾注全力收集證據，那些心血正是他後來成功的關鍵。

＊＊＊

整個一八四〇和一八五〇年代，達爾文的家庭不斷地擴大。他的父親於一八四八年過世，留下數十年前達爾文學醫時期就料想到的可觀遺產，總值約五萬英鎊，相當於現在的數百萬美元。他睿智地投資，後來變得非常富有，很容易養活食指浩繁的大家庭。但腸胃問題依舊折磨著他，他也變得更加離群索居，甚至因為疾病纏身而未能出席父親的告別式。

但那段期間，他仍持續發展他的論點，探索與實驗多種動物，例如同行建議他寫的鴿子，當然還有藤壺。他也以植物做實驗，測試一般認為「種子無法抵達偏遠海島」的看法。他從多方面探索那個問題：他測試以鹽水浸泡數週的花園種子（以鹽水模仿海水），他在鳥類的腳和糞便中尋找種子的蹤跡，也以滿腹種子的麻雀餵食倫敦動物園的貓頭鷹和老鷹，然後研究牠們吐出的小球（肉食鳥會吐出不消化的東西）。這些研究都指向同一個結論：種子其實比人類所想的還要耐活，移動性很強。

達爾文也花很多時間研究另一個問題：生物多樣性。為什麼物競天擇會讓物種之間衍生出那麼多的差異？他從那個年代的經濟學家獲得了靈感，那時經濟學家常談到「分工」的概念。亞當・斯密（Adam Smith）主張人類分工、不要各自獨立完成完整的物件，可以提高生產力。那個概念促使達爾文想到，在同樣大的土地上，生物若能高度分工，充分利用不同的自然資源，土地就能承載更多的生物。

達爾文預期，這個理論若是成立，那麼在資源有限、競爭激烈的地方，應該會有較多元的生物存在。於是，他開始尋找支持或推翻那個概念的證據。那樣的思維是達爾文開發演化論的典型創新作法：其他的博物學家是從連結化石和生物的古今族譜中尋找演化的證據，達爾文則是從當代的物種分布和物種之間的關係中尋找演化的證據。

為了檢驗證據，他必須尋求他人的協助，所以即使離群索居，他還是寫信向很多人徵詢意見，跟牛頓一樣仰賴郵政服務。尤其當時英國新推出的「一便士郵政服務」相當便宜，讓他可以建構一個無與倫比的通訊網絡，隨時和博物學家、育種業者，以及提供他變異和遺傳資訊的人士維持密切聯繫。這種若即若離的信件往來可讓達爾文驗證其概念，又不必因為透露最終的目的而遭嘲諷。另外，信件往返的過程中，他也逐漸知道哪些同行可能比較接受他的觀點，所以最後他只和一小群人分享他的獨特理論。

到了一八五六年，達爾文已經對幾位摯友詳細透露了他的理論，這些人包括當時首屈一指的地質學家查爾斯・萊爾（Charles Lyell），以及全球頂尖的比較解剖學家兼生物學家赫胥黎（T. H.

Huxley）。摯友們都鼓勵他發表研究成果，以免被別人搶先發表，其中又以萊爾最支持他。那時達爾文四十七歲，已經研究演化論十八年了。

一八五六年五月，達爾文開始撰寫論文，目標讀者是同行，他決定把題目訂為《天擇說》（*Natural Selection*）。一八五八年三月，那本書已完成三分之二，累積了二十五萬字。六月，達爾文收到在遠東地區工作的友人阿爾弗雷德・羅素・華萊士（Alfred Russel Wallace）寄來的一份手稿和一封信。

華萊士知道達爾文正在研究演化論，希望他能幫他把手稿轉交給萊爾，那份手稿概略敘述了華萊士獨立構思的天擇理論。他跟達爾文一樣，也是受到馬爾薩斯的人口過剩理論所啟發。

達爾文一看就慌了，朋友警告他可能出現的最糟情境似乎真的發生了：另一位博物學家提出的論點，和他研究的最重要部分一樣。

牛頓聽到有人提出類似的研究時，他的態度會變得非常討厭，但達爾文的反應截然不同。他苦苦思索，焦慮不已，似乎想不出解決方法。他可以擱下朋友的手稿，趕緊發表自己的理論，但是那樣做很不道德。他也可以幫華萊士出版手稿，拱手讓出他一輩子的研究成果。

一八五八年六月十八日，達爾文把那份手稿連同下面的信寄給萊爾：

「華萊士今天寄給我這份手稿，要我轉寄給你，看起來很值得一讀。你之前提醒我的話應驗了，我應該搶先發表才對……我從未看過如此驚人的巧合，即使華萊士看過我一八四二年寫的草稿，他也不可能寫出比這份手稿更好的簡短摘要！他連用語都和我的章節標題相同。請你看完手稿後寄回給我，他沒有提到他希望我幫他出版，但我應該馬上寫信給他，並提議幫他寄給學術期刊發表。這樣一來，我的原創概念無論有多大的意義，都不再是原創了。不過，我的書若是有任何價值，都不會因此而變質，因為重點在於理論的應用。我希望你能認同華萊士的手稿，並讓我向他轉告你的看法[44]。」

* * *

事實證明，那個理論究竟要歸功於誰，關鍵就像達爾文所說的：那本書的價值在於他詳細描述的應用。華萊士並未像達爾文那樣，針對物競天擇的證據進行詳盡的研究。他也沒有像達爾文那樣，詳細地分析改變為什麼會大到出現新的「物種」，而不是新的「變種」（亦即如今所謂的「亞種」）。

萊爾回信時，提出一個折衷方案：他和達爾文的另一位摯友植物學家約瑟夫・道爾頓・胡克（Joseph Dalton Hooker）一起向頗負盛名的倫敦林奈學會（Linnean Society of London）報告華萊士的文稿和達爾文的理論概要，讓他們在學會的刊物《學報》（*Proceedings*）上同時發表研究成果。達爾文為這件事情苦惱時，偏偏又遇上最糟的情境。他自己疾病纏身，他的老友生物學家羅伯・布朗（Robert Brown）也剛過世，他最小的孩子查爾斯・華林・達爾文（Charles Waring Darwin）才十八個月大，卻罹患嚴重的猩紅熱。

達爾文把論文的煩惱交給萊爾和胡克去處理，所以一八五八年七月一日，林奈學會的書記對著三十幾位會員宣讀達爾文和華萊士的論文。書記的宣讀並未引起會員的喝采或倒采，現場陷入一片沉默。接著，書記又宣讀了六份學術論文，而且唸完第五份時，如果大家還醒著，最後一份是描述安哥拉植被的長篇論文。

華萊士和達爾文都未出席會議。那時華萊士還在遠東地區，不知道倫敦發生了什麼事。後來他得知消息時，欣然認同那樣的處理很公平，日後他對達爾文總是敬重有加，甚至充滿愛戴。當時達爾文疾病纏身，所以也不可能出席會議。不過，會議進行時，他和妻子正在教區的墓園，埋葬第二個因病喪生的孩子查爾斯・華林。

隨著論文在林奈學會發表，經過二十年的努力研究，達爾文終於把他的理論公諸於世了。一開始的反應是雷聲大雨點小。林奈學會的會長托馬斯・貝爾（Thomas Bell）開完會後的感嘆，也許最能反映出當時現場沒有人看出那份論文的意義有多大。貝爾感慨地說：「今年都沒有顛覆科學界的驚人發現。」[45]

自從論文在林奈學會發表了以後，達爾文開始加快寫作的速度。不到一年，他就把《天擇說》改寫成名作《物種起源》（*On the Origin of Species*）。《物種起源》比較簡短，而且目標讀者是一般大眾，他於一八五九年四月完成手稿，完稿時他已經累癱了，說自己「像孩童一樣虛弱」[46]。

達爾文始終很清楚他需要凝聚對他有利的共識，所以他請出版商穆雷發送了許多免費的公關書，他自己也寄出自謙信給許多人。不過，他寫書時其實很小心，盡可能減少對神學的異議。他主張，自然定律支配的世界，比任意的奇蹟所主宰的世界更優異，但他依舊相信遙遠的神。他在《物種起源》裡，竭盡所能地想讓讀者相信，他的理論不是朝著無神論發展。他希望藉由那本書告訴大家：大自然是朝著長期對生物有利的方向發展，它指引物種朝著身心「完美」的方向進步，那和仁慈造物主的想法是一致的。

他寫道：「這種生命觀是宏大的……原本只存在少數幾種或一種生命型態中……這個星球根據固定的萬有引力定律，持續繞著軌道運轉時，從如此簡單的起源，演變出無數最美、最絕妙的型態。」[47]

＊ ＊ ＊

《物種起源》引發的異議並未消失。例如，達爾文的劍橋老師賽吉維克寫道：「你的書帶給我的痛苦多於喜悅……有些部分讀起來更是悲傷，因為我覺得那完全是錯的，百害而無一利。」[48]不過，《物種起源》是等時機比較成熟以後才提出更完善的理論，並以證據佐證，所以不像《自然創造史的遺蹟》那樣引發那麼多的憤怒。出版後不到十年，科學家大多不再爭論了。十年後達爾文過世時，演化論已經變成大家普遍接納的理論，也是維多利亞時代的思想主題。

《物種起源》出版以前，達爾文已是備受敬重的科學家，但該書的出版使他像牛頓出版《原理》以後那樣，變成舉世聞名的公眾人物，國際肯定與各界讚譽蜂擁而至。他獲得英國皇家學會的科普利獎章（Copley Medal），也獲得牛津和劍橋大學的榮譽博士學位。普魯士國王授予他功績勳章（Order of Merit），他也獲選為聖彼得堡的帝國科學院（Imperial Academy of Sciences）和法國科學院（French Academy of Sciences）的外籍院士。莫斯科的帝國博物學家學會（Imperial Society of

Naturalists）和英國國教的南美傳教士協會（South American Missionary Society）都授與他榮譽會員的身分。

達爾文的影響力就像牛頓一樣，遠遠超越其科學理論，為各種與生命無關的領域帶來了全新思維。誠如一群史學家所言：「無論在何處，達爾文學說都成了自然主義、唯物主義或進化理念的代名詞，代表著競爭與合作，解放與從屬，進步與悲觀，戰爭與和平。它的政治可以是自由的、社會主義的或保守的，它的宗教可以是無神論或是正統的。」[49]

不過，從科學觀點來看，達爾文的研究成果就像牛頓一樣，只是一個開始。他的理論為物種因應環境壓力而隨著時間改變特質的方式，提出了一套根本原則。但是那個年代的科學家依然對遺傳的機制一無所知。

諷刺的是，達爾文的研究在林奈學會發表時，布爾諾（Brno，如今屬於捷克）的科學家兼修道士孟德爾（Gregor Mendel，一八二二－一八八四年）正在做為期八年的實驗[50]，那將會揭開遺傳的概略機制。他指出簡單的特質是由兩個基因決定的，一個基因來自父親，另一個基因來自母親。但是孟德爾的研究很慢才引起關注，達爾文從未聽過相關的研究。

無論如何，想要瞭解孟德爾那套機制的實際體現，還是需要二十世紀物理學的進步，尤其是量子理論及其產物，例如X光繞射技術、電子顯微鏡、電晶體（以研發出數位電腦）。那些技術後來顯現出DNA分子和基因組的詳細架構，讓科學家從分子層級研究遺傳學，開始瞭解遺傳和演化發生的具體細節。

即便如此，那也只是一個開始。生物學想從各個層面瞭解生命，一路探索到細胞內的架構和生化反應——那是最直接反映遺傳資訊的生命屬性。那個目標如同生命的逆向工程一樣宏大，無疑就像物理學家的統一終極理論一樣，在遙遠的未來才會實現。但無論我們多麼瞭解生命的機制，生物學的核心組織原則可能還是十九世紀時頓悟的進化論。

達爾文本身不是優勝劣敗的例子，但他依然活到了老年。他老了以後，健康狀況反而有了起色，不過他經常感到疲倦。即便如此，他依然努力研究到最後，並於一八八一年發表最後一篇論文《腐植土的產生與蚯蚓的作用》（*The Formation of Vegetable Mould through the Action of Worms*）。同年稍後，他只要一運動就感到胸部疼痛，並於聖誕節期間心臟病發。翌年春天，四月十八日，他再度心臟病發，差點無法恢復意識。他喃喃地說他不怕死，之後，又過了幾個小時，在隔日凌晨四點左右與世

一八三〇年代、一八五〇年代、一八七〇年代的達爾文

長辭，享年七十三歲。在他生前寫給華萊士的最後一封信中，他表示：「我擁有讓我開心與滿足的一切，但生活變得極其乏味。[51]」

Part 3

超越人類感官

「你以為你知道的事，結果發現幾乎都是錯的，那反而是活在世上最好的時刻。」

———劇作家湯姆・史達帕（Tom Stoppard），《世外桃源》（Arcadia），一九九三年。

第十章 人類經驗的侷限

兩百萬年前，人類學會把石頭變成切割工具時，我們締造了第一個偉大的創新。那是我們善用大自然來滿足個人需求的初始經驗，從此以後幾乎沒有什麼發現足以媲美那個頓悟，或是對我們的日常生活產生更大的改變。但一百年前，出現了另一項同樣強大與重要的發現。它就像石器使用一樣，與隨處可見的東西有關。那個東西從古至今始終在我們的眼前，只是肉眼看不見。我說的是原子以及支配它的奇怪量子定律。

原子理論顯然是瞭解化學的關鍵，但是研究原子世界所衍生的見解也顛覆了物理學和生物學。所以，科學家接受原子的現實，開始破解其定律的運作方式時，他們得出了轉變社會的宏大見解，揭開了許多主題的真相（從基本力和自然粒子，到ＤＮＡ和生物化學），因此促成了新科技的發明，塑造出現代的世界。

我們常提到技術革命、電腦革命、資訊革命和核子時代，但那些革命總歸一句就是：把原子變成工具。我們因為有操縱原子的能力，所以發明了傳輸訊號的電視和光纖電纜、電話和電腦、網路科技和磁振造影（ＭＲＩ）等等。我們甚至知道如何運用原子知識來創造燈光，例如，當原子裡的電子受到電流的刺激，產生「量子跳變」以降低能量狀態時，螢光燈泡就會發光。如今，連看起來最平凡的家電（烤箱、鐘錶、恆溫器等等），都有一些元件的設計需要先瞭解量子。

促使我們瞭解原子運作以及量子定律的偉大革命是從二十世紀初開始的。在那之前的幾年，大家注意到如今所謂的「古典物理學」（根據牛頓運動定律、而不是量子定律的物理學）無法解釋「黑體輻射」的現象。我們現在知道那和原子的量子特性有關，但是當時大家即使知道牛頓理論無法解釋「黑體輻射」，也不覺得是警訊，只覺得物理學家不知怎的無法運用牛頓物理學去解開那個問題，等他們想出辦法後，就能在古典物理學的架構中瞭解「黑體輻射」現象了。不過，物理學家後來發現，還有其他的原子現象也無法用牛頓理論解釋，因此意識到他們必須推翻牛頓理論，就像以前的人推翻亞里斯多德的理論那樣。

量子革命延續了二十年。這場革命在幾十年內就結束了，並未歷經幾百年或上千年。由此可見，當時有遠比以前更多的科學家參與破解問題，而不是因為新思維比較容易獲得採納。事實上，在某些方面，量子理論背後的新理念仍是大家熱烈討論的話題。對於像愛因斯坦那樣蔑視「偶然」在事件結果中扮演的角色，或是相信一般因果關係的人來說，量子革命二十年後的世界樣貌仍是離經叛道。

接受看不見的真實

因果關係是量子宇宙中的棘手議題，但這個議題是量子革命接近尾聲時才出現的，我們稍後會談到。另外還有一個同時攸關理念和實務的議題，則是量子革命一開始就出現了：原子小到看不見或無法個別衡量[1]。直到二十世紀末，科學家才首度「看到」分子的圖像。所以，十九世紀時，原子實驗頂多只能顯示大量原子的一般行為所衍生的現象。這種無法觀察的物體稱得上是真實的嗎？

儘管道爾頓已經研究過原子，但很少科學家覺得原子是真實的。即使有些科學家覺得利用原子概念來瞭解可觀察及衡量的現象很實用，但他們只把原子概念當成「現行假說」。也就是說，化學反應的進行**彷彿**是因為化合物內的原子重新組合。有些人認為原子適合當成哲學，而不是科學，甚至想要完全禁止原子概念。德國化學家弗里德里希·威廉·奧斯特瓦爾德（Friedrich Wilhelm Ostwald）指出，它們是「假設的猜測，無法得出可驗證的結論」[2]。

這種猶豫是可以理解的，因為過去幾百年來，科學和哲學之所以分道揚鑣，就是因為對一件事情的看法分歧：自然的概念是否一定要以實驗和觀察佐證。科學家因為堅持「可驗證性」是接受任何假設的標準，所以把古代的臆測貶抑為不可驗證，或是證實有誤（例如亞里斯多德的許多理論都是如此）。數學定律取代了這些不可驗證或證實有誤的東西，得出精確的量化預測。

原子的存在**無法**直接驗證，但原子存在的假設**確實**衍生出可驗證的定律。例如，那些定律證實，原子的概念可以透過數學推導，得出氣體溫度和壓力之間的關係。所以我們該如何瞭解原子呢？這是那個時代的後設問題，答案並不明確，因此十九世紀時，原子通常像沒有形體的幽靈一樣站在物理學家的肩上，對著他們的耳朵悄悄訴說著自然的祕密。

後來原子的問題終於破解了，而且勢如破竹，如今已經毫無疑慮。科學若要進步，我們知道必須放眼人類的感官體驗之外。在二十一世紀初，我們對無形世界的接納度已經很高了，所以有人宣布發現知名的「希格斯粒子」（Higgs particle）時，沒有人大驚小怪，即使沒有人親眼目睹希格斯粒子，或甚至看到希格斯粒子和某種裝置互動的**間接**具體結果（舉例來說，就像電子射向螢光屏時會發光，所以螢光屏讓電子變得「看得見」），也沒有人感到震驚。

研究物質基本粒子的物理實驗室，上圖是一九二六年，下圖是今天（白色圓圈是加速圈的位置，圓周十七英里，地底深達數百英尺）

希格斯粒子存在的證據是數學的，是從電子資料的某種獨到數字特色推斷出來的。那些資料來自於三百兆以上「質子-質子碰撞」所產生的殘跡（例如輻射），而且是碰撞許久以後才用三十幾國近兩百個計算設施統計分析出來的。如今物理學家說「我們看到希格斯粒子」就是那個意思。

科學家以類似的方式「看到」希格斯粒子及其他的次原子粒子後，原本看來不可分割的原子，如今看起來更像是由物體組成的一個完整宇宙，而且每滴水裡都有好幾兆個那樣的宇宙，那些微小的世界不僅肉眼看不見，也與人類的直接觀察隔了**好幾個層級**。所以你可以放棄跟十九世紀的物理學家解釋希格斯玻色子（Higgs boson）的理論了，畢竟你連解釋我們所謂的「看見」都很難。

觀察的新型態超越了人類感官的體驗，因此科學家面臨了新的挑戰。牛頓的科學是以人類感官可體驗的東西為基礎，也許再加上顯微鏡或望遠鏡的輔助，但至少是人類肉眼可以用儀器觀察到的。二十世紀的科學依舊致力於觀察，但接受比較廣義的「看見」，包括間接的統計證據（例如希格斯粒子的情況）。由於大家對所謂的「看見」抱持新的態度，二十世紀的物理學家必須為那些新理論開發出想像圖。那些新理論牽涉到怪異的前衛概念（例如量子），遠遠超出了人類體驗，而且是以抽象的數學為基礎。

物理學家日益精細的分門別類，反映了物理研究的新方法。一方面，深奧的數學在物理學中的角色日益吃重，另一方面實驗技術日益精密，這兩點都鼓勵實驗物理學和理論物理學正式分開發展。約莫同一時間，視覺藝術也以類似的方式演變，使傳統的具象派藝術家和立體派及抽象派的先驅（例如塞尚、布拉克、畢卡索、康丁斯基）分道揚鑣。這些立體派和抽象派的先驅就像新的量子理論家一樣，以全新的方式「看」世界。

在音樂和文學方面，新的精神也挑戰了十九世紀歐洲根深柢固的規範。作曲家史特拉汶斯基（Stravinsky）和荀白克（Schoenberg）質疑傳統西方聲調和節奏的假設。喬伊斯（Joyce）與吳爾芙（Woolf），以及歐陸的作家實驗新的敘事形式。一九一〇年，哲學家、心理學家兼教育家約翰・杜威（John Dewey）寫道，思辯往往需要有「忍受心理不安和紛亂狀態的意願」[3]。其實不僅思辯如此，那句話也適用在創意活動上。無論是從事藝術或科學，那些先驅所處的情境都很辛苦。

* * *

我剛剛描述二十世紀初的科學狀況時，帶有後見之明的優勢。十九世紀末，那些研究原子的物理學家完全不知道未來會是什麼情況。事實上，如今回顧當時的狀況，你會發現，儘管原子有如定時炸彈般出現在他們的門口，那些物理學家卻覺得物理學多多少少已經大致底定，他們還建議莘莘學子迴避物理學，因為已經沒有什麼刺激的東西值得探索了。

例如，哈佛大學的物理系主任就是以勸退學生出名，他告訴學生，一切重要的事物都已經發現了。在大西洋彼岸，一八七五年，慕尼黑大學的物理系主任也警告，物理學已經不值得投入，因為「那是一門近乎研究透徹的知識」[4]。那番建議簡直跟鐵達尼號興建者的宣言不相上下，他說那艘船「近乎人類大腦的極致表現」。一九〇〇年左右的物理學就像鐵達尼號一樣，大家都認為無懈可擊，但是那個年代所採用的版本注定會沉沒。

當年馬克斯．普朗克（Max Planck，一八五八－一九四七年）就是被慕尼黑大學的物理系主任勸退的其中一人[5]。普朗克身材瘦削，近乎憔悴，年輕時髮際線已後退，戴著眼鏡，散發著一股嚴肅的氣息，彷彿年紀不小了。普朗克生於德國的基爾（Kiel），上面好幾代都是牧師、學者和法學家。他本身是典型的十九世紀物理學家：個性勤奮、盡職，他自己也說他「不願接觸有待商榷的冒險」[6]。反正你想不到這位將來顛覆牛頓理論的人會講出那種話，但普朗克本來就沒有打算啟動革命，事實上，他有好幾年遲遲不願支持他的發現所啟動的改變。

普朗克雖然不喜歡冒險，但他的職業生涯確實是從冒險開始的——他沒有聽信系主任的建議，依然申請進入物理系就讀。他是在高中老師的啟發下選擇物理系，那位老師灌輸他無限的熱情，教他「探索主宰嚴謹數學和多元自然定律之間的和諧」[7]，他也相信自己有能力去追尋那方面的熱情。多年後，他告訴一位學生：「我的座右銘永遠是：事前縝密地思考每一步，但如果你相信你真的有本事，就別讓任何事情阻擋你。[8]」那句話雖然不像耐吉的經典廣告語「Just do it!」那樣氣勢十足，也不像體壇名人常講的大膽宣言，但普朗克以他獨到的低調方式，吐露出同樣的內在力量。

決定走物理學這一行後，普朗克必須挑選博士研究的主題。於是，他又做了一次大膽的選擇。他選了熱力學（亦即熱的物理學），當時是物理學比較冷門的範疇，但普朗克讀高中時就是受到這個領域的啟發，所以他再次決定跟著興趣走，不跟隨潮流。

當時一些接納原子概念的科學家開始瞭解，熱力學背後的機制是個別原子運動的統計結果。例如，某個時間，你把一團煙霧侷限在房間的一小區，熱力學告訴我們，之後那團煙霧會擴散開來，而不是變得更集中。這個流程就是物理學家所謂的「時間之箭」（arrow of time）——未來是煙霧擴散的方向，過去是煙霧集中的方向。這實在是令人費解，因為煙霧（和空氣）的**個別**原子都適用運動定律，運動定律並未指出哪個是未來和過去的時間方向。但是那個現象卻可以用原子的統計分析解釋：唯有觀察許多原子的累積效果時，才會看到「時間之箭」。[9]

普朗克不喜歡那種論點，他認為原子是一種幻想。他把博士論文的目標訂為：在不用原子概念下（其實是不做**任何**有關物質內部結構的假設），從熱力學的原理擷取可驗證的具體結果。他這樣寫道：「儘管原子理論迄今獲得很大的肯定，但是那終究會遭到淘汰，並由連續性物質的假設所取代。」[10]

事實證明，普朗克並沒有洞悉未來的能力。後來遭到淘汰的不是原子理論，而是他對原子理論的抗拒。事實上，他的研究正好**肯定**、而非**否認**原子的存在。

由於我的姓氏曼羅迪諾（Mlodinow）很難拼也很難唸，所以我每次去餐廳訂位時，常用普朗克的名字訂位。很少人認得這個名字，有一次有人認出來了，他問我是否和「那個發明量子理論的人」有關係，我說：「我就是他。」那個看起來二十出頭的領班不相信，他說我看起來太年輕了。他說：「量子理論是一九六〇年左右發明的，是二次大戰期間的事，屬於曼哈頓計畫（Manhattan Project）的一部分。」

我們沒有繼續聊下去，但我其實很想繼續聊的話題，倒不是他對歷史的模糊記憶，而是「發明物理學理論」這個模糊的概念。「發明」意指創造出原本不存在的東西，「發現」則是知道以前不知道的東西。我們看待「理論」時，可以把它視為科學家的「發明」（用來描述世界的數學架構），也可以把它視為科學家「發現」的自然定律，而且該定律獨立於我們之外存在著。

某種程度上來說，這算是形而上的問題：我們應該如實接納理論（當成「發現」），還是只把它視為模型（當成「發明」），也就是說，換成想法不同的人或外星人時，他們會建構出不同的模型）？撇開哲學不談，發明和發現的區別還有另一個面向，那和流程有關：發現是透過探索，過程往往是意外的。發明則是透過有計畫的設計和架構，意外的成分較少，試誤的成分較高。

當然，愛因斯坦想出相對論時，他知道自己該做什麼，後來也去做了，所以我們也許可以說相對論是一種發明。但量子理論不一樣，在量子理論的發展過程中，「發現」或甚至「碰巧撞見」往往是比「發明」更貼切的說法。許多發現者碰巧撞見的東西，往往和他們原本預期的相反（普朗克就是一例）——彷彿愛迪生的目的是發明人造光，結果卻意外發現人造黑暗似的。而且，他們有時還不太瞭解自己的研究有何意義，當別人加以詮釋時，他們還會反駁，普朗克就是如此。

一八七九年，普朗克那篇有關熱力學的博士論文，並未佐證原子的存在或不存在。更糟的是，那篇論文對他的職業生涯發展毫無幫助。慕尼黑大學的教授看不懂他的論文，柏林的熱力學專家古斯塔夫．克希何夫（Gustav Kirchhoff）認為那篇論文有誤，熱力學的另兩位先驅赫爾曼．馮．亥姆霍茲（Hermann von Helmholtz）和魯道夫．克勞修斯（Rudolf Clausius）甚至不願閱讀他的論文。普朗克得不到他們兩人的回信時，還親自跑到波昂，登門拜訪克勞修斯，但教授不願見他。不幸的是，套用普朗克同儕的說法，熱力學除了那少數幾位物理學家以外，就「再也沒有人感興趣了」[11]。

沒有人對他的論文感興趣，並未造成普朗克的困擾，但他確實因此過了幾年黯淡的歲月，被迫與父母同住，並在大學擔任無薪俸的編外講師，就像門得列夫那樣，靠著跟學生直接收取微薄的鐘點費為生。

每次我提起這個故事，總會看到對方露出驚訝的表情。大家基於某些原因，總是預期藝術家為熱愛的藝術做某些犧牲，住最寒酸的閣樓，或是與父母同住，以便繼續從事熱愛的藝術。但不知怎的，大家並未料到物理學家對自己的專業也如此熱情。不過，我讀研究所時，認識兩位同系的學生也面臨普朗克那樣的失敗，其中一人自殺未遂，另一人設法說服哈佛物理系讓他在擁擠的辦公室裡做無薪的工作（一年後，他們僱用他了）。第三個我不認識的同學，幾年前就退學了，但之後他開始把他自己偏愛（但錯得離譜）的理論寄給系上的每個教授，沒有人理他。某天他突然出現在學校，決心揮舞著刀子說服大家接受他的理論，結果遭到警衛的攔截，從此以後就沒再出現了。大眾傳說中，從來不曾出現懷才不遇的孤單物理學家割下耳朵的故事，但我在加州大學柏克萊分校讀研究所的那三年，就聽到這三個故事，每一個都是因為他們對物理學充滿了熱情。

普朗克就像我那位好不容易在哈佛找到工作的失業同學一樣，在那段「無薪授課」期間做了不錯的研究，最後終於獲得有薪俸的教職。他整整等了五年，最後憑著毅力、運氣，以及（有些人說）他父親的介入，終於設法在基爾大學取得教職。四年後，他因研究成果斐然，獲得柏林大學的禮聘，並於一八九二年升任為正教授，使他擠身為熱力學少數精英中的一員，不過這才剛開始而已。

＊＊＊

在柏林，普朗克的研究依然是從不需要訴諸原子概念的情境中瞭解熱力學，也就是說，物質是「可以無限分割的」，而不是由各自分立的構成要素所組成。他認為，那究竟能不能做到，是當時物理學界最亟需破解的議題。由於他身處學術界，上頭沒有老闆直接否定他的看法，這其實是一件好事，因為他的想法偏離物理學的主流太遠。一九〇〇年夏季，就在他宣布舉世震驚的研究之前幾個月，在巴黎舉行的國際物理學會議上，官方編史家說，除了普朗克以外，世界上頂多只有三個人覺得那是值得探討的議題。從他提出博士論文以來的二十一年間，物理學界似乎沒什麼改變。

普朗克，約一九三〇年

科學界就像其他的領域，有很多平凡人問著平凡的問題，而且很多人就這樣安穩地度過一生。但是最成功的研究者往往會提出沒有人想過或沒有人感興趣的怪問題，大家通常覺得他們很古怪、反常，或甚至瘋狂，直到後來大家才發現他們是天才。

當然，如果一個科學家問道：「太陽系是不是位於一隻巨大麋鹿的背上？」他也算是原創的思想者，就像前面提到那位拿刀子去逼教授的研究生也是。所以我們看到一群自由思想者時，必須小心辨識。但問題是，**只**抱持奇怪概念的人，往往和抱持奇怪但**真實**概念的人難以區別。又或者，他的概念很怪，但或許長時間經過許多錯誤後，他注定會導出事實。普朗克是原創的思考者，但他問的問題連其他的物理學家都不感興趣，那些問題後來證實就是古典物理學無法回答的問題。

十八世紀的化學家是在研究氣體時，發現破解重要科學原則的關鍵，普朗克則是從黑體輻射（一八六〇年克希何夫發現及命名的熱力現象）中尋找破解的關鍵。如今「黑體輻射」是物理學家熟悉的詞彙，那是從黑色物體散發的電磁輻射型態，而且溫度固定。

「電磁輻射」聽起來很複雜，而且還很危險，就像無人機攻擊蓋達組織一樣。不過，那其實是指一整族的能量波，例如微波、無線電波、可見光、紫外線、X光、伽瑪輻射等等，這些能量波若是好好利用的話，有很多實質的效益，有的有致命的效果，但它們都已經變成我們生活中的一部分，如今大家都習以為常了。

在克希何夫那個年代，電磁輻射的概念還很新奇又神祕，其概念是來自蘇格蘭物理學家詹姆斯·克拉克·馬克士威（James Clerk Maxwell）的研究（以牛頓定理描述）。馬克士威至今仍是物理學界的英雄，在大學校園裡仍會經常看到他的臉或方程式印在物理系學生的T恤上。大家之所以如此崇拜他，是因為一八六〇年代他完成了物理學史上最偉大的統一：他把電力和磁力都解釋成相同現象的表現（「電磁場」），並指出光與其他的輻射形式是電磁波。對物理學家來說，像馬克士威那樣闡明不同現象之間的深厚關係，是一件令人振奮的大事。

未來會出現像馬克士威那樣的人，一直是牛頓的希望和夢想，因為牛頓知道他的理論還不完整。他提出「**運動定律**」以解釋物體對力量的反應，但是若要運用那些定律，還需要搭配「**力的定律**」（說明對物體產生作用的任何力）。牛頓只提出一種力的定律——萬有引力，但他知道這世上必定還存在著其他種力。

在牛頓之後的幾百年間，物理界確實又發現兩種天然的力：電力和磁力。馬克士威為那些力創造了定量理論，某種程度上算是完成了牛頓理論（亦即古典理論）——也就是說，除了牛頓的運動定律以外，這下子科學家對於平常出現在生活中的所有力都有理論了。（二十世紀時，我們又發現兩種力，「強力」和「弱力」，其效果在日常生活中不明顯，但是在原子核的微小區域內運作。）

之前，科學家運用牛頓的萬有引力定律和運動定律時，只能描述引力現象，例如行星的軌道、砲彈的軌跡。現在物理學家運用馬克士威的電力和磁力理論，結合牛頓的運動定律，可以分析多種新的現象，例如輻射以及輻射和物質的互動。事實上，物理學家認為，多了馬克士威的理論後，他們原則上可以說明世界上觀察到的各種自然現象，因此十九世紀末的物理學界充滿了樂觀。

牛頓曾寫道：「有些力因迄今不明的原因，使物體粒子向彼此推動，以規律的形體相接，或是彼此互斥後退。[12]」他認為，這些會導致「局部運動，但是因移動粒子極小，察覺不到……不過，若有人幸運發現這些力，我幾乎可以說他已經揭開物體的完整性質了。[13]」物理學家發現的電磁力，實現了「瞭解原子之間作用力」的夢想，但牛頓渴望「他的理論將能解釋物體性質」的夢想則永遠無法實現，為什麼呢？因為，即使物理學家發現**電力**和**磁力**的定律，他們把那些定律套用在原子上時，牛頓的**運動**定律卻失靈了。

當時沒有人意識到上述問題，但牛頓物理學的缺點在普朗克研究的「黑體輻射」現象中最為顯著。因為當物理學家用牛頓物理學來計算黑色物質在不同頻率下發出多少輻射時，那些計算不僅證明是錯的，還得出很荒謬的結果：黑體可以散發無限量的高頻輻射。

那些計算若是正確的，表示你坐在溫暖火爐的前面或是打開火爐的爐門時，不僅會沉浸在低頻紅外線輻射的溫暖中，或是感受到高頻率紅光的柔和亮度，也會遭到危險的高頻紫外線、X光、伽瑪射線的衝擊。此外，當時剛發明的燈泡也會變成不太實用的人工照明，因為其高溫運作所產生的輻射會變成毀滅性武器。

普朗克開始做那個領域的研究時，每個人都知道黑體計算是錯的，但沒有人知道為什麼。在此同時，對那個問題感興趣的物理學家大多百思不得其解，有些人則是專注研究特別的數學公式來描述那些實驗觀察。那些數學公式是針對各種頻率，為某個溫度的黑體算出其散發的輻射強度，但那些公式只是描述性的，是為了得到必要的資料而創造出來的，而不是源自於理論的瞭解，而且不是所有的頻率都很準確。

一八九七年，普朗克開始想辦法為黑體散發的輻射提出精確的描述。他像其他人一樣，也沒有想到那個問題其實代表牛頓物理學有誤，只覺得黑體物質的物理描述肯定有根本的瑕疵。他研究了幾年，一直得不出結果。

最後，他決定反過來研究，就像應用物理學家那樣，直接找一個行得通的公式。他鎖定兩個特別的公式，一個精確描述了黑體輻射所散發的低頻光，另一個精確地描述了高頻光。經過多次試誤後，他設法把那兩個特別公式的正確特質結合起來，變成他自己的優雅數學算式。

你可能覺得，花了多年的心血研究某個問題，最後應該要得出某個重大的發現，例如發明微波爐，或至少想出製作爆米花的新方法。普朗克努力多年就只得出一個算式，雖然他沒有足夠的資料可以徹底地檢驗那個算式的預測力，但那個算式基於不明的原因，運作得相當好。

一九〇〇年十月十九日，普朗克在柏林物理學會的會議上宣布那個公式。會議一結束，實驗家海因里希·魯本斯（Heinrich Rubens）馬上趕回家，把他的大量資料丟進那個算式中進行檢驗。結果令他大為震驚，普朗克的公式出乎意料地精準。

魯本斯興奮極了，熬夜用普朗克的公式運算不同的頻率，然後比較預測值和他的觀察值。隔天早上，他衝到普朗克的住所，告訴他一個驚人的消息：那個算式精準極了，**所有的**頻率都適用。普朗克的公式精準到不單只是特別式，而是全面適用，那肯定**意味**著什麼！問題是普朗克或任何人都不知道那意味著什麼。一個看似背後有深奧原則的公式，卻是在臆測下「導」出來的，感覺像變魔術一樣。

普朗克的量子研究

普朗克當初選擇研究黑體輻射的理論，目的是在不訴諸原子的概念下，解釋黑體輻射的現象。

就某種程度來說，他確實做到了。但他突然間導出那個通用的公式，所以他覺得有必要去瞭解「為什麼那個公式可行」。找到公式固然令人興奮，但是不知道公式從何而來想必也令他苦惱。

普朗克向來很有耐心，他——也許是出於無計可施——開始把焦點轉向原子倡導者奧地利物理學家路德維希・波茲曼（Ludwig Boltzmann，一八四四－一九〇六年）的研究。波茲曼已經努力了數十年，他想證明的東西正好和普朗克的研究相反——他覺得大家應該好好正視原子。波茲曼在研究的過程中開發了技術（如今所謂的「統計物理」），但他想說服大家相信原子的重要性，卻始終得不到成果。

普朗克即使很不想接納原子，但最後仍願意轉向波茲曼的研究，光是這點就值得讚賞：一個向來反對原子理論的人，向一個大力倡導原子理論的人求教。用開放的心態去接納與自己的先入之見相互抵觸的概念，正是科學應該採取的方式，那也是後來愛因斯坦非常欽佩普朗克的原因，但科學**通常**不是這樣發展的。

事實上，多數人都不是這樣運作的。例如，網際網路、智慧型手機，以及其他的新媒體崛起時，老字號的大企業（例如百視達、唱片公司、大型連鎖書店、大型媒體）就像那些難以接受原子或量子概念的資深科學家一樣，不願接納生活與事業的新方法，因此遭到思維更靈活的新生代或新公司所取代（例如Netflix、YouTube、亞馬遜）。事實上，普朗克後來對科學的評論，似乎也可以套用在任何革命性的人類概念上：「新的科學真理之所以勝出，不是靠說服它的反對者並讓他們看到真相，而是因為反對者終於死了，熟悉新真理的新生代成長茁壯。」[*14]

普朗克閱讀波茲曼的論文時，從波茲曼對熱力學的統計描述中發現，他覺得有必要使用一種數學技巧，把能量視為像蛋那樣的分立（discrete）單位，而不是像麵粉那樣似乎可以無限分割。也就是說，你只會有「整數」的蛋，例如一個、兩個、兩百個，但你可以有二·七一八二八一八盎司或任何數量的麵粉，至少在廚師的眼中是如此（雖然麵粉其實是無法無限分割的，而是由分立的構成單元（亦即微小的個別穀粒）所組成，可用顯微鏡觀察到）。

波茲曼的那個數學技巧只是計算時的權宜之計，他最後總是使單位大小趨近於零，也就是說，能量可以有任何大小，不是只有某些離散的數量。不過，普朗克驚訝地發現，把波茲曼的方法套用在黑體問題上，就可以導出他的公式，但他必須**跳過波茲曼的最後一步**，讓能量像蛋一樣是某個（極小）基礎單位的倍數。於是，普朗克以拉丁文的「多少量」（quantum），把能量的基本單位命名為「量子」。

總之，那就是量子概念的起源。量子理論的出現，不是因為科學家努力不懈地探索某個邏輯結論的深層原則，也不是源自於發現物理學新理念的動力，而是因為某個像廚師那樣的人第一次透過顯微鏡意外發現，麵粉其實和蛋一樣，也是由分立的個別單位所組成，只能以微小基本單位的倍數取用。

普朗克發現，不同頻率的光，基本單位（亦即量子）的大小也不一樣——以可見光為例，那會對應出不同的顏色。尤其，普朗克發現，光能的量子等於頻率乘上一個比例係數，普朗克稱之為

h，亦即如今所謂的「普朗克常數」。如果普朗克繼續做波茲曼的最後一步，基本上就是把h設成零，那樣一來，能量就被假定成可無限切割了。普朗克跳過最後那一步，在比較其公式和實驗資料後，把h設成固定值，因此主張能量是由微小的根本單位所組成，無法有任意值（至少黑體輻射是如此）。

這個理論的意義是什麼？普朗克自己也不清楚。就某方面來說，他只是創造出一個如謎的理論來解釋他的神祕臆測。不過，一九〇〇年十二月，普朗克還是在柏林物理學會的會議上宣布了他的「發現」。如今我們把那次宣布稱為量子理論的誕生，這個新理論讓他贏得了一九一八年的諾貝爾獎，最後終於徹底顛覆了物理學界。但是理論剛被發現時，沒有人知道這點，連普朗克自己也不曉得。

波茲曼，約一九〇〇年

對多數的物理學家來說，普朗克對黑體輻射的長期研究，似乎只讓他的理論變得更加難以捉摸及神祕費解，那有什麼用處呢？然而，普朗克從經驗中學到一件重要的事。

＊另一句更精闢的版本，往往被誤認為是普朗克說的：「每個喪禮都讓科學更進一步。」

他終於透過「黑色物質是由彈簧那樣的微小振子所組成」的圖像，充分瞭解了黑體輻射。後來他相信那些微小的振子就是原子或分子，所以他終於相信原子是真實的。不過，當時他和任何人都不知道，他描述的量子可能是自然的基本特質。

當時有些物理學家認為，最後應該會出現一種方法，不需要用到量子的概念，就能使用普朗克的黑體公式。還有一些人認為，將來大家不會以自然的根本原則來解釋量子，而是把它當成物質的某種未知特性，以後就知道它怎麼跟物理學完全相容了（例如，一種源自原子內部結構的尋常機械性質，或是原子互相作用的方式）。還有一些物理學家覺得普朗克的研究根本是無稽之談，儘管他的公式和實驗資料完全吻合，他們依然對他的理論不屑一顧。

例如，知名的物理學家詹姆斯．金斯爵士（James Jeans）也一直在研究那個問題，但他不像普朗克那樣得出完整的公式。他攻擊普朗克時寫道：「當然，我知道普朗克的定律和實驗結果吻合……而我自己的定律把 h 設成零，那不可能和實驗結果吻合，但這並未改變我的看法，我還是覺得 h＝0 是唯一可能的數值。[15]」是啊，那些討厭的實驗結果太麻煩了，最好忽略不理。或者就像一九一四年羅伯．佛洛斯特（Robert Frost）所寫的：「何必放棄一個信念，只因為它不再成立呢？[16]」

重點是，普朗克的研究成果除了惹毛金斯以外，其實剛開始也沒有造成轟動。無論他們覺得他的研究是無稽之談，或是將來可用平凡的道理解釋，總之物理學家對他的研究不感興趣，他們就像在搖滾音樂節上管制禁藥的樂迷，禁藥還要再過好一段時間才會出現。事實上，後續五年，普朗克或任何人都沒做任何研究去推展那個量子概念，直到一九〇五年才有進一步的研究出現。

＊＊＊

我上面說，普朗克提出量子概念時，沒有人意識到那是自然的基本原則。但不久之後，這個領域就來了一位態度截然不同的新成員。普朗克宣布其理論時，這個人才剛從大學畢業，默默無聞，他覺得普朗克的量子理論相當宏大，甚至令人苦惱。「彷彿地板從我們的腳下抽走了，任何地方都看不到穩固的根基。[17]」他後來如此寫道。

那個人徹底理解了普朗克的量子研究並證明其價值，但是在大眾文化中，他不是以這些研究出名，而是以相反的立場出名，而且他也像金斯那樣，即使許多觀察都顯示為真，他依然否定那個概念。那個人就是愛因斯坦（一八七九－一九五五年）。

愛因斯坦接觸普朗克的量子概念時才二十五歲，尚未拿到博士學位。他看到那個量子概念後，馬上加以發揚光大。不過，他五十歲時，反而開始否定自己的研究。他之所以改變對量子理論的看法，其實是因為理念或形而上的原因，而不是基於科學的原因。他二十五歲時提出的概念「只」是一種瞭解光的新方法，亦即把光視為量子粒子所組成的能量。相對的，後來興起的量子概念——亦即他後來否定的量子概念——則是一種觀看**現實**的全新方法。

也就是說，隨著量子理論的演進，大家發現，若要接受那個理論，就必須針對量子存在的意義（例如「量子存在某個特定的地方」或「某個事件引發另一事件」的意義等等）接納新的想法。新的量子世界觀偏離直覺式牛頓世界觀的程度，遠比機械式的牛頓觀點偏離目的導向的亞里斯多德觀點還多。愛因斯坦雖然願意修改**物理學**，但不願意徹底改變從他自己的研究所衍生出來的**形而上學**。

我接觸量子理論時，愛因斯坦才過世二十幾年。當然，我學到的是現代版的量子理論，裡面充滿了愛因斯坦所討厭的那些激進概念。我大學修課時，那個完善的理論雖然有很多奇特的地方，但老師是以沉悶乏味的方式教導我們。大家偶爾會談到「量子的奇妙性」（例如某個東西可以同時存在兩個地方），那些奇妙的東西在我讀書的時候，都已經是確立已久的事實。大學生偶爾喝酒聊天時，可能會把那些東西當成有趣的話題來聊，但不會為了那種事情傷腦筋。不過，由於愛因斯坦是我的偶像，我實在不明白為什麼他無法接納那些我一下子就照單全收的概念。我知道我不是愛因斯坦那樣的天才，但我究竟看不透什麼呢？

我為了這個議題百思不解時，父親跟我說了一個故事。那是發生在二次大戰以前的波蘭，他和幾個朋友發現一隻鹿躺在路上，應該是被汽車或卡車撞死的。當時食物很欠缺，所以他們把那頭鹿抬回家吃了。我父親說，他們覺得吃這種路上撞死的動物沒有錯，但是像我這種美國人會覺得很噁心，因為我們從小受到的教育就教我們那樣做很噁心。於是，我突然頓悟到，想要找別人難以接受的觀點，不必從宇宙的深奧問題或你堅信的道德理念去找。別人難以接受的觀點隨處可見，主要是因為一般人通常會持續相信他們一直以來抱持的信念。

量子理論的形而上意義，就好像路上撞死的動物。愛因斯坦從小就相信傳統的因果概念，所以難以接受與傳統意義截然不同的概念。但是他若是晚八十年出生、跟我一起學量子理論的話，他從小就接觸到量子理論的奇妙性，可能也會跟我及其他學生一樣，覺得那很稀鬆平常。在我那個年代，量子理論已經變成大家普遍接納的知識，所以即使有人覺得量子世界很新奇，但是在找不到任何實驗與它牴觸之下，沒有人會想要推翻量子理論。

* * *

雖然愛因斯坦最後努力維持牛頓世界觀的核心內容，但他從來不是傳統的思想家，也從不輕信權威人物。事實上，他的思考向來與眾不同，又喜歡質疑權威。他在慕尼黑讀中學時，就曾因此惹上麻煩。十五歲的時候，一位老師告訴他，他永遠不會有出息。之後，他又因為對師長不敬，校方認為他會帶壞其他的學生，而強迫或「善意勸導」他離校。他後來說中學是「教育機器」，他的意思不是指中學可以產出實用的東西，而是指那個機器只會吐出讓心思窒息的汙染。

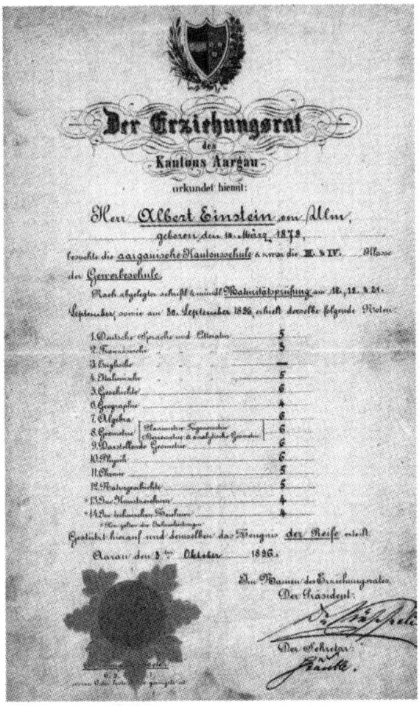
Der Erziehungsrat
des
Kantons Aargau
urkundet hiemit:

Herr Albert Einstein von Ulm,
geboren den 14. März 1879,

1. Deutsche Sprache und Litteratur	5
2. Französische	5
3. Englische	—
4. Italienische	5
5. Geschichte	6
6. Geographie	4
7. Algebra	6
8. Geometrie	6
9. Darstellende Geometrie	6
10. Physik	6
11. Chemie	5
12. Naturgeschichte	5
13.	4
14.	4

Aarau den 3. Oktober 1896.

Der Präsident:

Der Sekretär:

愛因斯坦在瑞士中學的成績單，一八九六年。成績是從一到六分，最高分是六分。

所幸，愛因斯坦想要瞭解宇宙的渴望，凌駕了他對正規教育的厭惡，所以他被中學退學後，轉而申請蘇黎世的瑞士聯邦理工學院（Swiss Federal Institute of Technology）。他入選考時落榜了，但是在瑞士的中學補修一段時間後，一八九六年獲准進入聯邦理工學院就讀。他覺得那裡比德國的中學好不到哪裡去，不常去上課，考試時都是靠同學的筆記臨時惡補，才得以順利畢業。愛因斯坦後來寫道，馬塞爾．格羅斯曼（Marcel Grossmann）是「完美無缺的學生，我則是散漫不拘，愛作夢。他跟老師相處得很好，什麼都懂。我則是四處遊蕩，滿腹不滿，也沒什麼人喜愛。[18]」認識格羅斯曼不僅對愛因斯坦的大學生涯來說很幸運，格羅斯曼後來成為數學家，還教了愛因斯坦完成相對論所需的奇異幾何學。

愛因斯坦的大學學位並未讓他踏上比較容易成功的路。事實上，一位大學教授還故意幫他寫了反推薦信，害他從蘇黎世的大學畢業後，在大學找不到物理學或數學的教職，只好去當兩位德國中學生的私人家教。

他當家教不久，就建議學生家長趕快幫那兩個學生轉學，以避免德國中學的不利影響。他對教育體系的不滿，是因為學校太重視考試了，那會扼殺真正的好奇心或創意。諷刺的是，約一百年後，美國總統布希頒布的「有教無類法案」（No Child Left Behind）就是一種考試導向的課程，專注於背誦事實的能力，後來成為美國正規教育政策的核心。大家都知道布希不是愛因斯坦，但顯然，說到政治家影響他人接受其觀點的能力，愛因斯坦就沒有布希那麼厲害了，學生家長聽他大肆批評德國中學的不利影響後，就把他解僱了。

愛因斯坦的父親曾寫過他那段時間陷入的困境：「我兒子對於目前的失業狀態相當不快，不滿的情緒與日俱增，他認為自己的職業生涯偏離了軌道……也覺得他對我們這個收入不多的家庭來說是個負擔。[19]」那封信是寄給萊比錫的物理學家弗里德里希．威廉．奧斯特瓦爾德（Friedrich

Wilhelm Ostwald），愛因斯坦曾把第一篇論文的副本寄給他，以尋求工作機會，結果愛因斯坦和他的父親都沒有收到任何回覆。十年後，奧斯特瓦爾德是第一位向諾貝爾獎提名愛因斯坦的人。但是在一九〇一年，愛因斯坦的學識並未讓人佩服到提供他合適的工作。

一九〇二年，愛因斯坦的職業生涯終於穩定下來了，格羅斯曼的父親把他介紹給伯恩的瑞士專利局主任，主任找他來考筆試。愛因斯坦的筆試考得不錯，主任當場就錄取他了。那份工作的內容是閱讀技術性很高的專利申請書，並把那些申請書翻譯成比較淺顯的文字，讓不夠瞭解技術的主管可以理解申請的內容。於是，那年夏天，愛因斯坦開始以試用身分在專利局工作。

愛因斯坦在那份工作上似乎表現得很好，但一九〇四年他申請升級時（從三級專員升為二級專員）遭到否決。在此同時，物理學的研究帶給他很大的樂趣，但他在物理學上依然默默無聞。他最初的兩篇論文是寫於一九〇一年和一九〇二年[20]，內容是有關分子之間一般力量的假設，他自己後來也說那兩篇論文毫無價值。之後他又發表了三篇論文，品質不一，對物理學界依然沒什麼影響力。隔年，他的長子出生了，他也沒發表任何物理學的論文。

長期的經濟問題以及停滯不前的物理生涯，想必令愛因斯坦感到沮喪。但他還是很喜歡那份工作，覺得可以增長知識，而且他說下班後有「八小時的空閒」可以發揮熱情，思考物理學。他有時也會偷偷挪用上班時間來做一些私人研究，每次一發現有人靠近時，就連忙把計算的東西塞進抽屜裡。這一切努力後來終於出現了豐碩的成果：一九〇五年，他發表三篇性質相異的革命性論文，使他從三級的專利專員一舉躍升為一流的物理學家。

那三篇論文每一篇都值得拿一個諾貝爾獎，不過愛因斯坦只以其中一篇獲獎。也許我們可以理解諾貝爾委員會為什麼不願授予同一人多個獎項，但是多年來諾貝爾獎屢次錯過該肯定的對象，那些遺珠之憾都令人費解。光是物理學界，委員會就錯過了肯定阿諾．索末菲（Arnold Sommerfeld）、莉澤．邁特納（Lise Meitner）、弗里曼．戴森（Freeman Dyson）、喬治．伽莫夫（George Gamow）、羅伯特．迪克（Robert Dicke）、吉姆．皮柏斯（Jim Peebles）等科學家*。

諾貝爾委員會沒頒獎肯定邁特納特別令人髮指，因為數千年來女性幾乎全被阻擋在高等教育及就業機會外，使她們無法為人類瞭解世界貢獻一己之長。那種閉塞風氣在一百年前左右開始改變，而且這股風潮仍在進行中。邁特納是科學先驅，也是女性先驅，是第二位從維也納大學獲得物理學博士學位的女性。畢業後，她說服普朗克讓她跟著他學習，即使普朗克從未讓女性上過他的課。後來她開始和年輕的柏林化學家奧托．哈恩（Otto Hahn）合作，他們一起做出許多突破，其中最重要的是發現核分裂。哈恩因此獲得一九四四年的諾貝爾化學獎，但邁特納未獲肯定**。

牛頓學說的世界觀出現裂痕

理論物理學令人醉心的一大誘惑，是你的概念有可能對人類的思維或甚至生活方式產生重大的影響。沒錯，瞭解與吸收主題，以及瞭解其技術和議題需要很多年的時間。沒錯，你想破解的許多問題最後都無法解決。沒錯，你的概念絕大部分最後證實是無稽之談，而且很多時候光是極小的貢獻就需要花上好幾個月的時間。當然，如果你想成為理論物理學家，你的個性最好是固執又執著，而且只要一丁點小發現，一點看似神奇的數學，或是得知在你發表前只有你知道的自然祕密，就足以讓你興奮得要命。不過，這個過程中，總是存在著另一種可能：你想出或碰巧發現一個遠比自然的小祕密還要強大的概念，因此改變了同行或甚至全人類觀看宇宙的方式。愛因斯坦提出的就是那種概念，而且他是在專利局工作的一年間，接連提出了三個概念。

那三個突破性的理論中，最著名的是相對論。愛因斯坦在這方面的研究徹底改變了我們對空間和時間的概念，他證明空間和時間是密切相關的，而且空間和時間的衡量不是絕對的，而是因觀察者的狀態而定。

愛因斯坦想以相對論解決的議題，是馬克士威的電磁學理論所衍生的矛盾。根據馬克士威的理論，任何人測量光速都會得到同樣的結果，無論他們自己的速度相對於光源的速度是多少。

我們可以稟著伽利略的精神，運用簡單的「想像實驗」來瞭解為什麼上述說法與我們的日常體驗相互矛盾。想像火車迅速駛過月台時，有一個攤販正好站在月台上。那輛移動的火車上，有個乘客把一顆球（或任何物體）往前拋，攤販會覺得那顆球移動的速度比他自己以同樣勁道拋出的球還

＊索末菲是重要的量子先驅。邁特納發現了許多東西，包括核分裂。戴森對電磁學的量子理論貢獻卓著。伽莫夫、迪克、皮柏斯解釋與預測了宇宙微波背景輻射（cosmic microwave background radiation），但是因宇宙微波背景輻射獲獎的人卻是阿諾・彭齊亞斯（Arno Penzias）和勞勃・威爾森（Robert Wilson），他們只是意外偵測到宇宙微波背景輻射，並不知道他們發現了什麼。

＊＊不過，邁特納像門得列夫一樣，獲得國際純化學暨應用化學聯合會（International Union of Pure and Applied Chemistry）的肯定，一九九七年他們把原子序一〇九的元素命名為䥑（meitnerium）。邁特納已於一九六八年過世。

快。那是因為從攤販的觀點來看，火車上那顆球移動的速度是乘客的拋速**加上**火車的速度。但是根據馬克士威的理論，在移動火車上閃動的光速，**不會**移動得比較快，在攤販和乘客的眼中，那道光移動得一樣快。對於想把一切簡化成原理的物理學家而言，那是說不通的。

區別光和物質的是什麼原理？多年來，物理學家一直在探討這個問題，最熱門的論點是主張：光是透過某種尚未偵測到的介質傳播的，但愛因斯坦抱持不同的看法。他認為，關鍵不在於光傳播的某種未知性質，而是在於我們對**速度**的瞭解。由於速度是距離除以時間，愛因斯坦推論，假設光速是固定的，馬克士威的理論等於是告訴我們：距離和時間的衡量可以沒有統一的共識。愛因斯坦證明，這世上沒有通用的時鐘或通用的量尺，一切衡量端看觀察者的運動而定——唯有如此，每個人看到的光速才會一樣。所以，每個人看到與衡量的東西只是個人的觀點罷了，不是每個人都一致認同的現實，這就是愛因斯坦狹義相對論的精髓。

相對論不需要取代牛頓的理論，而是加以修改：牛頓的運動定律必須改變，重新建構在愛因斯坦那個新的空間和時間架構上，測量的結果是取決於一個人的運動。物體和觀察者的相對移動速度比較慢時，愛因斯坦的理論基本上和牛頓理論一樣。但是移動速度接近光速時，相對論的效果就很明顯了。

由於相對論的新奇效果只在極端的情況下顯而易見，它對日常生活的重要性遠不如量子理論（量子理論說明了為什麼構成我們的原子極其穩定）。但是當時沒有人知道量子的深遠影響，在此同時，相對論的出現反而像地震一樣撼動了物理學界：牛頓的世界觀已經塑造科學界兩百多年了，他的理論架構在這時出現了第一道裂痕。

牛頓理論的根據是單一客觀的現實。空間和時間形成一個固定架構，世上的活動就在那個舞台上展開。觀察者可以觀賞舞台上的演出，無論他們身在何處或如何移動，都看到同樣的表演，就像上帝從外頭觀看我們所有人那樣。相對論反駁了那種觀點，它主張不是只有一齣表演——在日常生活中，每個人經歷的事實各不相同，端看每個人所處的地方和行動而定。愛因斯坦開始拆解牛頓的世界觀，就像伽利略開始拆解亞里斯多德的世界觀一樣。

愛因斯坦的研究對物理學的文化有重大的意義：他幫新生代的思想家壯大了膽子，讓他們更容易挑戰舊有的思維。例如，愛因斯坦為高中學生寫了一本談相對論的書，那本書啟發了待會兒我們會談到的維爾納．海森堡（Werner Heisenberg），促使他投入物理學界。愛因斯坦研究相對論的方法也啟發了等一下會介紹的尼爾斯．波耳（Niels Bohr），讓他有勇氣想像原子依循的定律可能和日常生活的一切物體截然不同。

諷刺的是，所有吸收與瞭解愛因斯坦相對論的偉大物理學家中，愛因斯坦本人對自己的理論最不重視。在他看來，他不是在主張推翻牛頓世界觀的一大面向，他只是提出一些修正罷了——那些修正對當時多數的實驗觀察幾乎沒有影響，但重要的是，那些修正改掉了理論邏輯架構的缺陷。而且，為了使牛頓理論和相對論相容，必要的數學改變並不難。所以，即使愛因斯坦後來覺得量子理論拆解了牛頓物理學，套用物理學家兼傳記作家亞伯拉罕．派斯（Abraham Pais）的說法，愛因斯坦「認為相對論根本不是革命」[21]。愛因斯坦覺得，他一九〇五年發表的論文中，相對論是最不重要的，另外兩篇有關原子和量子的論文比較重要。

愛因斯坦那篇有關原子的論文是分析所謂的「布朗運動」（Brownian motion），那是一八二七年達爾文的老友羅伯．布朗發現的效應。這裡的「運動」是指微小粒子神祕又隨機的游移，例如花粉裡的微粒在水中懸浮的樣子。愛因斯坦解釋，那是超微分子從四面八方以超高頻率衝擊浮性粒子所致。雖然個別衝擊太細微，無法撼動粒子，但愛因斯坦以統計證明，粒子搖動的幅度和頻率可以用罕見的情況來解釋——亦即在偶然的機會下，衝撞粒子某一面的超微分子遠比衝撞對面的超微分子還多，因此產生足夠的力量，推動了那個粒子。

那篇論文發表後馬上引起轟動，連最不相信原子的奧斯特瓦爾德在讀了以後都說，他相信原子是真實的。相反的，原子的強力支持者波茲曼不知怎的從未聽過愛因斯坦的研究，也不知道那篇論文帶來的觀念改變。部分原因在於他覺得自己提出的概念始終未受重視，深感沮喪，隔年就自殺身亡了。這實在非常遺憾，因為那篇布朗運動的論文以及一九〇六年愛因斯坦發表的另一篇論文，使物理學家終於相信他們看不見、摸不著的原子確實存在。而那些概念就是波茲曼從一八六〇年代開始一直提倡的，只不過沒什麼成效。

往後的三十年內，採用新方程式描述原子的科學家，就能解釋化學反應的根本原理——終於可以為道爾頓和門得列夫的概念提出解釋和證明。科學家也開始鑽研牛頓的夢想：以原子之間的作用力為基礎來瞭解物質的性質。到了一九五〇年代，科學家又更進一步，以原子知識來深入瞭解生物學。在二十世紀後半葉，原子的理論開始帶來科技革命、電腦革命、資訊革命。原本一開始只是分析花粉粒子的運動，最後卻演變成塑造現代世界的工具。

不過，那些實務運用所依賴的定律，以及描述原子性質的方程式，都不是來自牛頓的古典物理學，甚至不是來自經過相對論修訂的版本。想要描述原子需要新的自然定律——量子定律——而愛因斯坦一九〇五年發表的另一篇革命性論文就是談量子的概念。

愛因斯坦的光量子概念

那篇論文的標題是〈關於光的產生和轉化的一個啟發性觀點〉，愛因斯坦把普朗克的概念轉變成深奧的物理原理。愛因斯坦知道，量子理論就像相對論，是在挑戰牛頓的理論。但是當時量子理論並未顯現它挑戰的範圍，也不像後來進一步開發以後出現那些令人不安的理念意涵，所以愛因斯坦其實不知道自己正在探索什麼。

由於愛因斯坦在論文裡提出的「觀點」是把光視為量子粒子，而不是像馬克士威的理論那樣把光視為波，所以這份論文不像一九〇五年的另外兩篇論文那樣大獲認同。事實上，物理學界十幾年後才接納他的觀點。至於愛因斯坦本人的觀感，從一九〇五年他寫給朋友的信可以明顯得見，那封信是寫在他發表那三篇論文之前。關於相對論那篇論文，愛因斯坦說其中一部分「會讓你感興趣」[22]，同時他說那篇有關量子的論文「非常有革命性」。沒錯，後來確實是那篇量子論文產生最大的影響，他也因量子研究獲得一九二一年的諾貝爾獎。

＊＊＊

愛因斯坦承接普朗克研究的量子理論並非偶然。他和普朗克一樣，剛在物理界起步時，是研究熱力學那個冷門領域。不過，他和普朗克不同的是，他是局外人，與當代的物理學界沒什麼接觸。對於原子，愛因斯坦和普朗克的目標正好相反，因為普朗克那篇博士論文的目的是為了擺脫原子物理學，但愛因斯坦表示他在一九〇一到一九〇四年間發表的論文，其目的是「找出明確尺寸的原子確實存在的事實」[23]，一九〇五年那篇分析原子的隨機運動如何產生布朗運動的革命性論文，終於讓他達成了目標。

儘管愛因斯坦讓物理學家接受了原子概念，他在探索普朗克的量子概念時，加入了一個新理論：「類似原子」的光理論，這個概念讓物理學家更難以接受。愛因斯坦是考慮普朗克的黑體輻射研究以後才如此提出的，他不滿意普朗克的分析，自己開發數學工具來分析那個現象。雖然他得出相同的結論（亦即黑體輻射只能以量子概念解釋），但他的解釋有一個看似技術性的關鍵差異：普朗克認為，他分析的能量之所以有分立的特質，是因為黑體內的原子或分子在散發輻射時振動所致，但愛因斯坦認為分立是**輻射**本身的固有性質。

愛因斯坦把黑體輻射視為一種全新自然原理的證據：所有的電磁能量都是分立的，輻射是由類似光原子的粒子所組成。那番見解使愛因斯坦成為第一位意識到量子原理有革命性意義的人——量子是世界的基本，不光只是用來解釋黑體輻射的特殊數學技巧而已。他稱輻射粒子為「光量子」

（light quanta），一九二六年，光量子有了現代的名稱：光子（photon）。

如果愛因斯坦就此打住，他的光子理論就像普朗克的量子理論，只是另一種解釋黑體輻射的模型罷了。但如果光子概念確實是基本的，它應該可以闡明多種現象的本質，不光只是黑體輻射而已。愛因斯坦發現光子可解釋的多種現象之一是光電效應（photoelectric effect）。

光電效應是光照射在金屬上導致金屬發出電子的過程，可以變成電流，用於多種裝置上。這個技術後來在開發電視時變得很重要。目前煙霧偵測器、人走進電梯時避免電梯門夾住人的感應器等等仍是使用這種技術。在電梯門感應器的應用中，一道光線會射過電梯門口，照在對面的光電接受器上，然後產生電流。如果你剛好踏進電梯，你就打斷了那道光線，也因此阻止了電流，電梯製造商藉由暫時中斷電流，使電梯門打開。

光線照在金屬上會產生電流，是一八八七年德國物理學家海因里希・赫茲（Heinrich Hertz）發現的。他是第一位以加速電荷的方式，刻意製造及偵測電磁波的人，所以頻率的單位「赫茲」以他的姓氏命名。但赫茲並未解釋光電效應，因為那時還沒發現電子。一八九七年英國物理學家約瑟夫・湯姆森（J. J. Thomson）才在實驗室裡發現電子，那時赫茲已經過世三年，得年三十六歲，他因罹患一種罕見的疾病，導致血管發炎而病歿。

電子的存在為光電效應提供了簡單的解釋：當光波打在金屬上時，會刺激金屬內的電子，使它們飛出來，以火花、放射線、電流之類的方式呈現。物理學家受到湯姆森的啟發，開始詳細研究光電效應。但漫長艱辛的實驗最終發現，光電效應和理論描述的並不相符。

例如，增加光線的強度時，光線照在金屬上會激出更多的電子，但是飛出的電子能量不變。這和古典物理學的預測相互矛盾，因為更強烈的光帶有更多的能量，所以能量一旦被吸收以後，應該會產生更快、能量更大的電子才對。

愛因斯坦思考了這些議題好幾年，一九〇五年，他終於聯想到量子：如果光是光子組成的，那就可以解釋資料了。愛因斯坦所想的光電效應是這樣：每個衝撞金屬的光子把它的能量轉給某個特定的電子，每個光子的能量和光的頻率或顏色成比例。如果光子有足夠的能量，就會使電子飛出去。高頻光的光子能量較強。另外，如果只提升光的**強度**（但沒有提高頻率），光裡面會有更多的光子，但光子能量沒有增加。因此，比較強烈的光會激出更多的電子，但電子的能量不變——這就是科學家觀察到的情況。

「光是由光子（亦即粒子）組成」的提議，與馬克士威的電磁學理論相互矛盾。馬克士威的理論主張光是以波的形式傳輸。愛因斯坦則是正確地主張，當光學觀察涉及非常大量的光子時（亦即平常看到的情況），光就會出現馬克士威說的那種波狀特質。

例如，一百瓦的燈泡每十億分之一秒散發約十億個光子。相反的，在光線很弱，或是以光子的分立性質為基礎的某些現象下（例如光電效應），光的量子特質就很明顯了。但是愛因斯坦這番推測並不足以說服大家接受他的極端概念，所以這個概念幾乎受到普遍的懷疑。

關於愛因斯坦的評論中，我最喜歡的是一九一三年普朗克和幾位頂尖物理學家一起推薦愛因斯坦進入普魯士科學院（Prussian Academy of Sciences）時所寫的：「總之，現代物理學充滿了難題，我們可以說，幾乎找不到一個難題是愛因斯坦沒有做出卓越貢獻的。即使他偶爾推測失準（例如他對光量子的假設），那也無傷大雅，因為即使在最精確的科學中，你不偶爾冒險，就無法開創出真正的新概念。[24]」

* * *

諷刺的是，最後以精確的測量，證實愛因斯坦射出的光電子能量描述的人，正是最初否定光子理論的科學家羅伯特·密立根（Robert Millikan），他也因為這項證明以及電子電荷的衡量而獲得一九二三年的諾貝爾獎。一九二一年愛因斯坦獲得諾貝爾獎時，授獎證書只說：「肯定愛因斯坦對理論物理學的貢獻，尤其是發現光電效應定律。[25]」

諾貝爾委員會選擇肯定愛因斯坦的公式，卻忽略了使他得出那個公式的知識革命。他們對光量子概念或愛因斯坦對量子理論的貢獻隻字未提。派斯說這是「出了名的輕描淡寫，但也精準地反映了物理學界的共識[26]」。

愛因斯坦，一九二一年

後續十年，「量子力學」理論正式成立，推翻了牛頓的運動定律，成為物體力學的根本原理。此後，大家對於光子以及整個量子理論的懷疑才終於消失。量子理論終於出現時，愛因斯坦雖然肯定它的成功，但他反而開始反對量子理論。

愛因斯坦不願接受量子理論是最終的理論，他始終相信將來會出現更基本的理論，一舉推翻量子理論，恢復傳統的因果概念。一九〇五年，他發表三篇論文，每一篇都改變了物理學的發展路徑，但後半輩子他一直想要**逆轉**他啟動的改變，卻徒勞無功。一九五一年，他在寫給朋友米歇爾·貝索（Michele Besso）的最後幾封信中坦言他失敗了。他寫道：「光量子究竟是什麼？這個問題我琢磨了半個世紀，卻未更靠近答案一些。[27]」

第十一章

看不見的領域

我剛拿到博士學位時，在加州理工學院找到基層教職，也開始找接下來要研究的主題，以免遭到學術界淘汰而去教職員俱樂部端盤子賺更高的薪水。某日午後參加完一場研討會後，我有機會跟物理學家費曼聊到弦論（string theory）。當時費曼六十幾歲，他在物理學界可能是當年全球最受敬重的科學家。如今很多人（雖然不是所有人）認為，弦論最適合作為自然界所有力學的統一理論，是理論物理學界的終極理論。但是當時很少人聽過那個理論，即使聽過，也大多不感興趣，包括費曼在內。費曼批評弦論時，一位從蒙特婁的大學來訪的物理學家靠過來說：「我覺得我們不該因為物理學界的權威不接受某些新理論，就勸年輕人別去探索那些東西。[1]」

費曼是因為弦論偏離他之前抱持的理念太多，使他無法調整思維，所以才否定弦論嗎？還是說，即使弦論和他之前相信的理論沒有偏離那麼多，他還是會提出同樣的批評？我們無從得知答案，但費曼告訴那位物理學家，他不是在勸我不要研究新的東西，他只是在告訴我要小心，因為萬一那理論行不通，我可能會浪費很多時間。那位物理學家說：「我已經研究我的理論十二年了。」接著他開始鉅細靡遺地描述他的理論。他自豪地講完後，費曼轉過頭來看我，當著那個人的面對我說：「我說的浪費時間就是那個意思。」

研究的最前線總是籠罩著迷霧，任何活躍的科學家一定會浪費一些心力探索無趣的路徑或死胡同。但是傑出物理學家與眾不同的一大特質是，他們特別擅長挑選一些後來證明有啟發性又可破解的問題（也或許是因為他們特別好運）。

前面我曾把物理學家的熱情比喻成藝術家的熱情，但我一直覺得藝術家比物理學家多了一個優勢：在藝術界，無論多少同行或評論家說你的作品有多爛，都沒有人能夠**證明**那點。但是在物理學界，如果你的概念不正確，即使你覺得那個概念再美也沒有用。所以身處物理學界就像任何創新一樣，你必須辛苦地拿捏平衡，小心挑選你研究的問題，但又不能太過小心謹慎而導致你從未嘗試任何新事物。這也是為什麼終身教職制度對科學來說如此寶貴，它讓科學家可以放心去失敗，那是培養創意的必要關鍵。

如今回顧過往，愛因斯坦的光子理論似乎應該馬上激發很多的新研究去探索新興的量子理論。但是對愛因斯坦那個年代的人來說，他們還沒看到很多光子的證據，所以有充分理由抱持懷疑的態度。當時要投入光子研究，需要很大的冒險精神和勇氣。

年輕的物理學家在挑選可能行不通或可能遭到訕笑的研究主題時，通常是最百無禁忌的，他們的世界觀仍有可塑性，但是他們在挑選博士論文或博士後的研究主題時，往往也不敢挑選愛因斯坦那個瘋狂的光子理論。

所以光子理論提出後，有近十年的時間幾乎沒什麼進展。愛因斯坦自己也超過三十歲了，作為理論先驅的話，年紀已經太大，那時他花很多時間在不同的革命性概念上，例如拓展或推廣一九〇五年提出的狹義相對論以涵蓋萬有引力。（狹義相對論是牛頓運動定律的修改版，廣義相對論則取代了牛頓的萬有引力定律，但是那需要愛因斯坦先改變狹義相對論。）愛因斯坦對光子理論的冷落使密立根寫道：「儘管愛因斯坦的光電效應方程式看似圓滿了，它所表達的光子物理理論實在站不住腳，我想連愛因斯坦本人都不再堅持那個概念了。[2]」

密立根誤會了，愛因斯坦並未放棄光子，只是當時他的焦點放在其他地方，難怪密立根會那樣想。不過，無論是光子理論，或是促成光子理論的量子概念都未消失。相反的，多虧尼爾斯・波耳（Niels Bohr，一八八五－一九六二年），光子和量子很快就變成了熱門主題。二十幾歲的波耳不故步自封，再加上閱歷不深，初生之犢不懼虎，他從未想到他不該冒著浪費時間的風險，去挑戰眾人眼中那些主宰世界的定律。

＊＊＊

波耳讀高中的那個年代[3]，學校會教他們：希臘人發明了自然哲學，牛頓的方程式描述物體如何因應引力，是瞭解世界運作的一大步，因為那些方程式可讓科學家對自由落體和天體做精確的量化預測。此外，那個年代也會學到，在他出生不久之前，馬克士威為牛頓的研究加入了另一個理論（一個物體如何因應及產生電力和磁力），使牛頓的世界觀晉升到巔峰。

在波耳讀高中的年代，物理學家似乎擁有一套兼顧力和運動的理論，可以解釋當時已知的自然界一切互動。但是隨著時序進入二十世紀，波耳進入哥本哈根大學就讀，他不知道的是，盛行兩百多年的牛頓世界觀即將崩解。

我們前面看到，馬克士威的新理論一開始看起來可能把牛頓的運動定律拓展到一組全新的現象上，但最後卻發現黑體輻射、光電效果之類的現象違反了牛頓古典物理學的預測。不過愛因斯坦和普朗克的理論之所以能夠勝出，是因為技術創新讓實驗家可以探索原子的物理流程。這樣的事件轉折激勵了波耳，因為他對實驗研究非常感興趣，也特別有實驗天賦。

對喜歡實驗物理學的人來說，波耳寫出論文的前幾年確實是令人興奮的時期。那些年間，內建電子光源的真空玻璃管——老舊電視螢幕「陰極射線管」（CRT）的前身——之類的技術進步促成了一些重要的突破。例如，威廉・侖琴（Wilhelm Röntgen）發現X光（一八九五年）；湯姆森發現電子（一八九七年）；紐西蘭出生的物理學家歐尼斯特・拉塞福（Ernest Rutherford，或譯作盧瑟福）發現某些化學元素（例如鈾、釷）會散發神祕的放射物（一八九九－一九〇三年）。拉塞福（一八七一－一九三七年）其實把那些神祕的放射物分成三類，而不是只有一類：α、β、γ射線。他推測，那些放射物是某一元素的原子自然解體成另一元素的原子所產生的殘跡。

湯姆森和拉塞福的發現尤其令人振奮，因為那和原子及其組成有關，之後發現那些東西都不能以牛頓定律或甚至牛頓的概念架構來形容，所以後來大家終於意識到他們的發現需要全新的物理架構。

不過，即使當時的理論和實驗發展都令人振奮，物理學界一開始對多數發現的反應彷彿是吃了鎮靜劑，假裝沒有事情發生似的。所以，不僅普朗克的量子和愛因斯坦的光子遭到漠視，那些革命性的實驗也遇到同樣的反應。

一九〇五年以前，那些覺得原子概念是瞎扯的人，他們對待電子（原子的組成）的方式，就像無神論者看待「上帝究竟是男是女」的辯論一樣。更令人驚訝的是，那些**確實**相信原子的人也不喜歡電子，因為當時大家認為電子是原子的「一部分」，而且原子應該是「不可分割的」。所以湯姆森的電子理論讓人覺得很古怪，一位知名物理學家聽完他的主張後甚至對他說，他覺得湯姆森「在捉弄他們」[4]。

同樣的，大家也覺得拉塞福主張「某元素的原子可以衰變成另一元素的原子」，彷彿是蓄長鬍、穿長袍的煉金術士在瞎掰。一九四一年，科學家終於學會把汞轉變成金，實現了煉金術士長久以來的夢想，他們的作法是在核反應器裡以中子不斷地衝擊汞[5]。但是在一九〇三年，拉塞福的同行不敢接受他那個有關「元素遷變」的大膽主張。（諷刺的是，他們卻很大膽地接觸拉塞福提供給他們的發光放射物，因此身體接收了那些他們覺得不存在的輻射線。）

拉塞福

當時理論物理學家和實驗物理學家發表了許多奇怪的研究論文，那些論文在許多人眼中，想必就像今天的社會心理學文獻一樣，因為他們經常在研究中宣稱「吃葡萄的人比較容易出車禍」之類的瘋狂發現。但即使那些物理學家的結論聽起來很古怪，他們其實都是正確的。最後在實驗證據的大量累積，以及愛因斯坦的論據佐證下，終於迫使物理學家接受原子及其組成。

湯姆森因為發現電子而獲得一九〇六年的諾貝爾物理學獎，拉塞福則是於一九〇八年獲得諾貝爾獎，不過得的是化學獎，得獎理由跟穿著長袍的煉金術士發現東西差不多。

一九〇九年波耳踏入物理學研究時，就是面臨上述的背景環境。他只比愛因斯坦小五歲，但是五歲之差就足以讓他變成新生代，因為他踏入物理學界時，大家已經接納原子和電子的概念了（雖然光子還未獲得接納）。

波耳的博士論文是分析及批判湯姆森的理論。當他寫完時，他申請並獲得一份補助金，讓他在劍橋大學工作，他想藉此瞭解湯姆森的反應。概念的辯論是科學的一大特色，所以波耳以批判理論的方式接近湯姆森，跟藝術系學生為了接近畢卡索而批評畢卡索畫的臉有太多稜角不太一樣，不過大致上也差不多了。湯姆森確實不太想聽這位後輩的批判，波耳在劍橋待了快一年，但湯姆森都不跟他討論他的博士論文，甚至連讀都沒讀過。

遭到湯姆森的漠視後來證明是因禍得福，因為波耳在劍橋殷殷期盼湯姆森的理會卻吃閉門羹時，他遇到了來訪的拉塞福。拉塞福年輕時曾在湯姆森底下工作，但是當時他已是全球頂尖的實驗物理學家，領導曼徹斯特大學的輻射研究中心。拉塞福跟湯姆森不同，他很欣賞波耳的概念，並邀請波耳到他的實驗室工作。

拉塞福和波耳是一對奇妙的組合。拉塞福的塊頭很大，又高又壯，精力充沛，面容剛毅，聲音宏亮，有時甚至會干擾到敏感的設備。波耳則是心思細膩，外貌舉止都遠比拉塞福溫和，臉頰微微下垂，聲音柔和，有輕微的口吃。拉塞福講起話來帶著濃濃的紐西蘭腔，波耳的英語不太流利，帶著丹麥口音。拉塞福講話遭到反駁時，會用心聆聽，但是聽完後就讓對話自然地結束，不會回應。

波耳喜歡辯論，除非有人跟他爭論、提出不同的意見，否則他很難發揮創意思考。

對波耳來說，與拉塞福搭檔可說是時來運轉，因為他去曼徹斯特時心想，他可能會做原子實驗，但是後來反而迷上了拉塞福正在研究的原子理論模型，那是以拉塞福自己的實驗研究為基礎。波耳透過他對「拉塞福原子」所做的理論研究，讓沉寂一段時間的量子概念又再度熱門了起來，並完成愛因斯坦的光子研究所未達到的成就：讓量子概念從此成為物理學界的焦點。

夢想家的洞見：拉塞福原子模型

波耳抵達曼徹斯特時，拉塞福正以實驗探索原子裡的電荷是如何分布的。為了研究這個議題，拉塞福決定分析帶電粒子像子彈那樣射向原子時是如何偏移的。他挑選的帶電拋體是他自己發現的 α 粒子，亦即如今我們所知的「帶正電的氦核」。

那時拉塞福還沒有想出原子模型，但他假設原子與湯姆森開發的另一個模型應該是吻合的。當時大家還不知道質子和原子核[6]，在湯姆森的模型中，原子是由正電的擴散流體所組成，裡面有足夠的微小電子流通著，以抵消正電。由於電子的重量極小，拉塞福預計電子對沉重 α 粒子的噴發路徑沒什麼影響（就像彈珠不太影響砲彈的路徑一樣）。拉塞福想要研究的是比較沉重的正電流體及其分布方式。

拉塞福使用的裝備很簡單。以鐳之類的放射性物質創造出 α 粒子光束，射向一片薄薄的金箔。

金箔後面放一個小螢幕。α粒子穿過金箔後，會打在螢幕上，產生非常微弱的小閃光。一個人拿著放大鏡坐在螢幕前，只要用心觀察，就能記下閃光的位置，並判斷金箔的原子如何偏移α粒子。

拉塞福雖已舉世聞名，但他的工作和工作環境並不是那麼光鮮亮麗。他的實驗室是在潮濕陰暗的地下室，地板和天花板上有很多管線穿過。天花板很低，挺直身子可能撞到頭，而且地板也不平，隨時都可能被地上的管線絆倒。拉塞福自己也缺乏衡量實驗所需要的耐心，有一次才衡量兩分鐘，他就受不了了，宣告放棄。相反的，他的助手德國人漢斯．蓋革（Hans Geiger）則是耐心過人，非常擅長做繁瑣的任務。諷刺的是，他後來發明的蓋革計數器（Geiger counter）反而取代了他擅長衡量的優點。

拉塞福預期，帶正電的沉重α粒子大多會穿過金箔裡那些金原子之間的空間，離金原子很遠，所以幾乎沒什麼偏移。但他也推論，有些α粒子會穿過一個或多個金原子，被原子的擴散正電推開，因此些微偏離了直線路徑。那個實驗確實闡明了原子的結構，而且純粹是誤打誤撞發現的，並不是他原本設想的那樣。

一開始，蓋革收集的資料都符合拉塞福的預期，也符合湯姆森的模型。接著，一九〇九年的某天，蓋革建議大學生歐內斯特．馬斯登（Ernest Marsden）去做一個「小研究」，小試身手一番。拉塞福曾在數學系修過機率理論，他知道有些α粒子的偏移角度可能比他的裝置所偵測到的還大，雖然那機率很小，但是不無可能。所以他建議蓋革指導馬斯登做那個實驗的各種變化，以探索上述情況的機率。

於是，馬斯登開始尋找偏移角度比預期還大的α粒子——只要能找到偏移很大的α粒子，就會破壞拉塞福對原子結構的一切「認知」。在拉塞福看來，那項任務幾乎可以說是在浪費時間。換句話說，是很適合交給大學生的專案。

馬斯登認真地觀察了一個又一個的α粒子如預期般穿過金箔，都沒有偏移太多。後來終於出現一個令人意外的情況：偏離中心的偵測螢幕上出現了一點閃光。馬斯登在觀察了數千個α粒子後，發現只有幾個α粒子偏離的角度很大，但其中有一兩個反彈回去，幾乎像迴力鏢一樣，那就足以推翻拉塞福對原子結構的認知了。

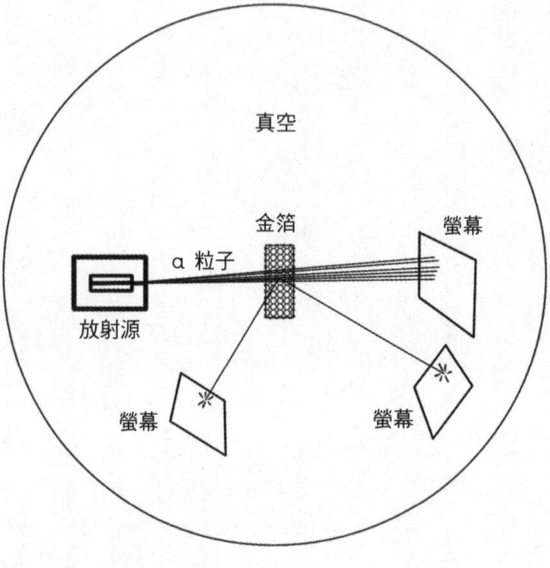

拉塞福的金箔實驗

拉塞福得知消息後表示，那是「我這輩子遇到最不可思議的事，簡直就像你朝著一張衛生紙射出十五吋的砲彈，砲彈卻彈回來打中你一樣。[7]」他的反應之所以如此震驚，是因為數學理論告訴他，金箔裡面肯定有某個極其微小但又很強大的東西，足以偶爾造成這麼大的偏離。所以拉塞福最後並未闡明湯姆森模型的細節，反而發現湯姆森的模型是錯的。

在馬斯登做實驗以前，那個實驗原本看來很古怪，就像費曼警告我別浪費時間參與的活動一樣。不過，那個實驗執行以後，後續的一百年，大家普遍稱讚那個實驗非常巧妙。確實，當初要是沒有那個實驗，可能就不會有「波耳原子」（Bohr atom）了。也就是說，完整的量子原理可能會晚很多年才出現，也會對我們的科技進步產生很大的影響，比如延後原子彈的發明（那表示日本不會遭到原子彈的轟炸，也因此拯救了無數無辜的日本百姓，但可能會導致更多的士兵在盟軍入侵下喪生）。此外，那也會延後許多其他的發明，例如電晶體，進而延後電腦時代的開始。沒做那個看似毫無意義的大學生實驗究竟有多大的影響，我們很難說分明，但肯定的是現今的世界看起來會很不一樣。所以這裡我們再次看到，古怪瘋狂的計畫和改變一切的創新點子之間其實只有一線之隔。

最後，拉塞福又監督了無數的實驗，蓋革和馬斯登總共觀察了上百萬點的閃光。他從那些資料中歸納出原子架構的理論，和湯姆森的理論截然不同，雖然他還是把電子描述成順著同心軌道移動，但正電不再擴散，而是集中在原子的微小中心。不過，蓋革和馬斯登很快就分道揚鑣了。他們在一次大戰時分屬不同陣營，在二次大戰時也為不同的陣營貢獻科學知識：馬斯登研究雷達新技術，蓋革身為納粹的支持者，則是參與研發德國的原子彈[8]。

拉塞福原子是我們在中小學都學過的模型，它描述電子繞著原子核移動，如同行星繞著太陽運轉一樣。這個模型就像許多科學概念，精簡成課堂模型那種日常比喻時，看起來一點也不複雜。但是這個概念真正絕妙之處，在於精簡過程中省去的那些「技術性」錯綜複雜。把概念精簡成直覺性的圖像很有幫助，然而真正讓物理概念活用起來的，是其背後的數學寓意。所以物理學家不能只是

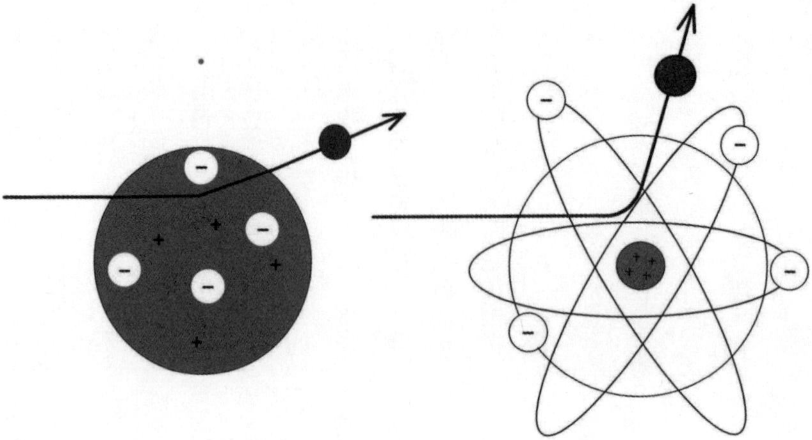

湯姆森原子模型（左）和拉塞福原子模型所預測的 α 粒子偏移狀況

夢想家，還必須是技術家。

對「夢想家」拉塞福來說，實驗顯示，原子絕大多數的質量以及所有的正電荷必定是集中在中心，形成一個極小的帶電球體，密度極大。那個物質只要一杯大小，重量就是聖母峰的一百倍。[9]他後來稱原子的中心為「原子核」。（至於你我的重量為什麼無法跟聖母峰相比，那其實證明了原子核只是原子中央極小的一點，原子的其他部分大多是空的。）

「技術家」拉塞福則是苦心竭力以複雜的數學驗證，如果他的想像是真的，他的實驗應該會得出實驗團隊觀察到的現象。多數快速飛出的沉重 α 粒子會穿過金箔，不會碰到那個極小的原子核，所以飛行路徑只可能略受影響。但少數與原子核擦身而過的 α 粒子會遇到強大的力場，產生大幅偏移。在拉塞福眼中，那個力場的強度大概就像科幻小說一樣，有如我們今天在電影裡看到的力場。即使我們仍無法在宏觀世界裡創造出那種力場，但那種力場確實存在原子裡。

拉塞福發現的重點是，原子核裡的正電荷集中在中心，不是分散的。但是他描述電子繞著原子核運轉，像行星繞太陽那樣，則是完全錯誤，他自己也知道這點。

首先，那個太陽系的類比忽略了太陽系中行星**之間**的互動，同樣的，也忽略了原子內不同電子**之間**的互動。這些互動並不一樣，行星的質量很大，但沒有淨電荷，是透過萬有引力互動。電子幾乎沒什麼質量，但是帶電，是透過電磁力互動。萬有引力是非常弱的力，所以行星對彼此的牽引很小，在許多實務場合可以忽略不計。但是，電子對彼此有很強的電磁排斥力，會迅速破壞那些圓形軌道。

另一個明顯的問題是，繞圈運轉的行星和電子都會散發能量波——行星是散發重力能（gravitational energy），電子是散發電磁能（electromagnetic energy）。由於重力很弱，太陽系存續的數十億年間，行星失去的重力能很少（事實上，在一九一六年愛因斯坦的重力理論預測出這個效應以前，大家本來不知道有此效應）。相反的，根據馬克士威的理論，由於電磁力很強，拉塞福描述的繞行電子會把所有的能量發散出去，並以一億分之一秒的速度衝擊原子核。換句話說，如果拉塞福的模型是真的，我們所知道的宇宙就不存在了。

最有可能推翻一個理論的預測，就是預測宇宙不存在。那為什麼大家還那麼重視拉塞福的模型呢？由此可見物理學演進的另一大特質：多數理論的適用範圍不是很廣，而是用來解釋特定情境的特定模型。所以即使那些理論有缺點，大家也知道某些情況下不適用，但是概念上依然實用。

以拉塞福原子為例，研究原子的物理學家欣賞他的模型可以對原子核做出精確的預測，大家也假設未來的實驗會揭露目前仍欠缺的重要事實，解開電子之謎以及原子穩定的原因。當時大家**還不明白**的是，其實原子不需要更巧妙的解釋，而是需要徹底不同的解釋。不過，溫和的波耳與大家的看法不同。在年輕的波耳眼中，拉塞福原子和那個模型的矛盾就像稻草堆裡藏著一隻黃金針，他決心把它找出來。

年輕波耳的瘋狂概念：量子化

波耳自問了一個問題：如果原子不像古典理論主張的那樣（至少拉塞福模型是這樣說的）發送能量波，有可能是因為原子不符合古典定律嗎？為了探索這個推論，他開始鎖定愛因斯坦研究的光電效應。他自問，如果量子的概念也適用在原子上，那意味著什麼？也就是說，如果原子像愛因斯坦的「光量子」那樣，只有特定的能量，那是什麼情況？那個概念促使他修改拉塞福的模型，創造出所謂的波耳原子。

波耳深入探索時，把焦點放在最簡單的原子上：氫。氫只有一個電子繞著單一質子所組成的原子核運轉。波耳的任務相當困難，因為當時大家甚至不確定氫的架構**確實**那麼簡單[10]。波耳是從湯姆森做的連串實驗中推斷出氫只有一個電子。

牛頓物理學預測，只要電子有適當的速度和能量，電子可以任何距離繞著原子核運轉（以氫為例，它的原子核只有一個質子），而電子的速度和能量是由那個距離決定的。電子距離質子愈近，原子的能量愈低。但是假設我們像愛因斯坦那樣否定牛頓的理論，加入一個新法則，主張「（基於某個未知因素）原子不能有任何能量，只能有某個數值，而那個數值是由可能性離散集決定的」。由於軌道的半徑是由能量決定，上述那個對**能量**值的限制，就變成對電子可能的軌道**半徑**之限制。當我們做這樣的假設時，我們說原子的能量和電子軌道的半徑是「量子化」。

波耳推測，如果原子的性質量子化，那麼原子就不會像古典牛頓物理學預測的那樣，**持續**朝著原子核往內旋動並失去能量。原子只有從一個可用軌道跳到另一個軌道時，才會失去成「團」的能量。根據波耳的模型，原子因能量輸入（例如來自光子）而受到刺激時，吸入的能量會使電子跳到外面能量較大的軌道。每次電子又跳回較小的低能量軌道時，就會排出光子。電子排出光子的頻率，和兩個軌道之間的能量差距相對應。

現在再次基於某個未知因素，我們假設有一個**最內側**的可用軌道，亦即能量最小的軌道，波耳稱之為「基態」（ground state）。電子達到基態時，就不會再繼續損失能量了，所以不會像拉塞福模型預測的那樣直直跌入原子核。波耳預計，類似的情況也適用於其他有多個電子的化學元素上（也許會複雜一些）。他認為拉塞福原子的穩定性，乃至於宇宙所有物質的穩定性，關鍵都是量子化。

波耳的概念就像普朗克的黑體輻射研究以及愛因斯坦的光電效應解說，不是從一般的量子理論推導而來，而是為了解釋一件事而想出來的特別概念——這裡他想解釋的是拉塞福原子的穩定性。由此可見人類的聰明創意，即使波耳的模型沒有任何「源母理論」（mother theory），但他的理論就像普朗克和愛因斯坦的理論一樣，基本上是正確的。

波耳後來說，他的原子概念是一九一三年二月偶然和朋友聊完後才成形的。那個朋友讓他想起「光譜學」領域的定律。光譜學是研究氣態元素受到「刺激」時（例如放電或高溫下）所發出的光。大家早就知道（雖然不知原因為何），在這種情況下，每種氣態元素會發出一組頻率有限的電磁波。那些頻率稱為「光譜線」，並形成某種指紋（fingerprint），可用來辨識它是什麼化學元素。波耳和朋友聊完後，突然想到他可以用他的原子模型來預測氫的指紋應該是什麼樣子，這樣就可以把他的理論和實驗資料串連起來了。當然，就是那一步使科學想法從一個看似有用或「美好」的概念晉升為重要的理論。

波耳完成數學計算時，得出的結果連他自己都感到震驚：「可用軌道」之間的能源差距，精確地重現了許多系列光譜線的頻率。波耳用簡單的模型就重現了光譜學家所有令人費解的公式，並解釋其緣由，當時才二十七歲的他想必興奮極了。

一九一三年七月，波耳發表原子論文，他為這番成果付出了很大的心血。從一九一二年夏季到一九一三年二月得到靈感之間，他不分晝夜地思索那些概念，投入許多時間，連勤奮的同事都對他肅然起敬。事實上，他們覺得他可能會因為過勞而累癱，一個事件就說明了一切：他預定一九一二年八月一日結婚，他確實結婚了，但取消到風景優美的挪威度蜜月，而是窩在劍橋的旅館裡口述研究，請新婚妻子幫他聽寫論文。

波耳的新理論雖然有如大雜燴，但顯然只是個開始。例如，他稱那些可用軌道為「定態」（stationary states），因為電子不像古典理論說的那樣外放時，它們彷彿靜止不動。另外，他常提到電子的「動態」（state of motion），想像電子在可用軌道上繞著原子核運行，直到跳到較低能量的軌道，或是因外來輻射的刺激而跳到較高能量的軌道。我之所以提起這點，是因為那顯示波耳採用了兩種矛盾的圖像，許多理論物理學的先驅是使用這種方法——文學中忌諱混用比喻，但是在物理學中，只要我們知道一個比喻無法完全適用，通常會小心地混入另一種比喻。

在這個例子中，波耳不是很喜歡「把原子比喻成太陽系」那種古典說法，但那是他研究的起點。為了創造新理論，他使用談及電子軌道的半徑與能量的古典物理學方程式，同時加入定態原理之類的新量子概念，從而創造出改良的理論。

波耳原子剛發表時，各方褒貶不一。在慕尼黑大學，影響力卓著的物理學家阿諾．索末菲（一八六八－一九五一年）不僅馬上肯定其研究是科學界的里程碑，還開始親自研究那個概念，尤其是探索它和相對論的關係。愛因斯坦也說波耳的研究是「史上最偉大的發現之一」[11]。不過，愛因斯坦的另一句評論，最能顯現波耳原子對那個年代的物理學家來說有多麼震驚。愛因斯坦不僅有足夠的勇氣提出光量子的存在，也主張空間、時間、重力是緊密相連的概念。他說他也想過類似波耳原子的概念，但覺得那個概念「極度新奇」而沒有勇氣發表。

從波耳收到的其他反應，可以看出發表那個概念確實需要勇氣。例如，波耳後來回憶，德國頂尖學府哥廷根大學的學者一致認為「那整個理論根本是胡扯，近乎詐騙」。一位哥廷根大學的光譜學家把哥廷根大學的看法寫了下來：「科學文獻中竟有如此卑劣無知之作，著實令人痛心疾首，遺憾之至。[12]」英國物理學的元老之一瑞利勳爵（Lord Rayleigh）表示，他實在無法逼自己相信「自然是那樣運作的」[13]，但他也很有先見之明地補充：「年過七旬，就不該對新理論草率地發表意見了。[14]」另一位頂尖的英國物理學家亞瑟・愛丁頓（Arthur Eddington）也對波耳原子不太感興趣，他之前已經把普朗克和愛因斯坦的量子概念貶抑為「德國虛構」[15]。

連拉塞福的反應也是負面的。首先，他本來就對理論物理學沒什麼興趣，但是波耳研究畢竟是改編他的原子模型，他覺得難以接受的是，波耳假設電子在不同的能階（energy level）跳躍，卻沒有提出電子跳躍的機制。例如，電子隨著能量減少而移到較小的軌道時，它是「跳躍」到新軌道，而不是持續往內「旋入」新軌道，那個「跳躍」路徑究竟是什麼組成的？為什麼會那樣？

後來發現，拉塞福反對的理由確實直指問題的核心。大家始終找不到電子跳躍的機制，而且量子理論發展成一般的自然理論後，就直接確定那個問題沒有答案了，所以那點在現代科學中並不重要。

一九一三到一九二三年的十年間，物理學界才逐漸相信波耳概念——以及普朗克和愛因斯坦更早之前的研究——是正確的[16]。波耳和其他人把波耳理論運用到原子比氫還重的化學元素上，結果發現，他們像門得列夫那樣按原子序、而非原子量排列化學元素時，就可以消除門得列夫元素週期表內的一些錯誤。

原子量是由原子核裡的質子和中子數量所決定。相對的，原子序等於質子的數量，而且原子沒有總電荷，所以原子序也等於原子內的電子數量。原子核中質子數愈多的原子，通常也有較多的中子，但不見得一定如此，所以使用這兩個數量來排列化學元素的順序時，可能會出現差異。波耳理論顯示，原子序才是適合拿來排列元素週期表的基準，因為決定元素化學屬性的是質子和電子，而不是中子。這項結論等了五十多年才出現，但是多虧了波耳，科學現在終於可以解釋門得列夫那個神祕的元素週期表為什麼可以運作了。

隨著量子概念的成熟發展，融入物理學的一般架構，並取代牛頓定律以後，物理學家終於能夠寫下原則上可以導出所有原子行為的方程式（雖然多數情況需要運用超級電腦的科技才能導出）。但沒有人需要等超級電腦出現，才驗證波耳概念對原子序的重要性：波耳就像門得列夫那樣，預測了一個未知元素的性質。諷刺的是，門得列夫那個按原子量排序的系統把那個元素搞錯了順序。

不久之後，一九二三年，有人發現了那個元素，並以波耳的家鄉哥本哈根的拉丁名稱 Hafnia，把那個元素命名為鉿（hafnium）。此後，再也沒有物理學家或化學家懷疑波耳理論的真實性[17]。五十多年後的一九九七年，波耳的名字也和門得列夫一樣，進入了元素週期表，變成原子序一〇七的鈹（bohrium）。同年，他的良師益友及偶爾的評論者拉塞福也獲得同樣的尊榮，原子序一〇四的鑪（rutherfordium）以他為名*。

* 除了前面提過的門得列夫、波耳、拉塞福、邁特納以外，以下十二位科學家的名字也成為化學元素的名稱：杉瑪斯基－拜克霍維茲（Vasili Samarsky ¬-Bykhovets，釤）、約翰・加多林（Johan Gadolin，釓）、瑪麗・居禮（Maria Sk odowska-Curie）和皮埃爾・居禮（Pierre Curie，鋦）、愛因斯坦（鑀）、恩里科・費米（Enrico Fermi，鐨），阿爾弗雷德・諾貝爾（Alfred Nobel，鍩）、歐內斯特・勞倫斯（Ernest Lawrence，鐒）、格倫・喜博格（Glenn T. Seaborg，鎬）、威廉・侖琴（Wilhelm Röntgen，錀）、哥白尼（鎶）、喬治・夫廖羅夫（Georgy Flyorov，鈇）。

第十二章

量子革命

儘管現在所有的頂尖科學家都在關注量子，以及他們臆測或發現的獨立事實，但一九二〇年代初期仍未出現大家普遍認同的量子理論，也沒有跡象顯示科學界可能出現那樣的理論。波耳想出了一套定理，那套定理若是真的，可用來解釋原子為什麼是穩定的以及它們的線光譜。但是為什麼那些定理是真的，又該如何拿來分析其他的系統呢？沒有人知道答案。

許多量子物理學家逐漸感到失望，未來的諾貝爾獎得主馬克斯．玻恩（Max Born，一八八二－一九七〇年）在不久之後發明了「光子」一詞，但他最初寫道：「我對量子理論感到絕望，我努力尋找計算氦及其他原子的方法，卻怎麼找也找不到……量子真是亂到不行。[1]」另一位未來的諾貝爾獎得主沃夫岡．包立（Wolfgang Pauli，一九〇〇－一九五八年）後來提出並證明了「自旋」（spin）的數學理論，但最初他也說：「目前物理學的狀況相當混亂，對我來說實在太難了，我真希望我是喜劇演員之類的，從來沒聽過物理學。[2]」

自然帶給我們難解之謎，我們必須想辦法搞懂自然的奧祕。物理學家的一大特質是，他們都深信那些難題裡蘊藏著宏大的真理。我們認為自然是由一套通則所主宰的，而不是一堆毫無相關的現象。早期的量子研究人員不知道量子的通用原理是什麼樣子，但他們相信那樣的理論是存在的。他們探索的世界頑強地抗拒解釋，但科學家想像他們終究會融會貫通。他們的夢想滋養著他們，他們也跟一般人一樣會遇到懷疑和絕望的時候，但依然在辛苦的歷程中勇往直前，投入無數的歲月年華，深信終點有真理等候著他們。這種辛苦的追尋就像任何困難的挑戰，那些挑戰成功的人都抱持著非常強烈的信念，因為信念不夠強的人在尚未成功以前就放棄了。

玻恩和包立的絕望並不難理解，因為量子理論不僅本身充滿挑戰，而且是在艱困時期成熟發展。量子理論的先驅大多身在德國，或是在德國以及波耳募資於一九二一年在哥本哈根大學成立的機構之間遊走，所以他們注定在社會與政治秩序陷入混亂的環境中，研究這種新的科學秩序。一九二二年，德國外長遭到暗殺。一九二三年，德國馬克貶至戰前價值的一兆分之一，買一公斤麵包就要花五千億貶值的德國馬克。儘管如此，新的量子物理學家仍努力從理解原子以及理解那些主宰微小規模的自然基本定律中尋求寄託。

那十年過了一半時，科學家終於見到曙光。一開始是斷斷續續的，從一九二五年二十三歲的海森堡（Werner Heisenberg，一九〇一－一九七六年）發表一篇論文開始。

海森堡的新物理學

海森堡生於德國的烏茲堡（Würzburg），是古典語言教授之子，早慧過人[3]，個性好強。他的父親也鼓勵他的好強性格，所以他常和年長一歲的兄長打鬥，最後演變成拿起木椅互毆，打得頭破血流才叫停。兩兄弟後來之所以能夠繼續停戰，是因為兩人分道揚鑣，各自離家，一輩子再也沒說過話。在往後的歲月裡，海森堡也以同樣的幹勁面對工作上的挑戰。

他總是把競爭視為個人的挑戰。他沒有滑雪的天賦，卻憑著自我訓練變成滑雪高手。他也擅長長跑，還會拉大提琴及彈鋼琴。但最重要的是，小學時，他發現自己頗有算術天分，所以後來他對數學及數學的應用極感興趣。

一九二〇年夏季，海森堡決定攻讀數學博士學位。為了進入博士班，需要先說服一位教授當指導教授，他透過父親的人脈，設法獲得了一次和慕尼黑大學的知名數學家費迪南德．馮．林德曼（Ferdinand von Lindemann）面試的機會。結果那場面試並不順利，不像一般靠人脈獲得的面試那樣，可以喝茶或吃個茶點，聽對方說他聽過你的優秀事蹟。當時林德曼再過兩年就退休了，耳朵半聾，對博士班一年級的學生毫無興趣。面試時，他的貴賓狗在桌上吠個不停，他幾乎聽不到海森堡講什麼。不過，最後導致面試失敗的真正原因，似乎是海森堡提到他讀了數學家赫爾曼．魏爾（Hermann Weyl）寫的書，那本書是講愛因斯坦的相對論。林德曼是數論家，他一聽到這個年輕人對物理學感興趣，就突然說了一句話，結束面試：「那樣的話，你是絕對無法瞭解數學的。」[4]

林德曼的那句話可能意味著，你說你對物理學感興趣，可見你的品味很差。不過，身為物理學家，我覺得那句話也可以解讀成：既然海森堡已經接觸過遠比數學還有趣的主題，他對數學就不會有耐心了。總之，林德曼的傲慢和封閉心態改變了歷史的發展，因為當初他要是收了海森堡為徒，物理學就失去了促成量子理論核心的關鍵人物*。

海森堡遭到林德曼的拒絕後，眼前也沒有許多選擇。他決定拜索末菲為師，攻讀物理學博士學位。索末菲是波耳原子的熱切支持者，那時索末菲也對量子理論有一些貢獻。索末菲身材瘦小，微禿，留著大鬍子，沒有養貴賓狗。他對於年輕的海森堡已經看完魏爾的書印象深刻，但並沒有馬上收他為徒，只表示願意暫時指導他，他說：「你可能懂某些東西，也可能一無所知，我們拭目以待吧。」[5]

當然，海森堡**確實**懂某些東西，而且他在索末菲的指導下，一九二三年就拿到博士學位，一九二四年獲得更高等級的「特許任教資格」（Habilitation），在哥廷根的玻恩底下工作。不過，一九二四年秋季，他去哥本哈根造訪波耳以後，才開始邁向不朽之路。

海森堡剛抵達哥本哈根時，正好加入波耳領導的一項專案。當時波耳正在修改他的原子模型，但走錯了方向。我說「走錯方向」，不僅是因為後來專案失敗了，也因為其目標有誤：波耳想從他的模型中排除光子，亦即愛因斯坦的光量子。聽起來可能很怪，畢竟當初是光量子的概念啟發波耳去思考原子可能只有某些分立的能量。不過，波耳就像多數的物理學家一樣，不願接受光子存在的事實，所以他自問：「有沒有可能創造出一種沒有光子的波耳原子變型呢？[6]」波耳覺得他可以辦到。我們前面看過波耳努力地思考概念，最後終於成功的例子，但這次不管他再怎麼努力，最後還是失敗了。

我還是學生時，朋友和我很崇拜幾位物理學家。例如，我們崇拜愛因斯坦的完善邏輯和激進概念，崇拜費曼和英國物理學家保羅．狄拉克（Paul Dirac，一九〇二－一九八四年）發明看似無理的數學概念、但實際應用起來卻得出驚人的成果（數學家終究可以找出合理化的方式），崇拜波耳的直覺。我們把他們視為偶像、超級天才，覺得他們的思路總是非常清晰，想法總是正確。那沒什麼

＊諷刺的是，林德曼涉獵過物理學，但沒什麼成果。他最為人知的事蹟是證明你無法「化圓為方」——也就是說，當你只有直尺和圓規時，你無法畫出和某個圓面積一樣的方形。

不尋常，我猜藝術家、創業家、運動家的粉絲也都能舉出幾個他們認為超凡入聖的人物吧。

我還是學生時，學到波耳對量子物理學的直覺非常驚人，他似乎可以「直達天聽」。不過，儘管早期量子理論的討論常提到波耳見解卓越，但那些討論鮮少提到他也有許多誤解的概念。這很正常，因為隨著時間流逝，大家只記得好的概念，全忘了不好的概念。可惜的是，那也讓我們誤以為科學的發展比實際狀況更直截了當、更簡單——至少對某些「天才」來說是如此。

籃球大帝麥可．喬丹（Michael Jordan）曾說：「我的籃球生涯中，有九千多次投籃沒進，輸過的比賽近三百場，有二十六次球隊把勝利的關鍵投籃託付給我，但我沒投進。我這輩子不斷地失敗，那正是我成功的原因。[7]」他在耐吉的廣告裡如此說道，因為聽一位傳奇人物失敗、但屢挫屢起的故事非常鼓舞人心。而對投入研究或創新領域的人來說，知道波耳也曾經有很多錯誤的概念，或牛頓在煉金術方面毫無斬獲，知道我們的偶像曾抱持跟我們一樣離譜的想法或犯下一樣嚴重的錯誤，也有同樣的重要意義。

波耳覺得他的波耳原子概念太激進了，這點其實挺有趣的，卻不令人意外，因為科學就像社會一樣，是以某些共同的思想和信念為基礎，波耳原子跟當時的想法格格不入。因此，伽利略、牛頓、波爾、愛因斯坦之類的先驅即使有想像力幫他們開創未來，難免仍受到過去的羈絆。

就那方面來看，科學界的「改革者」其實和其他領域的前衛思想家無異。以主張解放美國南部黑奴的林肯為例[8]，他依然無法摒除「種族將永遠無法以社會和政治平等的方式共存」這種不合時宜的信念。林肯覺得一個人可以反對蓄奴制，但同時容忍種族不平等。他之所以接受白人至上的觀點，理由是：那是否「符合正義」不是關鍵，因為白人至上是一種「普遍觀感」[9]，無論「理由是否充分，都無法置之不理」。換句話說，連他都覺得放棄白人至上的觀念太激進了。

如果你問大家為什麼會這樣想或那樣想，他們通常不會像林肯那麼坦白或那麼有自覺。很少人會像林肯那樣說，他們之所以相信某件事，是因為別人都相信，或「因為我一直那樣想」或「因為學校和家裡就是灌輸我這樣的觀念」。但是就像林肯所說的，那往往是背後的一大原因。在社會裡，共同的信念會形成文化，有時不公不義。在科學、藝術，以及其他偏重創意和創新的領域，共同的信念變成了阻擋進步的心理障礙。所以改變通常是斷斷續續的，這也是波耳想要改變其理論的原因。

即使波耳改變失敗了，但那個計畫確實衍生出一個不錯的效應：迫使年輕的海森堡深入思考波耳原子理論的意涵。漸漸地，他的分析開始把他推向激進的物理學新觀點：放棄原子內部運作的實體概念（例如我們想像電子繞著軌道運作，但實際上根本觀察不到）也許可行，甚至是可取的。

波耳的理論就像古典物理學的理論，是建構在電子位置和繞行速度之類的數值上。在牛頓研究的物體世界裡（拋射體、擺鎚、行星等等），位置和速度是可以觀察和衡量的。但實驗室的實驗者**無法**觀察原子裡的電子位於哪裡或移動多快，或到底有沒有在移動。海森堡推論，如果在原子那個層級無法觀察到位置、速度、路徑、軌道、拋物線等等古典物理概念，或許我們就不該再堅持以那些概念為基礎來創造原子科學或其他系統。我們何必拘泥舊有的觀念呢？海森堡認為那樣做只是圖個心安罷了，那種想法太**十七世紀**了。

於是，海森堡自問，有沒有可能只以可直接衡量的原子資料為基礎（例如原子的輻射頻率和振幅）來開發一個理論？

拉塞福曾反對波耳原子，因為波耳沒有提出電子在不同能階之間跳躍的機制。海森堡因應那項質疑的方式，並不是提出機制，而是主張電子根本就沒有機制或路徑，或至少那個問題已經超出物理學的範圍，因為物理學家衡量那個流程所吸收或放射的光，但無法親眼目睹那些流程。一九二五年春季，海森堡回到哥廷根，在玻恩的機構裡擔任講師。這時他的夢想和目標已經變成：發明一種只以可衡量的資料為基礎的物理學新方法。

創造一種截然不同的新科學，淘汰牛頓那種直覺描述現實的方式，並否認大家都能想像的位置、速度等概念，對任何人來說都是很大膽的目標，更何況是當時才二十三歲的海森堡。但是他就像二十二歲就改變全球政治版圖的亞歷山大大帝一樣，一馬當先重新塑造全球的科學版圖。

＊＊＊

海森堡由靈感創造的理論，取代了牛頓的運動定律，成為自然的基本理論。玻恩稱之為「量子力學」[10]，以便和牛頓定律（所謂的「牛頓力學」或「古典力學」）有所區別。但是物理學理論的驗證，是看理論的預測是否精確，而不是看大家是否一致認同，所以有人可能納悶，像海森堡這種以新奇概念為基礎的理論，如何「取代」牛頓那種確立已久的理論。

答案在於，儘管量子力學背後的概念架構與牛頓力學截然不同，但是只有在原子或更小的層級上，兩套理論的數學預測才不同。也就是說，牛頓力學只在微小的層級失真。所以，量子力學完善發展以後，就能解釋原子的奇怪行為，而且不會和牛頓理論描述的日常現象相互矛盾。海森堡和其他開發量子理論的人都知道必須這樣做，並且開發了一種資料的數學表達式，為他們的理論提供實用的測試，波耳稱之為「對應原理」（correspondence principle）。

海森堡如何從簡單的理念偏好開發出具體的理論呢？他的挑戰在於把「物理應以『可觀測量』（observable）為基礎」的概念，轉變成像牛頓理論那樣可用來描述物理世界的數學架構。他發明的理論可以應用在任何物理系統上，但他是在原子世界裡開發那個理論，一開始的目標是透過一般的數學理論，來解釋波耳那個原子模型成功的原因。

海森堡的第一步是找出適合原子的「可觀測量」。由於在原子世界裡，我們是衡量原子散發的光頻，以及那些光譜線的振幅或強度，所以他挑選了那些屬性。接著，他開始用傳統的物理數學技巧，算出傳統牛頓力學的「可觀測量」（例如位置和速度）與光譜線上那些資料之間的關係。他的目的是根據上述關連，以量子力學裡的對應物，取代牛頓物理學裡的每個「可觀測量」。這一步不僅需要創意，也需要勇氣，因為海森堡把位置和動量轉變成看起來很新奇古怪的數學實體。

新理論之所以需要這種新型態的變數，是因為位置可用單一點來界定，但光譜資料需要不同的描述。原子散發的光有多種特質（例如顏色和強度），那不能只用單一數字表達，而是一整個數字陣列。資料之所以會組成一個陣列，是因為原子從最初狀態跳到最後狀態都對應一條光譜線，所以波耳「每對」（pair）可能的能階都有一個數值。如果這聽起來很複雜，別擔心，這確實很複雜。事實上，海森堡第一次提出這個概念時，他自己也說「很奇怪」[11]。總之，他的做法就是從理論中排除人可以看到電子軌道的概念，並以純粹的數學值加以取代。

在海森堡之前研究原子理論的人（例如拉塞福）想尋找原子流程背後的機制。他們認為原子那些無法讀取的內容是真實的，所以根據他們對原子內部行為的臆測（例如繞行的電子），導出觀察的光譜線性質。他們的分析總是假設：原子的組成和我們日常習慣看到的東西有相同的基本特質。

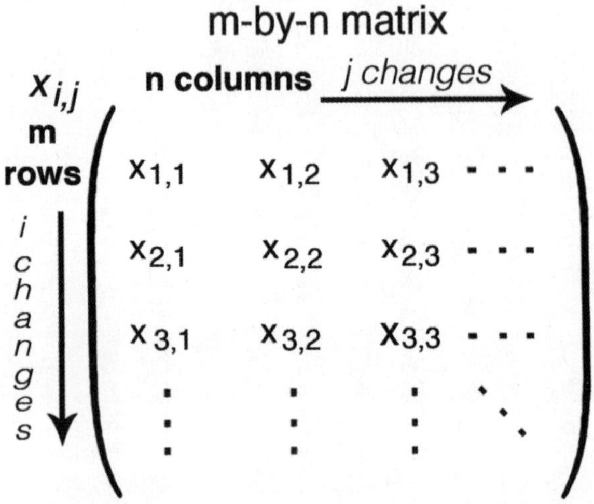

在海森堡的理論中，他以數字的無限矩陣（或陣列）來代表位置，而不是使用大家熟悉的空間坐標

只有海森堡抱持不同看法，而且有勇氣大膽宣布：電子的軌道是無法觀察的，因此**不是真實的**，在理論之中根本就不存在。海森堡不僅以這種方式處理原子，也以這種方式處理任何物理系統。

海森堡堅持採用這種分析，放棄了牛頓的世界觀（牛頓理論主張物體各自存在，並有速度、位置等明確的性質）。他的理論完善發展以後，那個世界觀是以不同的概念為基礎。在那個世界裡，物體的路徑，甚至其過去和未來都不是明確的。

現代世界裡，很多人難以適應簡訊、社群媒體之類的新科技，你可以想像當初要大家接受這種全新理論時（這個理論主張，組成你的電子和原子核並沒有具體的存在），需要多麼開放的心態。但海森堡的方法就是要求這樣，這不僅是新型態的物理學，更是全新的現實概念。那些議題促使玻恩質疑數百年來物理學和哲學之間的分裂，他寫道：「我現在相信理論物理學其實是哲學了。[12]」

海森堡眼看這些概念逐漸成形，而且數學計算也持續進展，感到愈來愈興奮。但不幸，他罹患了嚴重的花粉症，不得不離開哥廷根，到北海某個鳥不生蛋的多岩島嶼上隱居。花粉症使他的整張臉腫得跟豬頭一樣，但他依然日以繼夜地努力，完成了第一篇論文裡的研究，那些概念將會徹底顛覆整個物理學。

他返家後，把研究結果寫成論文，並把副本寄給朋友包立和玻恩。那份論文列出了研究方法，並把研究方法應用在幾個簡單的問題上，但海森堡始終無法把他的概念套用在有實務興趣的東西上。他的研究仍很粗略，極其複雜，神祕難解。對玻恩來說，看那份論文想必就像在雞尾酒會上遇到某人一直說著令人費解的話一樣。多數人遇到那麼深奧的論文時，通常會先看幾分鐘，然後就擱下來，先去喝杯酒。但玻恩一直看下去，最後他實在太佩服海森堡的研究，馬上寫信告訴愛因斯坦，海森堡的概念「無疑是正確且深遠的」[13]。

玻恩就像波耳和海森堡一樣，是受到愛因斯坦的相對論所啟發[14]。他注意到海森堡的研究鎖定可衡量的東西，就像當初愛因斯坦發明相對論時，專注於時間衡量的操作面。

不過，愛因斯坦並不喜歡海森堡的理論，這也是量子理論的演進史中，愛因斯坦開始和量子理論分道揚鑣的起點。原本的量子理論主張一套明確的客觀現實，那裡頭的物件有位置、速度之類的明確屬性。海森堡的理論則是主張，這套明確的客觀現實並不存在，這是愛因斯坦無法認同的。愛因斯坦可以接受「原子的性質也許可以用不涉及原子軌道的假定理論來解釋」，但是基本理論就直接宣稱那些軌道不存在，讓他無法認同。他後來寫道：「我傾向於相信，物理學家不會永遠滿意這種現實的間接描述。」[15]

海森堡自己也不確定他創造出什麼，後來他回憶當初發現理論時的興奮：某晚即將發現理論時，他一直工作到半夜三點，發現新理論以後，高興到睡不著。不過，他把概念寫成第一篇論文時，也寫信告訴父親：「我的研究目前看來不是進行得很順利，成果不多，我也不知道下一篇論文能否跳脫這種狀態。」[16]

在此同時，玻恩持續摸索海森堡的奇怪數學，某天他突然靈光乍現，想到他在其他地方看過類似的模型，他想起那陣列看起來就像數學家所謂的「矩陣」。當時，矩陣代數仍是很晦澀難懂的主題，海森堡似乎把它重新改造了。玻恩要求包立幫他把海森堡的論文轉譯成數學家的矩陣語言，並且延伸那種語言，以容許海森堡的模型有無限多個行與列。未來的諾貝爾獎得主包立一聽就生氣了，他指控玻恩想把「無用的數學」和「繁瑣又複雜的形式」帶入海森堡的理論，破壞海森堡那個優美的「物理概念」[17]。

實際上，矩陣的語言其實是一種強大的簡化法。於是，玻恩去找了另一個人來幫忙轉成矩陣代數：他的學生帕斯庫爾．約當（Pascual Jordan）。過了幾個月，一九二五年十一月，海森堡、玻恩、約當為海森堡的量子理論一起提出一份論文，締造了科學史上的里程碑。不久之後，包立研讀了他們的研究，運用那個新理論推導出氫的光譜線，並顯示光譜線如何受到電場和磁場的影響，那是以前不可能做到的，也是那個新理論的第一個實務應用。海森堡的量子理論不久就取代了牛頓力學。

海森堡（左）與波耳

量子宇宙的奇異現實

海森堡提出量子理論時，距離原子概念的誕生已兩千多年，距離牛頓發明數學力學已兩百多年，距離普朗克和愛因斯坦導入量子的概念已二十多年。某種程度上來說，他的理論可說是這段漫長科學思路的巔峰。

問題是，海森堡的理論一旦發展完全，需要三十頁才能解釋原子的能階，但波耳的理論只要幾行就講完了。我爸向來是個務實的裁縫師，他聽完我的說明以後回應：「他光是**這個**，就研究了那麼多年啊？」但是海森堡的理論**確實**比波耳的理論優異，因為他的結果是根據深厚的原理，不像波耳是根據特定的假設。基於這個原因，你可能會以為大家會馬上接納他的理論。但多數物理學家並未直接參與搜尋量子理論，他們的想法似乎跟我父親一樣。對他們來說，需要三十頁解釋，而不是幾行就能講完，似乎不算進步。他們（顯然包括拉塞福）並不覺得那有什麼特別，也不感興趣。他們看待海森堡的方式，就像你去找修車師傅修車，師傅告訴你，他可用新的自動調溫器幫你修好車子，但你最好換一台新車。

不過，有一小群量子理論專家有不同的反應，他們幾乎全被考倒了。因為海森堡那套複雜的理論以宏大的方式解釋，為什麼波耳那個暫定的氫原子理論會成立，而且又為觀察的資料提供完整的描述。

尤其對波耳來說，這是他啟動量子探索歷程以來的高潮。他知道他的原子只是一個暫時的模型，以後一定會出現一個更通用的理論可以解釋它，他相信海森堡的理論就是那個通用的理論。他寫道：「因為有海森堡的最新研究，我們長年以來的最大希望終於在瞬間實現了。」[18]

後來有一段時間，物理學處於一種奇怪的狀態，就像在世界杯的賽場上，明明有人進球得分，場上卻只有少數球迷注意到那件事。諷刺的是，最後使量子力學從只有一小群專家感興趣的理論，變成大家公認的物理學基本理論，是幾個月後發表的兩篇論文。一九二六年一月和二月，那兩篇論文描述**另一種**量子通用理論，而且是採用截然不同的概念和方法——一種看似不同的現實觀點。

那種新的理論描述原子裡的電子是一種波——那是物理學家習慣想像的概念，雖然電子其實不是波。怪的是，即使那個理論和海森堡的理論截然不同，但兩者都能解釋波耳原子。從古希臘以來，科學家就必須想辦法在毫無理論根據下描述原子，現在卻突然冒出兩種理論，而且兩者似乎互不相容，一個理論主張自然是由物質和能量的波所組成，另一個理論認為把自然視為任何東西的組成是毫無意義的，主張我們只要考慮資料之間的數學關係就好了。

那個新的量子理論是奧地利的物理學家埃爾溫・薛丁格（Erwin Schrödinger，一八八七－一九六一年）的研究成果。那兩種理論的風格差異，就像海森堡和薛丁格兩人一樣迥異，而且他們發現理論的地點也截然不同。海森堡是腫著一張臉窩在多岩島嶼上完成研究，薛丁格則是聖誕假期待在阿爾卑斯度假小鎮阿羅薩（Arosa）的情婦家裡完成研究。一位數學家朋友說，薛丁格「在人生晚期一次情慾爆發的階段，完成了卓越的成果」[19]。那位數學家所謂的「晚期」，是指薛丁格當時已經三十八歲。

也許那位數學家說薛丁格年紀已大是有道理的。我們一再看到，年輕的物理學家接受新的觀念，年長的物理學家則是嚮往傳統的做事方式，彷彿一個人年紀愈大，愈難接受世界的變化。薛丁格的研究其實就是那種傾向的例子，因為薛丁格說他建構新理論的動機，是希望有一種量子理論看起來像傳統物理學。也就是說，薛丁格努力想要維持他熟悉的東西，不想推翻它。

薛丁格和遠比他年輕的海森堡不同的是，他**確實**想像了原子裡的電子運動。一開始沒有人知道如何詮釋他的量子「波動理論」，不過，即使他的「物質波」不像波耳的軌道那樣直接對電子賦予牛頓力學的特質，但他的波動理論確實可以避開海森堡理論那種令人反感的現實觀。

那個理論也是物理學家欣賞的另類選擇。在薛丁格之前，量子力學遲遲未能獲得廣泛的接納。海森堡的理論使用大家不熟悉的數學，涉及無限多的矩陣方程式，看起來複雜得可怕，而且放棄了可用來想像的變數，改採象徵性的陣列，那使物理學家感到不安。相反的，薛丁格的理論很容易使用，而且使用的方程式類似物理學家在大學時學到的聲波和水波概念。那種方法是古典物理學家的主要工具，使他們要進入量子物理學比較容易。同樣重要的是，薛丁格提供一種想像原子的方式，即使不是像軌道那樣運用牛頓的概念，但是讓量子理論變得比較平易近人，正好和海森堡努力的方向相反。

連愛因斯坦一開始也很喜愛薛丁格的理論，他以前也想過物質波的概念，曾和薛丁格一起研究過。一九二六年四月，他寫信告訴薛丁格：「你的研究概念真是神來一筆！[20]」十天後，他又寫信給薛丁格：「我深信你的量子條件表述是明確的進步，一如我深信海森堡-玻恩的方法是誤導。[21]」五月初，他又寫信盛讚薛丁格的研究。

但是，就在同一個月（一九二六年五月），薛丁格投下另一顆震撼彈：他發表一篇論文，證明他的理論和海森堡的理論在數學上是相當的，兩者都正確，薛丁格自己也對這個結論相當失望。也就是說，即使兩種理論使用不同的概念架構——對自然的內在運作抱持不同的觀點（其實海森堡根本拒絕探究內在）——最後證明那只不過是語言上的差異，兩種理論**觀察到**的東西其實一樣。

更麻煩的是（又或者，更有趣的是），二十年後，費曼又創造出第三種量子理論的表述，而且他的數學和概念架構都和海森堡及薛丁格的不同，但數學上是和前面的理論相當——都是指向相同的物理原理，也得出相同的預測。

詩人華萊士．史蒂文斯（Wallace Stevens）寫道：「我有三種思想，就像一棵樹，上面棲著三隻烏鶇。」[22]但是那種情況轉換到物理學中，可能看起來很奇怪。如果物理學裡有所謂的「真理」，「正確」的理論有可能不只一個嗎？是的，即使在物理學中，看事情也有很多種方式。在現代物理學中，這種情況特別多，因為我們「看到」的東西（諸如原子、電子或希格斯粒子等等），其實都無法親眼目睹，這導致物理學家只能以數學去創造心理圖像，無法從感知的現實狀況去建構理論。

在物理學中，一個人可以用一套概念來述說一種理論，另一個人可以用另一套概念來述說同一現象的理論。至於物理學為什麼不會陷入政治那種左翼和右翼之爭，是因為在物理學裡，一種觀點若要成立，就必須通過實驗的檢測，所以不同的理論都必須導出同樣的結論。相較之下，政治理念鮮少出現這種殊途同歸的狀況。

這又讓我們回到了之前的討論：理論究竟是發現，還是發明？撇開「外部的客觀現實是否存在」這種哲學問題不談，你可以說創造量子理論的過程是一種**發現**，因為物理學家在探索自然時，偶然撞見了很多原理。但是量子理論也是**發明**出來的，因為科學家設計與創造幾種不同的概念架構，但它們的作用都一樣。就像物質可以像波或是像粒子那樣運作，描述物質的理論也有看似矛盾的特質。

當薛丁格發表論文以顯示他的理論和海森堡的理論相當時，還沒有人瞭解怎麼詮釋他的表述比較恰當。不過，他的證明顯示，未來的研究會揭露他的研究方法有一些哲學問題，和海森堡理論已經顯而易見的哲學問題一樣。所以，自從薛丁格發表那篇論文後，愛因斯坦就再也沒寫過讚許量子理論的文章了。

不久，連薛丁格自己也開始反對量子理論。他說，他當初要是知道「他的論文衍生的後果」[23]，他可能就不會發表那些論文了。他創造出那個看似無害的理論，是為了取代海森堡那個令人難以接受的理論，但後來他證明兩者相當後，意味著他不瞭解自己的理論也蘊含了令人不快的影響。最後，他只不過助長了他自己不想接受的新量子概念。

在他證明那兩種理論相當的論文中，他加入一條罕見的感性附注，他寫道海森堡的研究方式以及「缺乏具像化（visualizability），令我失望，近乎厭惡，我覺得難以接受」[24]。不過，那種嫌惡感是互相的，海森堡讀完薛丁格的理論後，寫信告訴包立：「我愈是思考薛丁格理論的物理部分，愈覺得厭惡……薛丁格寫的理論具像化根本是胡扯。[25]」

這種競爭後來變成一面倒，因為薛丁格的方法迅速成為多數物理學家的首選表述，也用來解決多數問題。研究量子理論的科學家迅速增加，但採用海森堡理論的人數減少。

就連當初幫海森堡開發理論的玻恩，也被薛丁格的方法說服了。海森堡的朋友包立也驚嘆，使用薛丁格的方程式去推導氫原子光譜容易多了。這一切反應都讓海森堡相當不滿。在此同時，波耳則是把焦點放在深入瞭解這兩種理論的關係上。最後，英國的物理學家狄拉克為這兩個理論之間的深厚關連，提出明確的闡釋，甚至發明一種混合式的表述——亦即現今大家偏好的表述——讓大家可以根據涉及的議題，在兩種理論之間自在地切換。到了一九六〇年，已經有十萬篇以上的論文和量子理論的應用有關[26]。

＊　＊　＊

儘管量子理論持續進步，海森堡的模式永遠都會是整個理論的核心，因為啟發他的動力是摒除古典派的概念（粒子在空間裡有運作的軌跡或軌道）。一九二七年，他終於發表一份論文，確立了他在這場競爭中的勝利地位。他徹底地證明，無論你使用哪種表述，想像牛頓理論那樣的運動是沒用的，那是一種科學原理——如今稱之為「測不準原理」（uncertainty principle）。雖然牛頓的現實概念在宏觀（macroscopic）層面**看似**成立，但是在組成宏觀物體的原子和分子等基本層面上，則是由截然不同的一套定律所主宰。

測不準原理限制了我們在任何時間點對某些「可觀測量」（例如位置和速度*）的認知。衡量的科技並未受限，人類的聰明才智也沒有受限，那是自然對自己設下的侷限。量子理論主張，**物體沒有位置和速度之類的確切性質**，而且，如果你想要衡量那些性質，你愈精確地衡量某個性質時，其他性質的衡量就會愈不精確。

在日常生活中，我們**確實**可以盡量精確地衡量位置和速度，這似乎和測不準原理相互矛盾。但是計算量子理論的數學時，你會發現日常物體的質量太大，測不準原理和日常生活的現象毫無關係。這也是牛頓物理學幾百年來運作得很好的原因，物理學家後來開始接觸原子層級的現象時，才發現牛頓理論的運用有明顯的限制。

例如，假設電子的重量和足球一樣，如果你在任一方向的一公釐內找到一顆電子的精確位置，

＊理論上，測不準原理使我們無法確切知道位置和動量。動量是質量乘以速度，但這裡為了說明，如此細分並不重要。

你還是可以衡量其速度，而且準確度可比時速十億分之一的十億分之一公里還高，那對日常生活的任何計算來說絕對夠了。但是真實的電子遠比足球輕，若真要計算的話，那完全是另一回事。如果你想要以類似原子大小的精確度，來衡量一顆真實電子的位置，那麼根據測不準原理，電子的速度無法比時速約一千公里更精確——那是電子靜止和電子比飛機移動還快之間的差距。所以海森堡證明了他的主張：那些顯示精確的電子路徑、但無法觀察的原子軌道，本來就不在自然中。

大家愈來愈瞭解量子理論以後，逐漸明白量子世界裡沒有確定性，只有機率。也就是說，沒有「對，這會發生」，只有「當然，這些情況都有可能發生」。在牛頓的世界觀中，未來或過去某個時點的宇宙狀態是刻畫在現在的宇宙上，而且有足夠智慧的人都能運用牛頓定律去解讀那些狀態。如果我們有地球內部的充分資料，就能預測地震。如果我們知道和氣候有關的每個物理細節，原則上我們可以確定地說明天或一百年後會不會下雨。

牛頓的「決定論」是牛頓科學的核心：一個事件引發另一個事件，事出必有因，而且都可以用數學預測。那是牛頓發現的一部分，這種令人興奮的確定性鼓舞了每個人，從經濟學家到社會學家都「想要擁有物理學那樣的特質」。但是量子理論告訴我們，在組成世界萬物的原子和粒子那個基本層級，世界本質上是無法確定的，宇宙的現狀不會決定未來或過去的事件，只會決定許多未來情況可能發生的機率。量子理論告訴我們，宇宙就像一個巨大的賓果遊戲。愛因斯坦在寫給玻恩的信中寫了以下的名言，那可說是他對量子理論概念的反應：「量子理論帶給我們很多東西，但並未引領我們更接近造物主的祕密，無論如何我都堅信祂不擲骰子。」[27]

愛因斯坦在那句話裡提到上帝（「造物主」）的概念實在很有意思，因為他其實不相信聖經裡那種傳統人格化的上帝。對愛因斯坦來說，「上帝」並未參與我們生活的細節，而是代表宇宙定律的優美和邏輯的單純性。所以當愛因斯坦說上帝不擲骰子時，他是指他無法接受自然這個宏大體系中有一個隨機運作的角色。

我父親既不是物理學家，也不玩骰子。他住在波蘭時，也不知道幾百英里外物理學的偉大發展。但是當我跟他解釋量子的不確定性時，他反而比愛因斯坦更容易接受那個概念。對我父親來說，瞭解宇宙的關鍵，不在於望遠鏡或顯微鏡所做的觀察，而是人類的狀況。所以，就像他憑著人生體驗，可以理解亞里斯多德的「自然改變」和「非自然改變」的區別；他的過往經驗也讓他更容易接受量子力學裡本來就有的隨機性。他告訴我，以前納粹把數千位猶太人集中在城裡的市場上，強迫他們排成長隊。圍捕行動開始時，他和一位逃亡的地下組織領袖原本一起躲在公共廁所裡，但他們都受不了廁所的惡臭，不得不出去透氣。那個人狂奔出去以後，就再也沒有人見到他的蹤影了，我父親則是被趕去排在隊伍的末端。

隊伍移動的速度很慢，我父親可以看到每個人都被送上卡車。當他逐漸移到前端時，納粹親衛隊突然留下隊伍最後的四人，我父親是其中一個。那個人說，上級只要求三千個猶太人，那條長隊顯然有三千零四人。無論那三千人要被送到哪裡，反正他不必加入。後來他得知那三千人被送到當地的墓園，每個人被迫挖一個大墳，接著他們全部遭到射殺，埋在那個大墳裡。在那次德式精確勝過殘忍納粹的死亡抽獎中，我父親抽到了三千零四號。對他來說，那就是他難以理解的隨機例子。

相較之下，量子理論的隨機性還比較簡單。

科學理論就像我們的人生，可以建構在堅固的磐石上，也可以建構在鬆散的沙堆上。愛因斯坦對物理界的無限期望是，未來將證明量子理論是建構在散沙上，長期將會崩解潰散。測不準原理出現時，他說那不是自然的基本原理，而是量子力學的侷限，可見那個理論不是建構在扎實的基礎上。

他認為，物體**確實**有位置、速度之類的確定數值，但量子理論無法處理那些東西。愛因斯坦說，量子力學雖然很成功，但是相較於恢復客觀現實的更深理論，量子力學只是不完整的體現。雖然和愛因斯坦抱持一樣想法的人不多，但多年來沒有人敢排除那個可能性，愛因斯坦直到過世都認為，總有一天他的看法會獲得平反。不過，最近幾十年，一些精密的實驗以愛爾蘭理論物理學家約翰・貝爾（John Bell，一九二八－一九九〇年）的巧妙研究為基礎，已經排除了那個可能性。量子的不確定性將會存續下來。

玻恩坦言：「愛因斯坦的斷言猶如一大打擊。[28]」玻恩和海森堡為量子理論的機率詮釋做了重要的貢獻，他原本期待獲得比較正面的反應。他崇拜愛因斯坦，所以對愛因斯坦的評論感到失落，彷彿遭到備受敬重的領導者拋棄。其他人也有類似感覺，甚至在不得不否定愛因斯坦的看法時，難過地流下淚來。但愛因斯坦很快就發現，幾乎只剩他一人獨自站在反對量子理論的陣營裡，就像他自己講的，「孤獨地唱著小曲，在外人看來頗為奇怪」[29]。一九四九年，愛因斯坦過世前六年，距離他最初寫信否定玻恩的研究已經過了二十幾年，他再次寫信給玻恩：「大家普遍認為我因年事已高而食古不化，我覺得這個角色不是太討人厭，因為那跟我的性情頗為相符。[30]」

讓人更有信心也更謙卑的新科學傳承

量子理論是中歐科學家腦力激盪的成果，這個成果超越或至少媲美人類智慧發展史中的任何知識群集效應。創新是從恰當的自然和社會環境中開始的，所以偏遠島嶼對人類文明的貢獻不大並非偶然。科技進步帶來了大量與原子有關的新現象，理論物理學家在當時有幸受到啟發，參與其中，針對有史以來首度揭開的宇宙面向，互相交流見解和觀察。那是歐洲的神奇時刻，不斷地綻放著想像力的火花，直到自然新領域的輪廓開始出現。

量子力學是由數個國家的多位科學家努力研究出來的。他們不斷地交換意見及爭論，為了共同目標而一起投注熱情，奉獻成果。不過，這些卓越人才的合作與衝突，很快就被即將席捲歐陸的混亂與野蠻所掩沒，量子物理學的明星就像洗牌失敗時散落滿地的撲克牌那樣四處流散。

一九三三年一月是這段尾聲的開端，德國總統兼陸軍元帥保羅．馮．興登堡（Paul von Hindenburg）任命希特勒為德國總理。隔夜，在哥廷根這個大學城裡（海森堡、玻恩、約當在當地一起研究海森堡的力學），穿著制服的納粹在街頭巷尾遊行，揮舞火把和納粹黨徽，高唱愛國歌曲，辱罵猶太人。短短幾個月內，納粹就在全國各地舉行焚書儀式，並宣布從大學院校肅清所有的非雅利安（non-Aryan）學者。突然間，許多備受推崇的德國知識分子被迫拋棄家園，或者，像當時我當裁縫師的父親在波蘭那樣，沒有逃難的選擇，被迫留下來面對日益強大的納粹威脅。據估計，五年內，近兩千位頂尖的科學家因血統或政治理念而逃離當地。

不過，據傳，海森堡談及希特勒的崛起時，曾高興地說：「現在至少有秩序了，社會動盪終於結束，我們有強人治理德國，那將對歐洲有利。[31]」海森堡從十幾歲開始，就對德國社會的發展方向感到不滿。他甚至積極參與民族主義青年團體，那種團體把荒野健行和政治目的結合在一起，利用營火討論時間，譴責德國的道德墮落以及共同目的與傳統的淪喪。身為科學家，海森堡打算保持政治超然，但他似乎把希特勒視為恢復德國一次大戰前卓越地位的強人。

不過，海森堡主張及協助發明的新物理學，注定會激怒希特勒。在十九世紀，德國物理學主要是透過匯集與分析資料，奠定其首要地位與威望。當然，那時做了一些數學假設與分析，但那通常不是物理學家的焦點。不過，在二十世紀最初的幾十年，理論物理學蓬勃發展，而且一如前面提到的，締造了驚人的成果。但是，納粹認為理論物理學過於空泛，其數學太過深奧難解。就像他們痛恨的「墮落」藝術一樣，他們覺得理論物理學太超乎現實及抽象。最糟的是，那些研究成果大多是出自猶太血統的科學家，例如愛因斯坦、玻恩、波耳、包立。

於是，納粹開始稱相對論、量子理論之類的新理論為「猶太物理學」。結果，納粹不僅認定那是錯誤的東西，還覺得那些東西是墮落的，禁止大學傳授那些科目。連海森堡都為此感到悲傷，因為他就是和猶太物理學家一起研究「猶太物理學」。許多海外頗負盛名的研究單位邀請海森堡加入，但他依然留在德國，忠於政府，並完成第三帝國對他提出的一切要求。

不過，納粹對「猶太物理學」的種種攻擊激怒了他。他直接向納粹親衛隊的負責人及後來負責建造集中營的海因里希．希姆萊（Heinrich Himmler）請願，試圖解決問題。他的母親和希姆萊是相識多年的朋友，海森堡利用這層關係寫了一封信給希姆萊。希姆萊的回應是對他進行長達八個月的嚴密調查，為海森堡帶來了多年的夢魘，直到後來希姆萊宣布「我相信海森堡是正派無辜的，我們不能失去他或箝制他的聲音，他還很年輕，可以教育下一代」[32]，一切騷擾才停止。為此，海森堡答應的交換條件是，否定猶太物理學的猶太創造者，也避免公開提起他們的名字。

至於其他頂尖的量子先驅，拉塞福當時是在劍橋。他在那裡協助成立了一個組織，以幫助學術界的難民，並擔任該組織的負責人。一九三七年，拉塞福因延遲絞勒性疝氣的手術而過世，享年六十六歲。狄拉克當時已是劍橋的盧卡斯講座教授（亦即牛頓、巴貝奇曾擔任的席位，霍金後來也是），有段期間曾參與研究攸關英國原子彈專案的議題，後來受邀參與曼哈頓計畫，但以道德原因婉拒加入。晚年他在塔拉赫西（Tallahassee）的佛羅里達州立大學任教，於一九八四年過世，享年八十二歲。包立當時在蘇黎世擔任教授，他像拉塞福那樣擔任國際難民專案的負責人，但戰爭爆發時，瑞士不願讓他入籍，他只好逃到美國，並在戰後不久榮獲諾貝爾獎。晚年，他對神祕主義和心理學日益感興趣，尤其是作夢方面，他是蘇黎世榮格研究所的創始成員。一九五八年在蘇黎世的醫院裡因胰腺癌病逝，得年五十八歲。

薛丁格和包立都是奧地利人，希特勒上台時，薛丁格住在柏林。薛丁格在許多方面都和海森堡的立場相反，對希特勒的看法也是如此。他毫不保留地公開反對納粹，不久就離開德國，到牛津大學任教。之後不久，他和狄拉克一起獲得諾貝爾獎。海森堡當時努力避免德國物理學陷入分崩離析，對於薛丁格「既非猶太人、也沒有生命危險」卻離開德國，感到憤恨不已[33]。

結果，薛丁格在牛津也沒有待很久，問題出在當時他和妻子及情婦住在一起（他覺得情婦好比小妾）。他的傳記作家華特·摩爾（Walter Moore）寫道，在牛津，「大家覺得妻子是不幸的家累……在牛津有個妻子已經很慘了，有妻又有妾更是悲慘透頂。[34]」

薛丁格最後定居在都柏林，一九六一年因肺結核過世，享年七十三歲。一九一八年他參與一次大戰時，首度感染肺結核，此後併發了呼吸道問題，那是他鍾愛阿爾卑斯山度假勝地阿羅薩的原因，他就是在當地想出他的量子理論。

希特勒上台時，愛因斯坦和玻恩都住在德國，由於兩人都是猶太人，盡早移民攸關生死大計。當時愛因斯坦在柏林擔任教授，碰巧在希特勒獲任為總理那天造訪美國的加州理工學院。他當下決定不回德國了，從此以後不曾再踏上德國的領土。納粹沒收了他的個人財產，焚燒了他的相對論研究，並懸賞五千美元要他的頭顱。但這一切都沒讓他措手不及，他們一家人啟程前往加州時，愛因斯坦就已經告訴妻子，再好好看一眼他們的家，他說：「妳以後再也看不到了。[35]」當時妻子還以為他在開玩笑。

一九四〇年，愛因斯坦成為美國公民，同時保留了瑞士國籍。一九五五年，愛因斯坦過世，遺體送到火葬場時，十二位摯友已經悄然聚在那裡等他。他們短暫追思他以後，將他的遺體火化，把骨灰撒在一個未公開的地點。不過，在那之前，普林斯頓醫院的病理學家已經取出他的大腦，並於後續的幾十年間斷斷續續地研究那個大腦，那些研究現在保留在馬里蘭州銀泉市的美國陸軍國立健康與醫藥博物館內[36]。

玻恩在德國不得任教，又擔心孩子持續受到騷擾，所以他也立即思考離開德國的方式。海森堡努力幫玻恩取得非雅利安人工作禁令的豁免權，不過玻恩在包立的難民組織協助下，於一九三三年七月前往劍橋大學任教，後來又搬到愛丁堡。一九三二年海森堡以他和玻恩合作的成果獲得諾貝爾獎時，玻恩成了遺珠之憾。不過，一九五四年，玻恩也獲得了諾貝爾獎。一九七〇年，玻恩過世，他的墓碑上刻了「$pq - qp = h/2\pi$」，那是量子理論最有名的方程式之一，那個數學式也是海森堡測不準原理的基礎，是他和狄拉克各自獨立發現的*。

波耳住在丹麥，負責經營如今所謂的波耳研究所（Niels Bohr Institute），有陣子他比較不受希特勒行動的影響，並協助逃離家園的猶太科學家在美國、英國、瑞典等地找到職位。但一九四〇年希特勒入侵丹麥，一九四三年秋季，他在哥本哈根的瑞典大使通風報信下，得知丹麥即將驅逐所有的丹麥猶太人，他面臨了立即被捕的危機。其實早在一個月前，納粹就想逮捕他了，但覺得等大規模逮捕行動開始後再動手比較不會引發眾怒。那延遲救了波耳一命，他與妻子一起逃到了瑞典。隔天，波耳拜會瑞典國王古斯塔夫五世（Gustav V），說服他為猶太難民提供庇護。

不過，波耳自己面臨了遭綁架的危機。瑞典到處潛伏著德國特務，儘管他被安置在祕密地點，但德國特務都知道他在斯德哥爾摩。不久，邱吉爾傳訊給波耳，告訴他英國要幫他撤離當地。他被

* 我的博士論文追本溯源就是來自玻恩，這個淵源順序如下：玻恩／羅伯特・歐本海默（J. Robert Oppenheimer，曼哈頓計畫的負責人）／威利斯・蘭姆（Willis Lamb，諾貝爾獎得主和雷射發明者之一）／諾曼・克羅爾（Norman Kroll，為光與原子的理論做出重大貢獻）／艾溫德・維克曼（Eyvind Wichmann，我的博士論文指導教授，是物理數學界的重要人物）。

塞進蚊式轟炸機（de Havilland Mosquito，一種可迴避德軍戰鬥機的高空高速轟炸機）炸彈艙的墊子裡，途中波耳因缺氧而昏厥，但他活下來了，醒來時依舊穿著他離開丹麥時穿的衣服，他的家人也緊跟在後，逃離了瑞典。接著，波耳從英國逃往美國，在美國擔任曼哈頓計畫的顧問。戰爭結束後，他回到哥本哈根，於一九六二年過世，享年七十七歲。

卓越的量子理論家中，只有普朗克、海森堡、約當留在德國。約當就像偉大的實驗物理學家蓋革一樣，是熱切的納粹支持者。他加入納粹德軍的三百萬名衝鋒隊員，自豪地穿著棕色制服和長筒軍靴，配戴納粹臂章[37]。他試圖激發納粹黨對各種先進武器計畫的興趣，但諷刺的是，由於他參與「猶太物理學」，沒有人聽取他的意見。戰後，他進入德國政壇，當上國會議員，一九八〇年過世，享年七十七歲，他是早期量子理論先驅中沒有獲得諾貝爾獎的人之一。

普朗克對納粹毫無認同，但也不太反抗他們，連靜默地抗議都沒有。他像海森堡一樣，首要之務似乎是盡可能保存德國的科學[38]，同時遵守所有的納粹法律和規範。一九三三年五月，他與希特勒會面，目的是說服他不要把猶太人逐出德國的學術界，當然，那次會面並未改變什麼。數年後，普朗克鍾愛的小兒子試圖以更大膽的方式改變納粹黨——他參與一九四四年七月二十日暗殺希特勒的計畫，不幸與其他人一起被捕，並遭到蓋世太保的拷打和處決。普朗克的一生充滿悲劇，小兒子的死可說是他悲劇人生的最低谷。他有五個孩子，其中三人都死得早，長子在一次大戰中陣亡，兩個女兒是出生時夭折。不過，據說，么子遭到處決使普朗克失去了求生的慾望，兩年後他就過世了，享年八十九歲。

一九二七年，量子理論的先驅在布魯塞爾舉辦的第五屆索爾維國際電子和光子會議（Solvay International Conference on Electrons and Photons）上合影。後排：薛丁格（左起第六）、包立（第八）、海森堡（第九）。中排：狄拉克（第五）、玻恩（第八）、波耳（第九）。前排：普朗克（第二）、愛因斯坦（第五）。

海森堡儘管一開始支持納粹，但後來他開始厭惡納粹。不過，第三帝國存續期間，他始終享有崇高的科學地位，毫無怨言地盡忠職守。猶太人被趕出大學時，他竭盡所能地找來最好的替代人選，以保留德國的物理學。他從未加入納粹黨，但他始終留在自己的崗位上，也從未與政權決裂。

一九三九年，德國啟動原子彈專案時[39]，海森堡熱切地投入，他很快就完成計算，證明核分裂的連鎖反應是有可能的，而且純鈾二三五（一種稀有同位素）是很好的爆裂物。這是歷史上眾多諷刺事實之一：德國戰爭初期的成功可能是他們最終戰敗的原因。德國最初並未把許多資源放在原子彈專案上，因為戰爭一開始他們打得很順，等局勢逆轉時為時已晚——納粹還沒研發出原子彈以前就戰敗了。

戰爭結束後，海森堡連同九位頂尖的德國科學家，暫時遭到同盟國的拘留。獲釋後，海森堡又回去繼續研究物理學的基本問題，重建德國的科學圈，並恢復他在海外科學界的名聲。一九七六年二月一日，海森堡在慕尼黑的家中過世，戰後他始終未能重建以前的地位。

戰後物理學界對海森堡的褒貶不一，或許那也反映在我自己的行為上。一九七三年我還是學生時，他到哈佛大學演講量子理論的發展，我有機會去聆聽，卻怎麼也提不起勁前往。但多年後，我成為馬克斯普朗克學院的洪堡研究員，他曾是那裡的負責人，我常站在他曾經待過的辦公室外頭，思索這位曾經協助發明量子力學的人物。

＊　＊　＊

卓越的量子先驅所開發的量子理論，並未改變宏觀世界整體物理學的描述，但它顛覆了我們生活的方式，帶給人類社會的改變和工業革命一樣大。量子理論的定律是改造現代社會所有資訊和通訊技術的基礎，包括電腦、網際網路、衛星、手機、一切電子器材等等。但是跟其實務應用一樣重要的是，量子理論也教我們自然和科學。

牛頓世界觀自信地主張，只要有正確的數學計算，人類就能預測和解釋所有的自然現象。這種信念激勵了各領域的科學家，大家都想把他們的領域「牛頓化」。二十世紀上半葉的量子物理學家澆熄了這種熱情，揭露了一個後來讓大家更有信心、也更加謙卑的事實。更有信心是因為量子理論顯示，我們可以瞭解及操縱超乎感官體驗的無形世界。更加謙卑是因為上千年來，科學家和哲學家帶來的進步讓我們以為我們的理解能力是無限的，但現在自然透過量子物理學家的驚人發現告訴我們，我們能知道及掌控的東西有限。更重要的是，量子提醒我們，這世上還存在著其他看不見的世界，宇宙是極其神祕的地方，地平線外的波動可能是更難以解釋的現象，需要新的思想和理論變革。

在這本書中，我們穿梭了數百萬年的旅程，從身心狀況與我們截然不同的人類物種出現開始，展開這趟旅程。在這個橫跨四百萬年的旅程中，我們在最後一瞬間跨入了現代。在那個歷史的瞬間，我們得知定律支配著自然，但是除了日常體驗的定律之外，還有更多其他的定律，就像哈姆雷特對摯友赫瑞修（Horatio）說的，天地之大，無奇不有，不是人類哲學都能想像得到的。

面對可預見的未來，我們的知識會持續增加。再加上投入科學的人數大幅成長，我們似乎可以合理地相信，未來數百年的進步將和過去一千年一樣卓越。但是如果你正在讀這本書，你知道大家對周遭環境所提出的問題，比對科技方面的疑問還多——我們人類看得出來自然的美好，想探詢其中的意義。我們不只想知道宇宙是怎麼運作的，也想瞭解人類如何融入其中。我們希望為個人的生命和有限的人生賦予脈絡，和其他人類及他們的歡喜與悲傷產生關連，也和廣大的宇宙產生關連，而人類的那些悲喜，在浩瀚宇宙中不過起著微乎其微的作用罷了。

理解與接受我們在宇宙中的位置可能很難，但是打從一開始，那就是研究自然的人所抱持的目標之一，從古代的希臘人（他們認為科學和形而上學、倫理學、美學都是哲學的分支）到波以耳、牛頓之類的先驅（他們把自然研究視為瞭解上帝本質的方法）都是如此。對我來說，某天我在溫哥華拍攝電視劇《百戰天龍》（MacGyver）的場景時，最明顯體悟到物理界的見解和人類世界之間的關連。我寫了那一集的劇本，正在向道具組的人員和布景設計師解釋，低溫物理實驗室長什麼樣子。

突然間，就在這些平凡的技術討論中，我首度意識到人類並未超越自然，而是像花朵或達爾文雀那樣來來去去的過客

這一切是從製片辦公室轉接到拍片現場給我的一通電話開始的。那個年代，年輕人還沒有人手一隻手機，在拍攝現場接聽電話是很罕見的事。我通常是離開片場後，才收到電話留言寫在潦草的紙張上，等我看到留言時，通常已經和電話打來的時間相隔很久。紙條上通常寫著：「雷納：〈字跡難辨〉希望你〈字跡難辨〉。他說很急！打電話去〈字跡難辨〉找他。」之類的。但這一次不一樣，一位製作助理把電話拿到片場讓我接聽。

電話的另一端是芝加哥大學醫院的醫生。他告訴我，我父親中風了，目前陷入昏迷——那是幾個月前我父親動手術修復主動脈所造成的遲發性結果。當天傍晚我已經趕到醫院，看著躺在床上的父親，他閉著雙眼，面容安詳，我坐在他床邊，撫摸著他的頭髮。他感覺起來是溫暖的，還活著，彷彿正在睡覺，隨時都可能醒來微笑地看著我，伸手摸著我，問我要不要一起吃黑麥麵包和醃鯡魚當早餐。

我對著父親說話，告訴他我愛他——就像多年後我對著沉睡的孩子說的那樣。但醫生強調，我父親不是在睡覺，他聽不到我的聲音。醫生說他的腦波顯示他已經腦死了。我父親的溫暖身體似乎就像《馬蓋先》的物理實驗室，只是一個表象，外表看起來完好，但只是一個空殼，無法做任何有意義的運作。醫生告訴我，我父親的血壓會逐漸下降，呼吸會逐漸減緩，到最後一切都會停止。

一九五一年，紐約，我父親向我母親求婚的那晚

當下我很討厭科學，我希望可以證明科學是錯的，科學家和醫生憑什麼告訴我一個人的命運？

我願意以任何東西或甚至一切，換回老爸的生命，即使只回來一天、一個小時或甚至一分鐘，讓我訴說我愛他並道別都好。但是最後就像醫生說的那樣，我父親就這樣漸漸地走了。

那是一九八八年，我父親七十六歲。他過世後，我們家守喪七天，那段期間根據猶太禮俗，必須每天祈禱三次，不能離家。我這輩子經常坐在客廳裡和他聊天，但現在我坐在客廳，他卻只是過往的記憶，我知道再也沒有機會和他說話了。拜人類知識之旅所賜，我知道他的原子還在，永遠都在；但我也知道，即使他的原子並未和他一起死去，現在也四散開來了。它們之前組成我的父親，但我父親走了，永遠不會再存在，只在我心中和深愛他的人心中留下影子。我也知道，再過幾十年，同樣的情況也會發生在我身上。

意外的是，我因生離死別而發現，瞭解物理世界並未讓我變得冷酷無情，反而給了我力量。幫助我走出悲痛，讓我覺得比較不孤單，因為我是屬於更大整體的一部分。它幫我打開了眼界，看到人生在世的美好，無論人生有多少年。我父親雖然沒有機會讀高中，但他也對物理世界的性質充滿了興趣和好奇。小時候我們在客廳裡聊天時，我曾經告訴他，將來我要寫一本有關那個主題的書。

終於，在數十年後，這本書完成了。

後記

有個腦筋急轉彎的問題是這樣的[1]：某天，一個修道士在日出時離開修道院，前往位於山頂上的聖殿。那座山只有一條路，狹窄又蜿蜒，他慢慢地走，因為有幾段路很陡峭，但他在日落前不久抵達了聖殿。翌日早晨，他沿著那條路下山，依舊是日出時啟程，也是在日落時抵達修道院。這個問題要問的是：那條路上是否有一點是在兩天的同一時間抵達的？這題不是要你找出哪一點，只是要問你有沒有那一點。

這種問題不是靠小技巧、偽裝資訊或同音異義字來解答。那條路上沒有聖壇讓修道士在每天中午時祈禱，你也不需要知道他上山或下山的速度，也不必猜測任何解題細節。這也不像有些謎題告訴你，屠夫身高六英尺，然後問你他的體重是多少，結果答案是「肉」（譯註：這涉及雙關語，ask what he weighs 除了指「體重多少」，也有「秤什麼」的意思）。這個問題的情境很直截了當，而且應該讀了一次問題以後，就瞭解回答所需的資訊。

稍微想一下，因為你能否解開這個問題，就像科學家從古至今想要解開的許多問題一樣，可能看你的耐心和毅力而定。不過，更重要的是，優秀的科學家都知道，那也取決於你正確發問的能力，以及退一步、從稍微不同的角度觀看問題的能力。你這樣做以後，就會發現答案呼之欲出。要找到正確的觀點可能很難，所以牛頓的物理學、門得列夫的元素週期表、愛因斯坦的相對論，都需要極高的智慧和原創性才想得出來，但是只要解釋得宜，如今任何主修物理和化學的大學生都能夠瞭解。

這也是為什麼一個世代費解的問題，到了後代卻變成普通的知識，使科學家可以不斷地精益求精。

為了解答修道士那個問題，與其在腦中想像修道士一天上山、一天下山的情境，不如做一個想像實驗，以不同的方式想像問題。試想，有兩個修道士，一個上山，另一個下山，兩人同一天在日出時出發。顯然他們會在途中相遇，他們相會的點，就是前面那個謎題在兩天的同一時間所抵達的點，所以那一題的答案是「有」。

修道士上山和下山時可能在同一時間達到某點，乍看之下是不太可能的巧合，但是你發揮想像力，想像兩個修道士在同一天上山和下山時，就明白那不是巧合了，而是必然。

某種程度上來說，人類的理解之所以能夠持續進步，就是一連串那樣的想像促成的，每個想像都是因為有人能夠以稍微不同的方式看世界。伽利略想像物體在毫無空氣阻力的理論世界裡墜落；道爾頓想像元素若是由看不見的原子所組成，會如何形成化合物；海森堡想像原子的世界是由奇怪的定律所支配，和日常生活所體驗的定律不同。奇幻想像有兩個極端，要嘛被當成「瘋子」，要嘛被當成「先知」。正因為從古至今許多思想家的點子介於那兩者之間，我們對宇宙的瞭解才有如今長足的進步。

如果我已經達成這本書的目標，那麼前面的章節已經讓大家瞭解到人類思考物理世界的根源，研究那些議題的人所關注的問題類型，理論和研究的性質，以及文化和信念體系影響人類探究的方式。那對瞭解當代眾多社會、專業、道德議題來說很重要。不過，這本書也談到許多科學家和創新者的思維方式。

兩千五百年前，蘇格拉底把生活上不思辯、不做系統化思考的人，比喻成不照正確程序做事的工匠[2]。以陶匠為例，製作陶器看似簡單，實則不然。在蘇格拉底的時代，製作陶器需要從雅典南部的土坑先取得陶土，把陶土放在特製的轉輪上，以適當的速度旋轉以拉胚，整形、刷塗、上釉、陰乾，放進窯爐中燒烤兩次，每次都必須掌握恰當的溫度和濕度。偏離任一步驟都會導致陶器歪斜、破裂、變色，或做出很醜的東西。蘇格拉底指出，強大的思維也是一門技藝，是值得磨練的功夫。畢竟，我們都認識不太會思考的人過著奇怪或悲慘的生活

很少人深入研究原子或空間和時間的本質，但我們對自己生存的世界都各有一套理論，並運用那些理論來指引我們工作和玩樂，決定如何投資，吃什麼才健康，甚至如何追求幸福快樂。此外，我們就像科學家一樣，在生活中都需要創新。那可能是指你的時間或精力不夠時，該怎麼準備晚餐；講稿不見或電腦當機時，怎麼臨時做簡報；或是知道何時該放下過往的內心包袱、何時該堅持傳統之類的人生抉擇。

生活本身，尤其是現代生活，帶給我們許多類似科學家面對的智慧挑戰。所以這趟知識之旅帶給我們的啟示中，最重要的或許是那些成功科學家的特質、靈活又不因循守舊的思維、過人的耐心、不死守他人堅信的想法、改變觀點的重要，以及深信答案真的存在，終究會有找到的一天。

＊＊＊

我們今天對宇宙的理解已經到哪裡了？二十世紀各個領域都有極大的進步。物理學家解開原子

之謎並發明量子理論後，那些進步也促成其他領域的發展，所以科學發現的步調愈來愈快。

在電子顯微鏡、雷射、電腦等等新的量子技術輔助下，化學家逐漸瞭解化學鍵的性質，以及在化學反應中分子形狀的作用。在此同時，創造與運用那些反應的技術也突飛猛進。到了二十世紀中葉，世界已經重新改造。不再依賴自然物質，我們學會自己從頭開始製造新的人造材質，以及改變舊材料，發明新用途。塑料、尼龍、聚酯、淬火鋼、硫化橡膠、精煉石油、化學肥料、消毒劑、防腐劑、氯化水等等，不勝枚舉，因此糧食生產增加，死亡率大降，人類壽命大幅提升。

在此同時，生物學家也可以詳細地描述細胞如何像分子機器那樣運作，解析代代相傳的遺傳資訊，說明人類這個物種的設計藍圖。如今可以從體液分析DNA片段，找出神祕的傳染原。我們也可以拼接DNA的片段到既有的生物上，創造出新種的生物。我們可以把光纖植入老鼠的大腦，像機器人那樣控制牠們。我們可以坐在電腦前，看著人類的大腦形成想法或體驗感受。在某些情況下，我們甚至可以解讀他們的想法。

但是儘管我們已經進步那麼多了，如果我們因此以為我們快接近終極答案，那幾乎可以肯定是錯的。古往今來，人類不時會犯下這樣的錯誤。在古代，巴比倫人堅信地球是海中女神迪亞馬特（Tiamat）的屍體創造出來的。幾千年後，希臘人對自然的瞭解有了驚人進展，但是多數人仍相信地球上的所有物體是由土、氣、火、水組合而成的。之後又經過了兩千年，牛頓學家認為，從原子運動到行星軌道，一切已發生或即將發生的事情，原則上都能以牛頓的運動定律來解釋和預測。這些大家一度堅信的想法，後來證實都是錯的。

人類無論生活在哪個年代，通常都以為自己站在知識的巔峰——儘管我們知道前人的想法有誤，我們都覺得**自己的**答案很正確，不會像前人那樣遭到推翻。科學家，即便是很卓越的科學家，也跟其他人一樣容易陷入這種傲慢。一九八〇年代霍金曾宣稱，物理學家將在二十世紀末擁有他們的「萬有理論」。

如今，我們真的像數十年前霍金說的那樣，即將擁有自然一切基本問題的答案了嗎？還是我們像十九世紀初那樣，本來信以為真的理論，很快就被截然不同的東西所取代？

科學的遠方籠罩著不少雲霧，似乎顯示我們可能面臨後者的情況。生物學家仍然不知道地球上最早的生命是何時及如何出現的，或是類似地球的行星上是否有可能出現生命，他們也不知道驅動有性繁殖演化發展的選擇優勢。或許最重要的是，他們不知道大腦是如何產生體驗的。

化學也面臨許多懸而未決的問題，從水分子如何和旁邊的水分子形成氫鍵以創造水的神奇特質，到氨基酸的長鏈如何折疊以形成生命必要的義大利麵狀蛋白質。不過，最潛力最勁爆的議題存在於物理學界。在物理學中，懸而未決的問題可能迫使我們修改對自然的最基本認知。

例如，儘管我們已經建立一個力和物質的成功「標準模型」，統一了電磁學和兩種核力，但幾乎沒有人認為那個模型是最終模型。它的的一大缺點是排除重力，另一大缺點是它有許多可調的參數——「乏晰因子」（fudge factor）——在實驗衡量上是固定的，但是無法以任何總體理論來解釋。弦論／M理論一度看來可望克服那兩大缺點，但目前看來似乎停滯不前，令人不禁懷疑許多物理學家對那個理論所寄予的厚望。

在此同時，我們現在也懷疑，我們可用最強大的儀器所看到的宇宙，可能只是真實宇宙的極小部分，彷彿宇宙的絕大部分是幽靈般的冥界，注定至少會像謎團一樣繼續存在一段時間。更精確地說，人類感官以及實驗室偵測得到的一般物質和光能，似乎只占宇宙物質和能量的五％，而那種看不見、永遠偵測不到的物質種類（所謂的「暗物質」），以及看不見、永遠偵測不到的能量形式（所謂的「暗能量」），組成了其他的九十五％。

物理學家假設暗物質的存在，因為我們在天上**能看到**的物質似乎受到未知來源的引力所牽引。暗能量也一樣神祕，這個概念的普及，是從一九九八年的一項發現開始的：宇宙正以愈來愈快的速度擴大中。這個現象可用愛因斯坦的重力理論（廣義相對論）來解釋——考慮到整個宇宙充滿異樣能量的可能性，而且那種能量還會產生「反重力」效果。但是目前尚未發現「暗能量」的來源和性質。

將來會證明暗物質和暗能量是符合現有理論（標準模型和愛因斯坦相對論）的解釋嗎？或者，它們就像普朗克常數那樣，將會指引我們產生截然不同的宇宙觀？弦論將來會證明是正確的嗎，萬一證明不是正確的，我們可能發現一個統一自然界所有力量的理論，而且毫無「乏晰因子」嗎？沒有人知道答案。如果你問我追求長生不老的理由，「想活著知道這些問題的答案」是我第一個想到的理由，我想這也是我成為科學家的原因吧。

謝詞

這些年來，我終於把這些想法訴諸於文字。我有幸獲得許多朋友的意見，他們都是科學界或科學史的學者，專業領域五花八門。還有一些朋友幫我讀了好幾版的手稿，提供許多建設性的意見。我想在此特別感謝 Ralph Adolphs、Todd Brun、Jed Buchwald、Peter Graham、Cynthia Harrington、Stephen Hawking、Mark Hillery、Michelle Jaffe、Tom Lyon、Stanley Oropesa、Alexei Mlodinow、Nicolai Mlodinow、Olivia Mlodinow、Sandy Perliss、Markus Pössel、Beth Rashbaum、Randy Rogel、Fred Rose、Pilar Ryan、Erhard Seiler、Michael Shermer、Cynthia Taylor 等人。我還要感謝我的經紀人兼好友 Susan Ginsburg，她在這本書的概念及出版上給我很多的指導，而且大多是在充滿美酒佳餚的晚餐中進行。另一位給我極大幫助的人，是耐心的編輯 Edward Kastenmeier。他在這本書的演化過程中，提供了許多寶貴的評論和意見。我也要感謝企鵝藍燈書屋的 Dan Frank、Emily Giglierano 和 Annie Nichol，以及作家之家（Writer's House）的 Stacy Testa，謝謝他們的協助和建議。

最後，我要大大感謝另一位每天二十四小時待命的編輯：內人 Donna Scott。她不辭辛勞地讀了一版又一版的手稿，不僅讀過每個段落，也提出意義深遠又寶貴的建議、許多鼓勵，還常伴著美酒，而且（幾乎）未曾感到不耐。

我從小跟父親講述科學時，腦中就開始醞釀這本書了。他對我講的內容總是深感興趣，也常和我分享他的生活智慧。我總是想著，如果他還在世，看到這本書，應該會格外珍惜。

附註

第一章　求知的動力

1 Alvin Toffler, *Future Shock* (New York: Random House, 1970), 26.
2 "Chronology: Reuters, from Pigeons to Multimedia Merger," *Reuters*, 2008年2月19日，2014年10月27日讀取，http: //www .reuters.com/article/2008/02/19/us-reuters-thomson-chronology-idUSL184 9100620080219.
3 Toffler, *Future Shock*, 13.
4 Albert Einstein, *Einstein's Essays in Science* (New York: Wisdom Library, 1934), 112.

第二章　好奇心

1 Maureen A. O'Leary et al., "The Placental Mammal Ancestor and the Post-K-Pg Radiation of Placentals," *Science* 339 (February 8, 2013): 662–67.
2 Julian Jaynes, *The Origin of Consciousness in the Breakdown of the Bicameral Mind* (Boston: Houghton Mifflin, 1976), 9.
3 關於露西及其重要性，請見 Donald C. Johanson, *Lucy's Legacy* (New York: Three Rivers Press, 2009)。亦見 Douglas S. Massey, "A Brief History of Human Society: The Origin and Role of Emotion in Social Life," *American Sociological Review* 67 (2002): 1–29.
4 B. A. Wood, "Evolution of Australopithecines," in *The Cambridge Encyclopedia of Human Evolution*, ed. Stephen Jones, Robert D. Martin, and David R. Pilbeam (Cambridge, U.K.: Cambridge University Press, 1994), 239.
5 Carol. V. Ward et al., "Complete Fourth Metatarsal and Arches in the Foot of Australopithecus afarensis," *Science* 331 (February 11, 2011): 750–53.
6 [4×10^6] 年前 = [2×10^5] 代。[2×10^5] 間房子 × 每間房子寬 100 英尺 ÷ 每英里 5000 英尺 = 4000 英里。
7 James E. McClellan III and Harold Dorn, *Science and Technology in World History*, 2nd ed. (Baltimore: Johns Hopkins University Press, 2006), 6–7.
8 Javier DeFelipe, "The Evolution of the Brain, the Human Nature of Cortical Circuits, and Intellectual Creativity,"

Frontiers in Neuroanatomy 5 (May 2011): 1–17.

9 Stanley H. Ambrose, "Paleolothic Technology and Human Evolution," *Science* 291 (March 2, 2001): 1748–53.

10 "What Does It Mean to Be Human?" Smithsonian Museum of Natural History, 2014 年 10 月 27 日讀取，www.humanorigins.si.edu.

11 Johann De Smedt et al., "Why the Human Brain Is Not an Enlarged Chimpanzee Brain," in *Human Characteristics: Evolutionary Perspectives on Human Mind and Kind*, ed. H. Høgh-Olesen, J. Tønnesvang, and P. Bertelsen (Newcastle upon Tyne: Cambridge Scholars, 2009), 168–81.

12 Ambrose, "Paleolothic Technology and Human Evolution," 1748–53.

13 R. Peeters et al., "The Representation of Tool Use in Humans and Monkeys: Common and Uniquely Human Features," *Journal of Neuroscience* 29 (September 16, 2009): 11523–39; Scott H. Johnson-Frey, "The Neural Bases of Complex Tool Use in Humans," *TRENDS in Cognitive Sciences* 8 (February 2004): 71–78.

14 Richard P. Cooper, "Tool Use and Related Errors in Ideational Apraxia: The Quantitative Simulation of Patient Error Profiles," *Cortex* 43 (2007): 319; Johnson-Frey, "The Neural Bases," 71–78.

15 Johanson, *Lucy's Legacy*, 192–93.

16 同前，267.

17 András Takács-Sánta, "The Major Transitions in the History of Human Transformation of the Biosphere," *Human Ecology Review* 11 (2004): 51–77. 一些研究人員認為，現代的人類行為首先出現在非洲，接著在「二度遠離非洲」的遷徙中被帶到歐洲。例如，參見David Lewis- Williams and David Pearce, *Inside the Neolithic Mind* (London: Thames and Hudson, 2005), 18; Johanson, *Lucy's Legacy*, 257–62.

18 Robin I. M. Dunbar and Suzanne Shultz, "Evolution in the Social Brain," *Science* 317 (September 7, 2007): 1344–47.

19 Christopher Boesch and Michael Tomasello, "Chimpanzee and Human Cultures," *Current Anthropology* 39 (1998): 591–614.

20 Lewis Wolpert, "Causal Belief and the Origins of Technology," *Philosophical Transactions of the Royal Society A* 361 (2003): 1709–19.

21 Daniel J. Povinelli and Sarah Dunphy-Lelii, "Do Chimpanzees Seek Explanations? Preliminary Comparative Investigations," *Canadian Journal of Experimental Psychology* 55 (2001): 185–93.

22 Frank Lorimer, *The Growth of Reason* (London: K. Paul, 1929); quoted in Arthur Koestler, *The Act of Creation* (London: Penguin, 1964), 616.

23 Dwight L. Bolinger, ed., *Intonation: Selected Readings.* (Harmondsworth, U.K.: Penguin, 1972), 314; Alan Cruttenden, *Intonation* (Cambridge, U.K.: Cambridge University Press, 1986), 169–17.

24 Laura Kotovsky and Renee Baillargeon, "The Development of Calibration-Based Reasoning About Collision Events in Young Infants," *Cognition* 67 (1998): 313–51.

第三章　文化

1 James E. McClellan III and Harold Dorn, *Science and Technology in World History*, 2nd ed. (Baltimore: Johns Hopkins University Press, 2006), 9–12.

2 許多發展在更古老的游牧群體中已有先例，但技術沒有蓬勃發展，因為那些產物不適合流浪遷徙的生活方式。See McClellan and Dorn, *Science and Technology*, 20–21.

3 Jacob L. Weisdorf, "From Foraging to Farming: Explaining the Neolithic Revolution," *Journal of Economic Surveys* 19 (2005): 562–86; Elif Batuman, "The Sanctuary," *New Yorker*, December 19, 2011, 72–83.

4 Marshall Sahlins, *Stone Age Economics* (New York: Aldine Atherton, 1972), 1–39.

5 同前，21–22.

6 Andrew Curry, "Seeking the Roots of Ritual," *Science* 319 (January 18, 2008): 278–80; Andrew Curry, "Gobekli Tepe: The World's First Temple?," *Smithsonian Magazine*, 2008 年 11 月，2014 年 11 月 7 日讀取，http://www.smithsonianmag.com/history-archaeology/gobekli-tepe.html; Charles C. Mann, "The Birth of Religion," *National Geographic*, June 2011, 34–59; Batuman, "The Sanctuary."

7 Batuman, "The Sanctuary."

8 Michael Balter, "Why Settle Down? The Mystery of Communities," *Science* 20 (November 1998): 1442–46.

9 Curry, "Gobekli Tepe."

10 McClellan and Dorn, *Science and Technology*, 17–22.

11 Balter, "Why Settle Down?," 1442–46.

12 Marc Van De Mieroop, *A History of the Ancient Near East* (Malden, Mass.: Blackwell, 2007), 21. 亦見 Balter, "Why

Settle Down?," 1442–46.

13 Balter, "Why Settle Down?," 1442–46; David Lewis-Williams and David Pearce, *Inside the Neolithic Mind* (London: Thames and Hudson, 2005), 77–78.

14 Ian Hodder, "Women and Men at Çatalhöyük," *Scientific American*, January 2004, 81.

15 Ian Hodder, "Çatalhöyük in the Context of the Middle Eastern Neolithic," *Annual Review of Anthropology* 36 (2007): 105–20.

16 Anil K. Gupta, "Origin of Agriculture and Domestication of Plants and Animals Linked to Early Holocene Climate Amelioration," *Current Science* 87 (July 10, 2004); Van De Mieroop, *History of the Ancient Near East*, 11.

17 L. D. Mlodinow and N. Papanicolaou, "SO (2, 1) Algebra and the Large N Expansion in Quantum Mechanics," *Annals of Physics* 128 (1980): 314–34; L. D. Mlodinow and N. Papanicolaou, "Pseudo-Spin Structure and Large N Expansion for a Class of Generalized Helium Hamiltonians," *Annals of Physics* 131 (1981): 1–35; Carl Bender, L. D. Mlodinow, and N. Papanicolaou, "Semiclassical Perturbation Theory for the Hydrogen Atom in a Uniform Magnetic Field," *Physical Review A* 25 (1982): 1305–14.

18 Jean Durup, "On the 1986 Nobel Prize in Chemistry," *Laser Chemistry* 7 (1987): 239–59. 亦見 D. J. Doren and D. R. Herschbach, "Accurate Semiclassical Electronic Structure from Dimensional Singularities," *Chemical Physics Letters* 118 (1985): 115–19; J. G. Loeser and D. R. Herschbach, "Dimensional Interpolation of Correlation Energy for Two-Electron Atoms," *Journal of Physical Chemistry* 89 (1985): 3444–47.

19 Andrew Carnegie, *James Watt* (New York: Doubleday, 1933), 45–64.

20 T. S. Eliot, *The Sacred Wood and Major Early Essays* (New York: Dover Publications, 1997), 72. First published in 1920.

21 Gergely Csibra and György Gergely, "Social Learning and Cognition: The Case for Pedagogy," in *Processes in Brain and Cognitive Development*, ed. Y. Munakata and M. H. Johnson (Oxford: Oxford University Press, 2006): 249–74.

22 Christophe Boesch, "From Material to Symbolic Cultures: Culture in Primates," in *The Oxford Handbook of Culture and Psychology*, ed. Juan Valsiner (Oxford: Oxford University Press, 2012), 677–92. 亦見 Sharon Begley, "Culture Club," *Newsweek*, March 26, 2001, 48–50.

23 Boesch, "From Material to Symbolic Cultures." 亦見 Begley, "Culture Club"; Bennett G. Galef Jr., "Tradition

in Animals: Field Observations and Laboratory Analyses," in *Interpretation and Explanation in the Study of Animal Behavior*, ed. Marc Bekoff and Dale Jamieson (Oxford: Westview Press, 1990).

24 Boesch, "From Material to Symbolic Cultures." 亦見 Begley, "Culture Club."

25 Heather Pringle, "The Origins of Creativity," *Scientific American*, March 2013, 37–43.

26 Michael Tomasello, *The Cultural Origins of Human Cognition* (Cambridge, Mass.: Harvard University Press, 2001), 5–6, 36–41.

27 Fiona Coward and Matt Grove, "Beyond the Tools: Social Innovation and Hominin Evolution," *PaleoAnthropology* (special issue, 2011): 111–29.

28 Jon Gertner, *The Idea Factory: Bell Labs and the Great Age of American Knowledge* (New York: Penguin, 2012), 41–42.

29 Pringle, "Origins of Creativity," 37–43.

第四章　文明

1 Robert Burton, in *The Anatomy of Melancholy* (1621); George Herbert, in *Jacula Prudentum* (1651); William Hicks, in *Revelation Revealed* (1659); Shnayer Z. Leiman, "Dwarfs on the Shoulders of Giants," *Tradition*, Spring 1993. 這個詞組的使用可遠溯至十二世紀。

2 Marc Van De Mieroop, *A History of the Ancient Near East* (Malden, Mass.: Blackwell, 2007), 21–23.

3 同前，12–13, 23.

4 有些學者預估人口多達二十萬，例如，參見 James E. McClellan III and Harold Dorn, *Science and Technology in World History*, 2nd ed. (Baltimore: Johns Hopkins University Press, 2006), 33.

5 Van De Mieroop, *History of the Ancient Near East*, 24–29.

6 McClellan and Dorn, *Science and Technology in World History*, 41–42.

7 David W. Anthony, *The Horse, the Wheel, and Language: How Bronze-Age Riders from the Eurasian Steppes Shaped the Modern World* (Princeton, N.J.: Princeton University Press, 2010), 61.

8 Van De Mieroop, *History of the Ancient Near East*, 26.

9 Marc Van De Mieroop, *The Ancient Mesopotamian City* (Oxford: Oxford University Press, 1997), 46–48.

10 Van De Mieroop, *History of the Ancient Near East*, 24, 27.

11 Elizabeth Hess, *Nim Chimpsky* (New York: Bantam Books, 2008), 240–41.
12 Susana Duncan, "Nim Chimpsky and How He Grew," *New York*, December 3, 1979, 84. 亦見 Hess, *Nim Chimpsky*, 22.
13 T. K. Derry and Trevor I. Williams, *A Short History of Technology* (Oxford: Oxford University Press: 1961), 214–15.
14 Steven Pinker, *The Language Instinct: How the Mind Creates Language* (New York: Harper Perennial, 1995), 26.
15 Georges Jean, *Writing: The Story of Alphabets and Scripts* (New York: Henry N. Abrams, 1992), 69.
16 Jared Diamond, *Guns, Germs and Steel* (New York: W. W. Norton, 1997), 60, 218. 關於新世界，參見 María del Carmen Rodríguez Martinez et al., "Oldest Writing in the New World," *Science* 313 (September 15, 2006): 1610–14; John Noble Wilford, "Writing May Be Oldest in Western Hemisphere," *New York Times*, September 15, 2006. 這些是描述最近在墨西哥維拉克魯茲（Veracruz）的奧爾梅克文化（Olmec）中心，發現了一套迄今未知的書寫系統。文體及其他的年代測定方法顯示，那是公元前一千年的東西，是新世界最古老的文字，其特色可以確定這個關鍵發展是屬於中美洲的奧爾梅克文化。
17 Patrick Feaster, "Speech Acoustics and the Keyboard Telephone: Rethinking Edison's Discovery of the Phonograph Principle," *ARSC Journal* 38, no. 1 (Spring 2007): 10–43; Diamond, *Guns, Germs and Steel*, 243.
18 Jean, Writing: *The Story of Alphabets*, 12–13.
19 Van De Mieroop, *History of the Ancient Near East*, 30–31.
20 同前，30; McClellan and Dorn, *Science and Technology in World History*, 49.
21 Jean, *Writing: The Story of Alphabets*, 14.
22 Derry and Williams, *A Short History of Technology*, 215.
23 Stephen Bertman, *Handbook to Life in Ancient Mesopotamia* (New York: Facts on File, 2003), 148, 301.
24 McClellan and Dorn, *Science and Technology in World History*, 47; Albertine Gaur, *A History of Writing* (New York: Charles Scribner's Sons, 1984), 150.
25 Sebnem Arsu, "The Oldest Line in the World," *New York Times*, February 14, 2006, 1.
26 Andrew Robinson, *The Story of Writing* (London: Thames and Hudson, 1995), 162–67.
27 Derry and Williams, *A Short History of Technology*, 216.
28 Saint Augustine, *De Genesi ad Litteram* (*The Literal Meaning of Genesis*), 公元 415 年完成。

29 Morris Kline, *Mathematics in Western Culture* (Oxford: Oxford University Press, 1952), 11.
30 Ann Wakeley et al., "Can Young Infants Add and Subtract?," *Child Development* 71 (November–December 2000): 1525–34.
31 Morris Kline, *Mathematical Thought from the Ancient to Modern Times*, vol. 1 (Oxford: Oxford University Press, 1972), 184–86, 259–60.
32 Kline, *Mathematical Thought*, 19–21.
33 Roger Newton, *From Clockwork to Crapshoot* (Cambridge, Mass.: Belknap Press of the Harvard University Press, 2007), 6.
34 Edgar Zilsel, "The Genesis of the Concept of Physical Law," *The Philosophical Review* 3, no. 51 (May 1942): 247.
35 Robert Wright, *The Evolution of God* (New York: Little, Brown, 2009), 71–89.
36 Joseph Needham, "Human Laws and the Laws of Nature in China and the West, Part I," *Journal of the History of Ideas* 12 (January 1951): 18.
37 Wright, Evolution of God, 87–88.
38 "Code of Hammurabi, c. 1780 BCE," Internet Ancient History Sourcebook, Fordham University, 1998年3月，2014年10月27日讀取，http://www.fordham.edu/halsall/ancient/hamcode.asp; "Law Code of Hammurabi, King of Babylon," Department of Near Eastern Antiquities: Mesopotamia, the Louvre, 2014年10月27日讀取，http://www.louvre.fr/en/oeuvre-notices/law-code-hammurabi-king-babylon; Mary Warner Marien and William Fleming, *Fleming's Arts and Ideas* (Belmont, Calif.: Thomson Wadsworth, 2005), 8.
39 Needham, "Human Laws and the Laws of Nature," 3–30.
40 Zilsel, "The Genesis of the Concept of Physical Law," 249.
41 同前。
42 同前，265–67.
43 同前，279.
44 Albert Einstein, *Autobiographical Notes* (Chicago: Open Court Publishing, 1979), 3–5.

第五章 理性

1 Daniel C. Snell, *Life in the Ancient Near East* (New Haven, Conn.: Yale University Press, 1997), 140–41.
2 A. A. Long, "The Scope of Early Greek Philosophy," in *The Cambridge Companion to Early Greek Philosophy*, ed. A. A. Long (Cambridge, U.K.: Cambridge University Press, 1999).
3 Albert Einstein to Maurice Solovine, March 30, 1952, *Letters to Solovine* (New York: Philosophical Library, 1987), 117.
4 Albert Einstein, "Physics and Reality" in *Ideas and Opinions*, trans. Sonja Bargmann (New York: Bonanza, 1954), 292.
5 Will Durant, *The Life of Greece* (New York: Simon and Schuster, 1939), 134–40; James E. McClellan III and Harold Dorn, *Science and Technology in World History*, 2nd ed. (Baltimore: Johns Hopkins University Press, 2006), 56–59.
6 Adelaide Glynn Dunham, *The History of Miletus: Down to the Anabasis of Alexander* (London: University of London Press, 1915).
7 Durant, *The Life of Greece*, 136–37.
8 Rainer Maria Rilke, *Letters to a Young Poet* (1929; New York: Dover, 2002), 21.
9 Durant, *The Life of Greece*, 161–66; Peter Gorman, *Pythagoras: A Life* (London: Routledge and Kegan Paul, 1979).
10 Carl Huffman, "Pythagoras," Stanford Encyclopedia of Philosophy, 2011 年秋，2014 年 10 月 28 日讀取，http://plato.stanford.edu/entries/pythagoras.
11 McClellan and Dorn, *Science and Technology*, 73–76.
12 Daniel Boorstin, *The Seekers* (New York: Vintage, 1998), 54.
13 同前，316.
14 同前，55.
15 同前。
16 同前，48.
17 參見 George J. Romanes, "Aristotle as a Naturalist," *Science* 17 (March 6, 1891): 128–33.
18 Boorstin, *The Seekers*, 47.
19 "Aristotle," The Internet Encyclopedia of Philosophy, 2014 年 11 月 7 日讀取，http://www.iep.utm.edu.

第六章 新的理性之道

1 Morris Kline, *Mathematical Thought from Ancient to Modern Times*, vol. 1 (Oxford: Oxford University Press, 1972), 179.

2 Kline, *Mathematical Thought*, 204; J. D. Bernal, *Science in History*, vol. 1 (Cambridge, Mass.: MIT Press, 1971), 254.

3 Kline, *Mathematical Thought*, 211.

4 David C. Lindberg, *The Beginnings of Western Science: The European Scientific Tradition in Philosophical, Religious, and Institutional Context, 600 B.C. to A.D.1450* (Chicago: University of Chicago Press, 1992), 180–81.

5 Toby E. Huff, *The Rise of Early Modern Science: Islam, China, and the West* (Cambridge, U.K.: Cambridge University Press, 1993), 74.

6 同前，77, 89。Huff 和 George Saliba 不同意伊斯蘭科學的起源和性質，尤其是天文學的角色，因此促成了豐富又發人深省的討論。關於 Saliba 的論點，請見 *Islamic Science and the Making of the European Renaissance* (Cambridge, Mass.: MIT Press, 2007).

7 更多的相關資訊，請見 Huff, *Rise of Early Modern Science*, 276–78.

8 Bernal, *Science in History*, 334.

9 Lindberg, *Beginnings of Western Science*, 203–5.

10 J. H. Parry, *Age of Reconnaissance: Discovery, Exploration, and Settlement*, 1450–1650 (Berkeley: University of California Press, 1982)，尤其請見 Part 1.

11 Huff, *Rise of Early Modern Science*, 187.

12 Lindberg, *Beginnings of Western Science*, 206–8.

13 Huff, *Rise of Early Modern Science*, 92.

14 John Searle, *Mind, Language, and Society: Philosophy in the Real World* (New York: Basic Books, 1999), 35.

15 更多有關十四世紀的情況，請見 Robert S. Gottfried, *The Black Death* (New York: Free Press, 1985), 29.

16 想徹底探索時間概念的歷史，請參閱 David Landes, *Revolution in Time: Clocks and the Making of the Modern World* (Cambridge, Mass.: Belknap Press of the Harvard University Press, 1983).

17 Lindberg, *Beginnings of Western Science*, 303–4.

18 Clifford Truesdell, *Essays in the History of Mechanics* (New York: Springer-Verlag, 1968).

19 Albert Einstein, in a letter dated January 7, 1943, quoted in Helen Dukas and Banesh Hoffman, *Albert Einstein: The Human Side; New Glimpses from His Archives* (Princeton, N.J.: Princeton University Press, 1979), 8.

20 Galileo Galilei, *Discoveries and Opinions of Galileo* (New York: Doubleday, 1957), 237–38.

21 Henry Petroski, *The Evolution of Useful Things* (New York: Knopf, 1992), 84–86.

22 James E. McClellan III and Harold Dorn, *Science and Technology in World History*, 2nd ed. (Baltimore: Johns Hopkins University Press, 2006), 180–82.

23 Elizabeth Eisenstein, *The Printing Press as an Agent of Change* (Cambridge, U.K.: Cambridge University Press, 1980), 46.

24 Louis Karpinski, *The History of Arithmetic* (New York: Russell and Russell, 1965), 68–71; Philip Gaskell, *A New Introduction to Bibliography* (Oxford, U.K.: Clarendon Press, 1972), 251–65.

25 Bernal, *Science in History*, 334–35.

26 我對伽利略一生的描述，大多是援引自 J. L. Heilbron, *Galileo* (Oxford: Oxford University Press, 2010)，以及 Stillman Drake, *Galileo at Work* (Chicago: University of Chicago Press, 1978).

27 Heilbron, *Galileo*, 61.

28 伽利略可能是大失所望而覺醒。William A. Wallace 在 *Galileo, the Jesuits, and the Medieval Aristotle* (Burlington, Vt.: Variorum, 1991) 裡主張，伽利略在比薩任教時，很多授課的教材其實是 1588 至 1590 年間羅馬學校的耶穌會會士給他的。Wallace also has a chapter called "Galileo's Jesuit Connections and Their Influence on His Science" in Mordechai Feingold's collection *Jesuit Science and the Republic of Letters* (Cambridge, Mass.: MIT Press, 2002).

29 Bernal, *Science in History*, 429.

30 G. B. Riccioli, *Almagestum novum astronomiam* (1652), vol. 2, 384; Christopher Graney, "Anatomy of a Fall: Giovanni Battista Riccioli and the Story of G," *Physics Today* (September 2012): 36.

31 Laura Fermi and Gilberto Bernardini, *Galileo and the Scientific Revolution* (New York: Basic Books, 1961), 125.

32 Richard Westfall, *Force in Newton's Physics* (New York: MacDonald, 1971), 1–4. 其實奧雷姆在巴黎的老師尚・布里丹（Jean Buridan）曾在默頓學者的架構內提出類似的定律，但不像伽利略講的那麼清楚。參見 John Freely, *Before Galileo: The Birth of Modern Science in Medieval Europe* (New York: Overlook Duckworth, 2012), 162–63.

33 Westfall, *Force in Newton's Physics*, 41–42.
34 Bernal, *Science in History*, 406–10; McClellan and Dorn, Science and Technology, 208–14.
35 Bernal, *Science in History*, 408.
36 Daniel Boorstin, *The Discoverers* (New York: Vintage, 1983), 314.
37 Freely, *Before Galileo*, 272.
38 Heilbron, *Galileo*, 217–20; Drake, *Galileo at Work*, 252–56.
39 Heilbron, *Galileo*, 311.
40 William A. Wallace, "Gallieo's Jesuit Connections and Their Influence on His Science," in Mordechai Feingold, ed., *Jesuit Science and the Republic of Letters* (Cambridge, Mass.: MIT Press, 2002), 99–112.
41 Károly Simonyi, *A Cultural History of Physics* (Boca Raton, Fla.: CRC Press, 2012), 198–99.
42 Heilbron, *Galileo*, 356.
43 同前。
44 Drake, *Galileo* at Work, 436.

第七章　力學宇宙

1 Pierre Simon Laplace, *Théorie Analytique des Probabilities* (Paris: Ve. Courcier, 1812).
2 想從英國十七世紀的動盪背景中瞭解牛頓爵士，請見 Christopher Hill, *The World Turned Upside Down: Radical Ideas During the English Revolution* (New York: Penguin History, 1984), 290–97.
3 Richard S. Westfall, *Never at Rest* (Cambridge, U.K.: Cambridge University Press, 1980), 863. 這是牛頓的權威版傳記，我是根據這本書的記載。
4 Ming-Te Wang et al., "Not Lack of Ability but More Choice: Individual and Gender Differences in Choice of Careers in Science, Technology, Engineering, and Mathematics," *Psychological Science* 24 (May 2013): 770–75.
5 Albert Einstein, "Principles of Research," address to the Physical Society, Berlin, in Albert Einstein, *Essays in Science* (New York: Philosophical Library, 1934), 2.
6 Westfall, *Never at Rest*, ix.
7 W. H. Newton-Smith, "Science, Rationality, and Newton," in Marcia Sweet Stayer, ed., *Newton's Dream* (Montreal:

McGill University Press, 1988), 31.
8 Westfall, *Never at Rest*, 53.
9 同前，65.
10 同前，155.
11 William H. Cropper, *Great Physicists: The Life and Times of Leading Physicists from Galileo to Hawking* (New York: Oxford University Press, 2004), 252.
12 Westfall, *Never at Rest*, 70–71, 176–79.
13 Richard Westfall, *The Life of Isaac Newton* (Cambridge, U.K.: Cambridge University Press, 1993), 71, 77–81.
14 See the chapter "A Private Scholar & Public Servant," in "Footprints of the Lion: Isaac Newton at Work," Cambridge University Library—Newton Exhibition，2014 年 10 月 28 日讀取，www.lib.cam.ac.uk/exhibitions/Footprints_of_the_Lion/private_scholar.html.
15 W. H. Newton-Smith, "Science, Rationality, and Newton," in *Newton's Dream*, ed. Marcia Sweet Stayer (Montreal: McGill University Press, 1988), 31–33.
16 Richard S. Westfall, *Never at Rest*, 321–24, 816–17.
17 Paul Strathern, *Mendeleev's Dream* (New York: Berkley Books, 2000), 32.
18 Westfall, *Never at Rest*, 368.
19 我為那段人生寫了一本回憶錄，參見 Leonard Mlodinow, *Feynman's Rainbow: A Search for Beauty in Physics and in Life* (New York: Vintage, 2011).
20 Newton-Smith, "Science, Rationality, and Newton," 32–33.
21 Westfall, *Never at Rest*, 407.
22 同前，405.
23 Richard Westfall, *Force in Newton's Physics* (New York: MacDonald, 1971), 463.
24 按「巴黎呎」衡量，巴黎呎等於 1.0568 英尺。
25 Robert S. Westfall, "Newton and the Fudge Factor," *Science* 179 (February 23, 1973): 751–58.
26 Murray Allen et al., "The Accelerations of Daily Living," *Spine* (November 1994): 1285–90.
27 Francis Bacon, *The New Organon: The First Book, in The Works of Francis Bacon*, ed. James Spedding and Robert Leslie

Ellis (London: Longman, 1857–70)，2014年11月7日讀取，http://www.bartleby.com/242/.

28 R. J. Boscovich, *Theiria Philosophiae Naturalis* (Venice, 1763), reprinted as *A Theory of Natural Philosophy* (Chicago: Open Court Publishing, 1922), 281.

29 Westfall, *Life of Isaac Newton*, 193.

30 Michael White, *Rivals: Conflict as the Fuel of Science* (London: Vintage, 2002), 40–45.

31 同前。

32 Westfall, *Never at Rest*, 645.

33 Daniel Boorstin, *The Discoverers* (New York: Vintage, 1983), 411.

34 Westfall, Never at Rest, 870.

35 John Emsley, *The Elements of Murder: A History of Poison* (Oxford: Oxford University Press, 2006), 14.

36 J. L. Heilbron, *Galileo* (Oxford: Oxford University Press, 2010), 360.

37 "Sir Isaac Newton," Westminster Abbey，2014年10月28日讀取，www.westminster-abbey.org/our-history/people/sir-isaac-newton.

第八章　萬物組成

1 Joseph Tenenbaum, *The Story of a People* (New York: Philosophical Library, 1952), 195.

2 Paul Strathern, *Mendeleev's Dream* (New York: Berkley Books, 2000), 195–98.

3 一九八〇年左右，我錄了許多小時的父親訪談。本書裡的一些故事都是取自那些訪談內容。

4 J. R. Partington, *A Short History of Chemistry*, 3rd. ed. (London: Macmillan, 1957), 14.

5 Rick Curkeet, "Wood Combustion Basics," EPA Workshop, 2011年3月2日。2014年10月28日讀取，www.epa.gov/burnwise/workshop2011/WoodCombustion-Curkeet.pdf.

6 Robert Barnes, "Cloistered Bookworms in the Chicken-Coop of the Muses: The Ancient Library of Alexandria," in Roy MacLeod, ed., *The Library at Alexandria: Centre of Learning in the Ancient World* (New York: I. B. Tauris, 2005), 73.

7 Henry M. Pachter, *Magic into Science: The Story of Paracelsus* (New York: Henry Schuman, 1951), 167.

8 波以耳的權威版傳記：Louis Trenchard More, *The Life and Works of the Honorable Robert Boyle* (London: Oxford

University Press, 1944). 亦見 William H. Brock, *The Norton History of Chemistry* (New York: W. W. Norton, 1992), 54–74.

9 More, *Life and Works*, 45, 48.

10 Brock, *Norton History of Chemistry*, 56–58.

11 J. D. Bernal, *Science in History*, vol. 2 (Cambridge, Mass.: MIT Press, 1971), 462.

12 T. V. Venkateswaran, "Discovery of Oxygen: Birth of Modern Chemistry," *Science Reporter* 48 (April 2011): 34–39.

13 Isabel Rivers and David L. Wykes, eds., *Joseph Priestley, Scientist, Philosopher, and Theologian* (Oxford: Oxford University Press, 2008), 33.

14 Charles W. J. Withers, *Placing the Enlightenment: Thinking Geographically About the Age of Reason* (Chicago: University of Chicago Press, 2007), 2–6.

15 J. Priestley, "Observations on Different Kinds of Air," *Philosophical Transactions of the Royal Society* 62 (1772): 147–264.

16 關於拉瓦節的一生，請見 Arthur Donovan, *Antoine Lavoisier* (Oxford: Blackwell, 1993).

17 Isaac Newton, *Opticks*, ed. Bernard Cohen (London, 1730; New York: Dover, 1952), 394. 牛頓於一七〇四年首次出版《Opticks》，但他在自己修訂的最後一版中（第四版，一七三〇年出版）才提出最後的想法。

18 Donovan, *Antoine Lavoisier*, 47–49.

19 同前，139. 亦見 Strathern, *Mendeleev's Dream*, 225–41.

20 Douglas McKie, *Antoine Lavoisier* (Philadelphia: J. J. Lippincott, 1935), 297–98.

21 J. E. Gilpin, "Lavoisier Statue in Paris," *American Chemical Journal* 25 (1901): 435.

22 William D. Williams, "Gustavus Hinrichs and the Lavoisier Monument," *Bulletin of the History of Chemistry* 23 (1999): 47–49; R. Oesper, "Once the Reputed Statue of Lavoisier," *Journal of Chemistry Education* 22 (1945): October frontispiece; Brock, *Norton History of Chemistry*, 123–24.

23 Joe Jackson, *A World on Fire* (New York: Viking, 2007), 335; "Lavoisier Statue in Paris," *Nature* 153 (March 1944): 311.

24 "Error in Famous Bust Undiscovered for 100 Years," *Bulletin of Photography* 13 (1913): 759; and Marco Beretta, *Imaging a Career in Science: The Iconography of Antoine Laurent Lavoisier* (Sagamore Beach, Mass.: Science Histories

Publications, 2001), 18–24.

25 Frank Greenaway, *John Dalton and the Atom* (Ithaca, N.Y.: Cornell University Press, 1966); Brock, *Norton History of Chemistry*, 128–60.

26 A. L. Duckworth et al., "Grit: Perseverance and Passion for Long-Term Goals," *Journal of Personality and Social Psychology* 92 (2007): 1087–101; Lauren Eskreis-Winkler et al., "The Grit Effect: Predicting Retention in the Military, the Workplace, School and Marriage," *Frontiers in Psychology* 5 (February 2014): 1–12.

27 參見 Strathern, *Mendeleev's Dream*; Brock, *Norton History of Chemistry*, 311–54.

28 Kenneth N. Gilpin, "Luther Simjian Is Dead; Held More Than 92 Patents," *New York Times*，1997 年 11 月 2 日；"Machine Accepts Bank Deposits," *New York Times*，1961 年 4 月 12 日，57.

29 Dmitri Mendeleev, "Ueber die beziehungen der eigenschaften zu den atom gewichten der elemente," *Zeitschrift für Chemie* 12 (1869): 405–6.

第九章　生物世界

1 Anthony Serafini, *The Epic History of Biology* (Cambridge, Mass.: Perseus, 1993), 126.

2 E. Bianconi et al., "An Estimation of the Number of Cells in the Human Body," *Annals of Human Biology* 40 (November–December 2013): 463–71.

3 Lee Sweetlove, "Number of Species on Earth Tagged at 8.7 Million," *Nature*, August 23, 2011.

4 "The Food Defect Action Levels," Defect Levels Handbook, U.S. Food and Drug Administration，2014 年 10 月 28 日讀取，http://www.fda.gov/food/guidanceregulation/guidancedocumentsregulatory information/ucm056174.htm.

5 同前。

6 "Microbiome: Your Body Houses 10x More Bacteria Than Cells," *Discover*, n.d.，2014 年 10 月 28 日讀取，http://discovermagazine.com/galleries/zen-photo/m/microbiome.

7 關於亞里斯多德的生物學研究，請見 Joseph Singer, *A History of Biology to About the Year 1900* (New York: Abelard-Schuman, 1959); Lois Magner, *A History of the Life Sciences*, 3rd. ed. (New York: Marcel Dekker, 2002).

8 Paulin J. Hountondji, *African Philosophy*, 2nd ed. (Bloomington: Indiana University Press, 1996), 16.

9 Daniel Boorstin, The Discoverers (New York: Vintage, 1983), 327.
10 Magner, *History of the Life Sciences*, 144.
11 Ruth Moore, *The Coil of Life* (New York: Knopf, 1961), 77.
12 Tita Chico, "Gimcrack's Legacy: Sex, Wealth, and the Theater of Experimental Philosophy," *Comparative Drama* 42 (Spring 2008): 29–49.
13 關於雷文霍克對顯微鏡的研究，請見 Moore, *Coil of Life*.
14 Boorstin, *The Discoverers*, 329–30.
15 Moore, *Coil of Life*, 79.
16 Boorstin, *The Discoverers*, 330–31.
17 Moore, *Coil of Life*, 81.
18 Adriana Stuijt, "World's First Microscope Auctioned Off for 312,000 Pounds," *Digital Journal*，2009 年 4 月 8 日，2014 年 11 月 7 日讀取，http://www.digitaljournal.com/article/270683; Gary J. Laughlin, "Editorial: Rare Leeuwenhoek Bids for History," *The Microscope* 57 (2009): ii.
19 Moore, *Coil of Life*, 87.
20 "Antony van Leeuwenhoek (1632–1723)," University of California Museum of Paleontology，2014 年 10 月 28 日讀取，http://www.ucmp.berkeley.edu/history/leeuwenhoek.html.
21 關於達爾文的妻子，我主要是參閱 Ronald W. Clark, *The Survival of Charles Darwin: A Biography of a Man and an Idea* (New York: Random House, 1984); Adrian Desmond, James Moore, and Janet Browne, *Charles Darwin* (Oxford: Oxford University Press, 2007); and Peter J. Bowler, *Charles Darwin: The Man and His Influence* (Cambridge, U.K.: Cambridge University Press, 1990).
22 "Charles Darwin," Westminster Abbey，2014 年 10 月 28 日讀取，http://www.westminster-abbey.org/our-history/people/charles-darwin.
23 Clark, *Survival of Charles Darwin*, 115.
24 同前，119.
25 同前，15.
26 同前，8.

27 Charles Darwin to W. D. Fox, October 1852, Darwin Correspondence Project, letter 1489，2014年10月28日讀取，http://www .darwinproject.ac.uk/letter/entry-1489.
28 Clark, *Survival of Charles Darwin*, 10.
29 同前，15.
30 同前，27.
31 Bowler, *Charles Darwin: The Man*, 50, 53–55.
32 Charles Darwin to W. D. Fox, August 9–12, 1835, Darwin Correspondence Project, letter 282，2014年10月28日讀取，http://www.darwinproject.ac.uk/letter/entry-282.
33 Desmond, Moore, and Browne, *Charles Darwin*, 25, 32–34.
34 同前，42.
35 Bowler, *Charles Darwin*, 73.
36 Adrian J. Desmond, *Darwin* (New York: W. W. Norton, 1994), 375–85.
37 達爾文寫的安妮・伊麗莎白・達爾文追悼文："The Death of Anne Elizabeth Darwin"，2014年10月28日讀取，http://www.darwinproject.ac.uk/death-of-anne-darwin.
38 Desmond, Moore, and Browne, *Charles Darwin*, 44.
39 同前，47.
40 同前，48.
41 同前，49.
42 Anonymous [David Brewster], "Review of *Vestiges of the Natural History of Creation*," *North British Review* 3 (May–August 1845): 471.
43 Evelleen Richards, " 'Metaphorical Mystifications': The Romantic Gestation of Nature in British Biology," in *Romanticism and the Sciences*, eds. Andrew Cunningham and Nicholas Ardine (Cambridge, U.K.: Cambridge University Press, 1990), 137.
44 "Darwin to Lyell, June 18, 1858," in *The Life and Letters of Charles Darwin, Including an Autobiographical Chapter*, ed. Francis Darwin (London: John Murray, 1887)，可上網讀取 http://darwin-online .org.uk/converted/published/1887_Letters_F1452/1887_Letters_F1452.2 .html，2014年10月28日讀取。

45 Desmond, *Darwin*, 470.
46 Desmond, Moore, and Browne, *Charles Darwin*, 65.
47 Bowler, *Charles Darwin*, 124–25.
48 Clark, *Survival of Charles Darwin*, 138–39.
49 Desmond, Moore, and Browne, *Charles Darwin*, 107.
50 參見 Magner, *History of the Life Sciences*, 376–95.
51 Darwin to Alfred Russel Wallace, July 1881, quoted in Bowler, *Charles Darwin*, 207.

第十章　人類經驗的侷限

1 2013年科學家終於能夠更進一步，「看到」個別分子反應。參見 Dimas G. de Oteyza et al., "Direct Imaging of Covalent Bond Structure in Single-Molecule Chemical Reactions," *Science* 340 (June 21, 2013): 1434–37.
2 Niels Blaedel, *Harmony and Unity: The Life of Niels Bohr* (New York: Springer Verlag, 1988), 37.
3 John Dewey, "What Is Thought?," in *How We Think* (Lexington, Mass.: Heath, 1910), 13.
4 Barbara Lovett Cline, *The Men Who Made a New Physics* (Chicago: University of Chicago Press, 1965), 34. 亦見 J. L. Heilbron, *The Dilemmas of an Upright Man* (Cambridge, Mass.: Harvard University Press, 1996), 10.
5 關於普朗克的資料，大多是取自 Heilbron, *Dilemmas of an Upright Man*. 亦見 Cline, *The Men Who Made a New Physics*, 31–64.
6 Heilbron, *Dilemmas of an Upright Man*, 3.
7 同前，10.
8 同前，5.
9 Leonard Mlodinow and Todd A. Brun, "Relation Between the Psychological and Thermodynamic Arrows of Time," *Physical Review E* 89 (2014): 052102–10.
10 Heilbron, *Dilemmas of an Upright Man*, 14.
11 同前，12; Cline, *The Men Who Made a New Physics*, 36.
12 Richard S. Westfall, *Never at Rest* (Cambridge, U.K.: Cambridge University Press, 1980), 462.
13 同前。

14 最原始的說法常遭到錯誤的引用，原文是：“Eine neue wissenschaftliche Wahrheit pflegt sich nicht in der Weise durchzusetzen, daß ihre Gegner überzeugt werden und sich als belehrt erklären, sondern vielmehr dadurch, daß ihre Gegner allmählich aussterben und daß die heranwachsende Generation von vornherein mit der Wahrheit vertraut gemacht ist.” 首度出現在 *Wissenschaftliche Selbstbiographie: Mit einem Bildnis und der von Max von Laue gehaltenen Traueransprache* (Leipzig: Johann Ambrosius Barth Verlag, 1948), 22. 翻譯取自 *Max Planck, Scientific Autobiography and Other Papers*, trans. F. Gaynor (New York: Philosophical Library, 1949), 33–34.

15 John D. McGervey, *Introduction to Modern Physics* (New York: Academic Press, 1971), 70.

16 Robert Frost, “The Black Cottage,” in *North of Boston* (New York: Henry Holt, 1914), 54.

17 Albert Einstein, *Autobiographical Notes* (1949; New York: Open Court, 1999), 43.

18 Carl Sagan, *Broca's Brain* (New York: Random House, 1974), 25.

19 Abraham Pais, *Subtle Is the Lord: The Science and Life of Albert Einstein* (Oxford: Oxford University Press, 1982), 45.

20 同前，17–18.

21 同前，31.

22 同前，30–31.

23 Ronald Clark, *Einstein: The Life and Times* (New York: World Publishing, 1971), 52.

24 Pais, *Subtle Is the Lord*, 382–86.

25 同前，386.

26 同前。

27 Jeremy Bernstein, *Albert Einstein and the Frontiers of Physics* (Oxford: Oxford University Press, 1996), 83.

第十一章　看不見的領域

1 Leonard Mlodinow, *Feynman's Rainbow: A Search for Beauty in Physics and in Life* (New York: Vintage, 2011), 94–95.

2 Abraham Pais, *Subtle Is the Lord: The Science and Life of Albert Einstein* (Oxford: Oxford University Press, 1982), 383.

3 關於波耳的一生和科學，以及他和拉塞福的關係，請見 Niels Blaedel, *Harmony and Unity: The Life of Niels Bohr* (New York: Springer Verlag, 1988), and Barbara Lovett Cline, *The Men Who Made a New Physics* (Chicago: University of Chicago Press, 1965), 1–30, 88–126.

4 "Corpuscles to Electrons," American Institute of Physics，2014年10月28日讀取 http://www.aip.org / history/electron/jjelectr.htm.

5 R. Sherr, K. T. Bainbridge, and H. H. Anderson, "Transmutation of Mercury by Fast Neutrons," *Physical Review* 60 (1941): 473–79.

6 John L. Heilbron and Thomas A. Kuhn, "The Genesis of the Bohr Atom," in *Historical Studies in the Physical Sciences*, vol. 1, ed. Russell McCormmach (Philadelphia: University of Pennsylvania Press, 1969), 226.

7 William H. Cropper, *Great Physicists: The Life and Times of Leading Physicists from Galileo to Hawking* (Oxford: Oxford University Press, 2001), 317.

8 關於蓋革的更多資訊，請見 Jeremy Bernstein, *Nuclear Weapons: What You Need to Know* (Cambridge, U.K.: Cambridge University Press, 2008), 19–20; and Diana Preston, *Before the Fallout: From Marie Curie to Hiroshima* (New York: Bloomsbury, 2009), 157–58.

9 其實是一千億噸，因為聖母峰重約十億噸。See "Neutron Stars," *NASA Mission News*，2007年8月23日。2014年8月27日讀取，http://www.nasa.gov/mission_pages/GLAST/science/neutron_stars_prt.htm.

10 John D. McGervey, *Introduction to Modern Physics* (New York: Academic Press, 1971), 76.

11 Stanley Jaki, *The Relevance of Physics* (Chicago: University of Chicago Press, 1966), 95.

12 Blaedel, *Harmony and Unity*, 60.

13 Jaki, *Relevance of Physics*, 95.

14 同前。

15 同前，96.

16 Blaedel, *Harmony and Unity*, 78–80; Jagdish Mehra and Helmut Rechenberg, *The Historical Development of Quantum Theory*, vol. 1 (New York: Springer Verlag, 1982), 196, 355.

17 Blaedel, *Harmony and Unity*, 79–80.

第十二章　量子革命

1 William H. Cropper, *Great Physicists: The Life and Times of Leading Physicists from Galileo to Hawking* (Oxford: Oxford University Press, 2001), 252.

2 同前。
3 海森堡的權威版傳記：David C. Cassidy, *Uncertainty: The Life and Times of Werner Heisenberg* (New York: W. H. Freeman, 1992).
4 同前，99–100.
5 同前，100.
6 Olivier Darrigol, *From c-Numbers to q-Numbers: The Classical Analogy in the History of Quantum Theory* (Berkeley: University of California Press, 1992), 218–24, 257, 259; Cassidy, Uncertainty, 184–90.
7 "Failure," 1997 年電視廣告，2014 年 10 月 27 日讀取，https://www.youtube.com/watch?v=45mMioJ5szc.
8 Lincoln-Douglas Debate at Charleston, Illinois，1858 年 9 月 18 日。2014 年 11 月 7 日讀取，http://www.nps.gov/liho/historyculture/debate4.htm.
9 Abraham Lincoln，1854 年 10 月 16 日在伊利諾州皮奧里亞的演講：參見 Roy P. Basler, ed., *The Collected Works of Abraham Lincoln*, vol. 2 (New Brunswick, N.J.: Rutgers University Press, 1953–55), 256, 266.
10 William A. Fedak and Jeffrey J. Prentis, "The 1925 Born and Jordan Paper 'On Quantum Mechanics,'" *American Journal of Physics* 77 (February 2009): 128–39.
11 Niels Blaedel, *Harmony and Unity: The Life of Niels Bohr* (New York: Springer Verlag, 1988), 111.
12 Max Born, *My Life and Views* (New York: Charles Scribner's Sons, 1968), 48.
13 Mara Beller, *Quantum Dialogue: The Making of a Revolution* (Chicago: University of Chicago Press, 1999), 22.
14 Cassidy, *Uncertainty*, 198.
15 Abraham Pais, *Subtle Is the Lord: The Science and Life of Albert Einstein* (Oxford: Oxford University Press, 1982), 463.
16 Cassidy, *Uncertainty*, 203.
17 Charles P. Enz, *No Time to Be Brief* (Oxford: Oxford University Press, 2010), 134.
18 Blaedel, *Harmony and Unity*, 111–12.
19 Walter Moore, *A Life of Erwin Schrödinger* (Cambridge, U.K.: Cambridge University Press, 1994), 138.
20 同前，149.
21 同前。
22 Wallace Stevens, "Thirteen Ways of Looking at a Blackbird," *Collected Poems* (1954; New York: Vintage, 1982), 92.

23 Pais, *Subtle Is the Lord*, 442.
24 Cassidy, *Uncertainty*, 215.
25 同前。
26 Moore, *Life of Erwin Schrödinger*, 145.
27 Albert Einstein to Max Born, December 4, 1926, in *The Born-Einstein Letters*, ed. M. Born (New York: Walker, 1971), 90.
28 Pais, *Subtle Is the Lord*, 443.
29 同前，31.
30 同前，462.
31 Graham Farmelo, *The Strangest Man: The Hidden Life of Paul Dirac, Mystic of the Atom* (New York: Basic Books, 2009), 219–20.
32 Cassidy, *Uncertainty*, 393.
33 同前，310.
34 Moore, *Life of Erwin Schrödinger*, 213–14.
35 Philipp Frank, *Einstein: His Life and Times* (Cambridge, Mass.: Da Capo Press, 2002), 226.
36 Michael Balter, "Einstein's Brain Was Unusual in Several Respects, Rarely Seen Photos Show," *Washington Post*，2012年11月26日
37 Farmelo, *The Strangest Man*, 219.
38 Cassidy, *Uncertainty*, 306.
39 Cassidy, *Uncertainty*, 421–29.

後記

1 Martin Gardner, "Mathematical Games," *Scientific American*, June 1961, 168–70.
2 Alain de Botton, *The Consolations of Philosophy* (New York: Vintage, 2000), 20–23.

圖片版權

（按刊出頁碼）

23: From Maureen A. O' Leary et al., "The Placental Mammal Ancestor and the Post–K-Pg Radiation of Placentals," Science 339 (February 8, 2013): 662–7.

29: Courtesy of Nachosen/Wikimedia Commons

45: Courtesy of Teomancimit/Wikimedia Commons

47: Created by Derya Kadipasaoglu

75: U.S. Navy photo by Photographer' s Mate First Class Arlo K. Abrahamson. Image released by the United States Navy with the ID 030529-N-5362A-001.

97: © Web Gallery of Art, created by Emil Krén and Daniel Marx, courtesy of Wikimedia Commons

119: Picture of the interior of the Merton College Library, from The Charm of Oxford, by J. Wells (London: Simpkin, Marshall, Hamilton, Kent & Co., 1920). Courtesy of fromoldbooks.org.

124: Created by Derya Kadipasaoglu

129: Courtesy of PD-art/Wikimedia Commons

157: Created by Derya Kadipasaoglu

172: Created by Derya Kadipasaoglu

178: Courtesy of Zhaladshar/Wikimedia Commons

183: (Left) Courtesy of Science Source®, a registered trademark of Photo Researchers, Inc., copyright © 2014 Photo Researchers, Inc. All rights reserved.

183: (Right) Courtesy of English School/Wikimedia Commons

197: Courtesy of Science Source®, a registered trademark of Photo Researchers, Inc., copyright © 2014 Photo Researchers, Inc. All rights reserved.

213: Courtesy of Popular Science Monthly, vol. 58/Wikimedia Commons

219: Courtesy of Science Source®, a registered trademark of Photo Researchers, Inc., copyright © 2014 Photo

Researchers, Inc. All rights reserved.
225: Courtesy of Wikimedia Commons
235: Lister E 7, Pl. XXXIV, courtesy of The Bodleian Libraries, The University of Oxford
251: Courtesy of Duncharris/Wikimedia Commons
261: (Top) Courtesy of Richard Leakey and Roger Lewin/Wikimedia Commons
261: (Center) Courtesy of Maull and Polyblank/Wikimedia Commons
261: (Bottom) Courtesy of Robert Ashby Collection/Wikimedia Commons
269: (Above) Courtesy of Science Museum, London/Wikimedia Commons
269: (Below) Courtesy of Maximilien Brice (CERN)/Wikimedia Commons
276: Courtesy of Wikimedia Commons
283: Courtesy of The Dibner Library Portrait Collection—Smithsonian Institution/ Wikimedia Commons
287: Courtesy of Canton of Aargau, Switzerland/Wikimedia Commons
299: Courtesy of F. Schmutzer/Wikimedia Commons
306: Courtesy of Science Source®, a registered trademark of Photo Researchers, Inc., copyright © 2014 Photo Researchers, Inc. All rights reserved.
310: Created by Derya Kadipasaoglu
312: Created by Derya Kadipasaoglu
330: Created by Derya Kadipasaoglu
333: Photography by Paul Ehrenfest, Jr., courtesy of AIP Emilio Segre Visual Archives, Weisskopf Collection
349: Courtesy of Benjamin Couprie, Institut International de Physique de Solvay/ Wikimedia Commons

科學大歷史

人類從走出叢林到探索宇宙，從學會問「為什麼」到破解自然定律的心智大躍進

作　　者　雷納・曼羅迪諾（Leonard Mlodinow）
譯　　者　洪慧芳
美術設計　倪旻鋒
內頁排版　高巧怡
行銷企劃　林芳如，王淳眉
行銷統籌　駱漢琦
營銷總監　盧金城
業務發行　邱紹溢
業務統籌　郭其彬
執行編輯　吳佩芬
副總編輯　何維民
總 編 輯　李亞南

國家圖書館出版品預行編目 (CIP) 資料

科學大歷史 / 雷納 . 曼羅迪諾 (Leonard Mlodinow) 著 ; 洪慧芳譯 . -- 初版 . -- 臺北市 : 漫遊者文化出版 : 大雁文化發行 , 2017.07
392 面 ; 15×21 公分
譯　自 : The upright thinkers : the human journey from living in trees to understanding the cosmos
ISBN 978-986-489-093-4(平裝)
1. 科學 2. 歷史
309　　106009436

發 行 人　蘇拾平
出　　版　漫遊者文化事業股份有限公司
地　　址　台北市松山區復興北路三三一號四樓
電　　話　(02) 2715-2022
傳　　真　(02) 2715-2021
讀者服務信箱　service@azothbooks.com
漫遊者臉書　www.facebook.com/azothbooks.read
劃撥帳號　50022001
戶　　名　漫遊者文化事業股份有限公司

發　　行　大雁文化事業股份有限公司
地　　址　台北市松山區復興北路三三三號十一樓之四
初版一刷　2017 年 7 月
定　　價　新台幣 450 元
I S B N　978-986-489-093-4

給未來總統的物理課

從恐怖主義、能源危機、核能安全、太空競賽到全球暖化背後的科學真相

理查．繆勒 [著]
定價350元

◎ 如果有恐怖份子威脅我國國安，您該優先把心力放在哪裡？
◎ 我們應該不計代價發展替代能源，減少對石油的依賴嗎？
◎ 您要如何化解民眾對核電廠的疑慮？我們該擔心到何種程度？

總統先生，如今的重要決策，許多都帶有高科技成分，甚至可說多半都有。如果您只嫻熟政治議題，卻不懂科技，那麼您又該如何下達決策，裁定有關研究資助、限武協定、來自北韓或伊朗的威脅、間諜刺探和偵監的重要事項？

這是史上第一次，由加州大學柏克萊分校享譽盛名的物理教授，替歐巴馬總統量身撰寫的一堂物理課。包括如何防範恐怖主義；如何找出新能源，解決能源危機；核電廠若發生災變該怎麼應變；全球暖化要如何遏止……。這種種的議題，如果沒有多懂一點物理，將絕對無法做出正確的判斷。本書不只美國總統必讀，世界級領袖必讀，更是每個世界公民必修的科學常識！

給未來總統的能源課

頂尖物理學家眼中的能源真相

理查．繆勒 [著]
定價350元

◎ 萬一發生大地震，核能發電廠會宛如車諾比般大爆炸嗎？
◎ 持續施行節能減碳政策，真的能有效減緩全球暖化的腳步嗎？
◎ 電動車是否具有發展潛力？能夠成為未來運輸主力嗎？

總統先生，如今的重要能源決策，都脫不了頂尖的科學研究發展。如果您只嫻熟政治議題，卻不懂科技，那麼您又該如何下達決策，裁定關於是否興建核能發電廠、天然氣開發、太陽能、風力，或是否大力推展電動車等重要事項？！

身為世界公民，你需要培養更多智性上的好奇心與深厚的科學知識，不只現任總統要看，想要教育優秀下一代，想要選出好總統的人更應該看！這是你從未有過的總統級待遇！由世界最頂尖的物理科學家，替你簡報一堂未來世界級領袖一定要知道的能源課。你將跟總統一起聽到，一個總統若要在最短時間學到最有用的能源科學知識，那會是什麼？而原來有這麼多的國策施政與重大危機，竟都與能源息息相關！

科學人文類　好書推薦

在天才學生宿舍遇見未來大科學家

打開奇想的大門，走進科學的文學、詩意與美

高野文子 [著]
定價280元

◎ 充滿人文精神的自然科學入門書
◎ 見證科學蘊含的美，科學家的詩心
◎ 一部將科學本質放上日常舞台的不思議作品

朝永振一郎、湯川秀樹、牧野富太郎、中谷宇吉郎——日本史上對科學界貢獻卓著的四大學者，年輕時的他們，在一百多年前那個時代，是怎麼面對科學這門學問？他們都在思考些什麼？

日本重量級漫畫家高野文子，就從這裡出發，讓想像力起飛，忘卻時間的距離，打造一個獨一無二的空間：「登茂金斯學生宿舍」，二樓住著這四名立志成為科學研究者的年輕學生。在高野文子創造出來的這個架空世界裡，宿舍管理人登茂子和女兒金子，自然地跟這四位未來的大科學家互動，帶出他們的思考與性格。杜撰的情節、圖像化的科學思辯，加上確實出自科學家之手的科普隨筆摘文，三者在本書中巧妙融合穿插、相輔相成，拉近了一般人與自然科學的距離，既充滿趣味又兼具出處考據，醞釀出這部充滿不可思議氣氛的獨特作品！

星際效應

電影幕後的科學事實、推測與想像

基普・索恩 [著]
定價600元

◎ 世界頂尖物理學家寫給大家的天文學通識課！
◎ 電影幕後，科學家的「裡」設定大公開！
◎ 最簡明清晰的時間與空間理論入門讀本

美國加州理工學院知名天文物理學家基普・索恩×好萊塢大導演克里斯多福・諾蘭動員眾多科學家+好萊塢頂尖電影人，打造世上第一部忠實呈現宇宙間各種天體現象的電影。從校園到會議室，從網路到小酒館，掀起全世界前所未有的物理學討論熱潮。

在《星際效應》之前，這些只是天文物理宅鑽研的專有名詞：重力導致的時空與時間扭曲效應；黑洞的吸積盤、奇異點、事件視界、重力透鏡、潮汐重力、重力波、重力彈弓；超弦理論與其他超空間推論……

本書繽紛展現了基普生氣蓬勃的想像力，以及他想提高科學親和性的不懈努力，讓我們這群不具備他那般高強智慧或淵博學識的普通人，也都能親近科學。

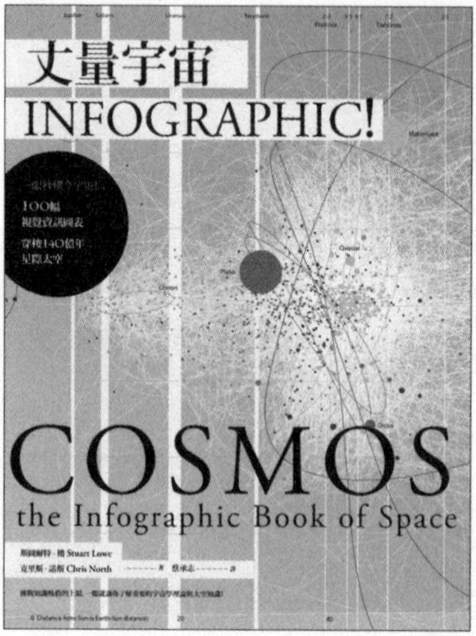

丈量宇宙

INFOGRAPHIC！
一眼秒懂全宇宙！
100幅視覺資訊圖表，
穿梭140億年星際太空

斯圖爾特．樓，克里斯．諾斯 [著]
定價699元

◎「視覺資訊」新顯學，帶你飛越銀河、丈量宇宙
◎ 超越圖解！整合＋理解龐大知識體系的最新利器
◎ 縱向與橫向的資訊整合，橫跨美感和理解力的設計

想了解複雜的宇宙和太空，至少要讀過100本書？有了「視覺資訊圖表」（infographic）這個新工具，艱澀如宇宙的知識，只要看一本就能完全吸收！

本書是第一本宇宙視覺資訊圖表專書，由兩位專業天體物理學家執筆寫成，集結最新天文研究成果，以令人驚歎的圖解資訊，讓抽象的宇宙尺度變得清晰易懂、陌生的太空知識變得趣味橫生，展現最前沿的太空發現！像是重力透鏡效應、地球傳訊解碼、星系極化現象，都能用視覺資訊圖表畫出來、看明白！本書要挑戰知識吸收的上限，一眼就讓你了解重要的宇宙學理論與太空知識，一張圖內就可以看懂！